JN270987

ディスプレイ用光学フィルムの開発動向
Development of the Optical Films
for Flat Panel Displays

監修：井手文雄

シーエムシー出版

はじめに

　表1に2003年のAV機器の世界需要を示す。このなかで最大の伸びを示すのは，LCDやPDPなどのフラットパネルディスプレイである。ブラウン管テレビが1.5％とその成長率が大きく低下しているのに比して，LCDやPDPなどは80％を越える高い成長率である。さらに薄型比率（LCD＋PDP）で表わすと，2000年度は4.1％，01年度は19.4％，02年度は37.3％そして03年度は45％に達すると推定されており，今後地上波デジタル放送の開始（2003年12月，東京，名古屋，大阪地区）にともない，その市場を急速に伸ばしていくものと思われる。

　まさにブラウン管テレビの時代からフラット型テレビへと，映像表示市場は大きく変わりつつある。その最大の要因はデジタル化放送に伴なう大型テレビにおいて軽量化，薄肉化が可能であり，携帯電話などに見られるように軽量化・小型化が具現できるからである。

　たとえばPDPとブラウン管テレビの厚みを比較すると，家庭用テレビは，最大サイズの36インチ型では奥行きが約60cmになるのに対して，PDPでは画面サイズ50インチの大型でも，奥行きは10cm程度に抑えられる。小型化・軽量化の代表格である携帯電話などの携帯情報端末機器では，ガラス基板からプラスチックフィルム基板へと移行しつつあり，さらに薄肉化・軽量化が進行する。その効果の一例を表2に示す。

表1　2003年のAV機器の世界需要予想

（単位；万台，カッコ内は前年比増減率）

PDP	77　（82.9）
液晶（LCD）テレビ	195　（80.2）
DVDプレーヤー・デコーダー	5,365　（19.1）
デジタルビデオカメラ	863　（12.7）
ブラウン管テレビ	12,467　（1.5）
VTR	2,952　（▲13.8）

＊画面サイズは10型以上

（日本電子情報技術産業協会調査）

表2　液晶ディスプレイの仕様

	ガラス基板 （現行品）	プラスチック基板 （ソニー）
大きさ（インチ）	1.5	1.5
厚さ（mm）	1.4	0.4
重さ（g）	3	0.5

このように革新的な画像表示機器は薄肉化・軽量化を目指して，現代的な民生ニーズへの対応が図られている。そのためには構成素子・部品の薄肉化が何よりも重要で，究極的にはフィルム形態をもつ機能性フィルム素子からなるのが理想的である。

　一方，素子を構成する光学材料としては無機ガラスと透明樹脂が中核を占めている。無機ガラスは総じて光学特性に優れているが，薄肉化には限界がある。たとえばその膜厚は0.7mmであるのに対して，プラスチックは0.1mmまでの薄膜化が可能であり，しかも割れにくいのが特徴である。そういう意味ではディスプレイ用光学フィルム素材として，プラスチック材料への期待がますます大きくなっている。

2004年2月

井手文雄

普及版の刊行にあたって

本書は2004年に『ディスプレイ用光学フィルム』として刊行されました。普及版の刊行にあたり，内容は当時のままであり加筆・訂正などの手は加えておりませんので，ご了承ください。

2008年11月

シーエムシー出版　編集部

執筆者一覧（執筆順）

井手　文雄	元　三菱レイヨン㈱　工学博士
綱島　研二	東レ㈱　フィルム研究所　研究主幹・リサーチフェロー（製膜）
斎藤　　拓	（現）東京農工大学　工学部　有機材料化学科　教授
善如寺芳弘	㈱サンリッツ　光機事業部　技術部　Ａチーム　第3グループ
猪股　貴道	（現）㈱サンリッツ　光機事業部　開発一部　部長
大塚　至人	㈱サンリッツ　光機事業部　技術部　マネージャー
岡田　豊和	住友化学工業㈱　光学製品事業部　光学製品部　主席部員
山本　理之	（現）㈱ポラテクノ　第一技術部　サブグループリーダー
磯﨑　孝徳	（現）㈱クラレ　ポバールフィルム研究開発部　主管
内山　昭彦	帝人㈱　新事業開発グループ　エレクトロニクス材料研究所　グループリーダー
谷田部俊明	（現）帝人㈱　新事業開発グループ　常務執行役員
熊澤　英明	（現）JSR㈱　成形技術センター　所長
濱田　雅郎	三菱レイヨン㈱　情報材料事業部　情報材料生産技術部　課長
幕田　　功	（現）オムロン㈱　セミコンダクタ統括事業部　マイクロレンズ事業部　主査
篠原　正幸	（現）オムロン㈱　セミコンダクタ統括事業部　マイクロレンズ事業部　専門職
恩田　智士	（現）三菱レイヨン㈱　東京技術・情報センター　樹脂開発センター　主任研究員
小原　禎二	（現）日本ゼオン㈱　総合開発センター　高機能樹脂研究所　所長
鈴木　基之	東レ㈱　研究・開発企画部　主任部員
城　　尚志	（現）帝人㈱　新事業開発グループ　エレクトロニクス材料研究所　所長
渡辺　敏行	（現）東京農工大学　大学院共生科学技術研究院　教授
野中　史子	旭硝子㈱　化学品カンパニー　技術本部開発部　主席技師
森本　佳寛	（現）日油㈱　機能フィルム営業部

執筆者の所属表記は，注記以外は2004年当時のものを使用しております。

目　　次

【第1編　光学高分子フィルム】

第1章　ディスプレイ用光学フィルムと高分子材料の設計　　井手文雄

1　各種フィルム素子の機能と高分子材料 ………………………………… 3
 1.1　配向膜 ……………………………… 3
 1.2　偏光フィルム ……………………… 4
 1.3　位相差フィルム …………………… 4
 1.4　視野角拡大フィルム ……………… 6
 1.5　プラスチックフィルム基板 ……… 6
 1.6　バックライト関係のフィルム …… 8
 1.7　反射防止膜 ………………………… 8
2　フィルム用ポリマーの設計 …………… 9
 2.1　機能性フィルムとプラスチック材料 ………………………………… 9
 2.2　フィルム用ポリマーの設計とその展開 ………………………………… 9
 2.2.1　ポリカーボネート …………… 9
  (1)　ホスゲン法 ………………… 10
  (2)　溶融法（エステル交換法）… 10
  (3)　固相法 ……………………… 10
 2.2.2　トリアセチルセルロース（TAC） ………………………………… 11
 2.2.3　芳香族ポリイミド …………… 11
 2.2.4　ポリビニルアルコール（PVA） ………………………………… 12
 2.2.5　ポリエーテルスルホン ……… 14
 2.2.6　非晶性ポリエステル ………… 14
 2.2.7　嵩高環状オレフィン樹脂 …… 15
  (1)　ZEONEX ………………… 15
  (2)　ARTON ………………… 16

第2章　高分子フィルムの製膜技術　　綱島研二

1　はじめに ………………………………… 18
 (1)　光学系の中に組み込まれる高分子フィルム素材 ………………………… 18
 (2)　光学系には組み込まれないが，途中の工程までカバーフィルム，支持体として用いられる二軸配向した高分子フィルム素材 ………………………… 18
2　光学系の中に組み込まれる光学等方性のフィルム素材 ………………………… 19
 2.1　TACの製膜方法 ………………… 19
 2.1.1　傷防止技術（ナーリング技術） ………………………………… 20
 2.1.2　溶媒対策 ……………………… 21
 2.1.3　平面性改良 …………………… 22

2.1.4　溶媒回収 ……………… 23
2.2　脂環構造を有した非晶質オレフィン
　　　ポリマー（COP）フィルムの製膜方法
　　　………………………………………… 23
　（1）ノルボルネン系重合体 ……… 24
　（2）単環の環状オレフィン系重合体… 24
　（3）環状共役ジエン系重合体 ……… 24
　（4）ビニル脂環式炭化水素系重合体… 25
　2.2.1　原料の乾燥工程 …………… 25
　2.2.2　原料供給工程 ……………… 25
　2.2.3　溶融工程 …………………… 27
　2.2.4　フィルター工程 …………… 27
　2.2.5　成形工程（口金） ………… 27
　2.2.6　冷却工程 …………………… 27
　2.2.7　厚み測定工程，欠点検出工程… 28
　2.2.8　プロテクトフィルム張り付け
　　　　　工程，アキュームレータ工程… 28
　2.2.9　COPフィルムの保存 ……… 28
2.3　ポリエーテルスルホン（PES）フィ
　　　ルムの製造方法 ………………… 29
3　光学系には組み込まれないが，途中の
　　工程までカバーフィルム，支持体とし
　　て用いられる二軸配向した高分子フィ
　　ルム素材 …………………………… 32
　3.1　二軸延伸配向PETフィルム ……… 32
　　3.1.1　表面欠点 …………………… 33
　　（1）ゲル，フィッシュアイ，異物
　　　……………………………………… 33
　　（2）ダイライン ………………… 34
　　（3）泡，気泡 …………………… 34
　　（4）転写・擦り傷 ……………… 35
　　3.1.2　光学的等方性 …………… 35

第3章　高分子フィルムの光学特性と評価　　斎藤　拓
1　はじめに ……………………… 38
2　屈折率 ………………………… 38
3　複屈折 ………………………… 40
4　透明性 ………………………… 43
5　偏光特性 ……………………… 45
6　光反射性 ……………………… 46
7　おわりに ……………………… 48

【第2編　偏光フィルム】

第1章　高機能性偏光フィルム　　善如寺芳弘，猪股貴道，大塚至人
1　液晶ディスプレイ用偏光板の現状と展望
　　………………………………………… 53
2　LCD用途における偏光板の機能拡大と
　　基本性能の向上 ……………………… 53
3　PCモニター用途 ……………… 55
4　テレビ用途（動画への対応と色再現性）… 57
5　モバイル用途（透過型偏光板） ……… 59
6　カーナビ用途（偏光板の耐久性，粘着
　　材） …………………………………… 61
7　おわりに ……………………………… 61

第2章　高性能・高耐久偏光フィルム　　　岡田豊和

1　はじめに …………………………… 63
2　偏光フィルムの基礎 ………………… 63
 2.1　偏光フィルムの種類と構造 …… 63
 2.2　偏光フィルムの性能評価 ……… 64
 2.3　偏光フィルムの製造方法 ……… 64
 2.4　偏光フィルムに要求される特性 … 64
3　ヨウ素系偏光フィルム ……………… 64
 3.1　高偏光度・高透過率化（スミカラン®
  　SRグレード，SBPグレード） …… 64
 3.2　高耐久化 ………………………… 67
 3.3　色相改良グレード ……………… 67
 3.4　薄肉化 …………………………… 68
3.5　その他の要求 …………………… 68
4　染料系偏光フィルム ………………… 68
 4.1　高偏光度・高透過率化 ………… 68
 4.2　色相改良 ………………………… 69
 4.3　耐熱・耐光性の向上 …………… 69
5　表面反射防止付偏光フィルム ……… 71
6　楕円偏光フィルム …………………… 72
 6.1　VAモード，OCBモードLCD用途 … 73
 6.2　（半透過）反射型LCD用途 ……… 73
 6.3　インナータッチパネル，ELディス
  　プレイ用途 ……………………… 73
7　おわりに …………………………… 74

第3章　染料系偏光フィルム　　　山本理之

1　はじめに …………………………… 75
2　染料系偏光フィルムの特長 ………… 75
3　染料系偏光フィルムの作製方法 …… 75
4　染料系偏光フィルムに求められる特性
 　……………………………………… 76
 4.1　高透過率，高偏光度 …………… 76
  4.1.1　高性能二色性染料の開発 …… 77
  4.1.2　二色性染料の組み合わせ検討 … 77
  4.1.3　二色性染料の配合割合検討 … 78
  4.1.4　使用部材の検討 ……………… 78
  4.1.5　作製条件の最適化 …………… 78
 4.2　ペーパーホワイト ……………… 78
 4.3　高耐久性 ………………………… 79
  4.3.1　光学耐久性能 ………………… 79
  4.3.2　実装耐久性能 ………………… 80
5　染料系偏光フィルムにおける今後の開発
 　方向 ………………………………… 81
6　おわりに …………………………… 82

第4章　偏光子フィルム（PVAフィルム）　　　磯崎孝徳

1　はじめに …………………………… 83
2　偏光板の構成 ……………………… 84
3　光学用クラレビニロンフィルムの製品
 　分類 ………………………………… 86
4　光学用クラレビニロンフィルムの特性
 　……………………………………… 87
4.1　偏光性能 ………………………… 87
4.2　耐久性能 ………………………… 87
4.3　延伸条件と偏光性能の関係 …… 87
5　ビニロンフィルムの物性 …………… 88
6　開発動向 …………………………… 89
7　おわりに …………………………… 90

III

【第3編 光学補償・位相差フィルム】

第1章 広帯域位相差フィルム —λ/4波長板「ピュアエース®WR」の開発—　内山昭彦, 谷田部俊明

1 はじめに …………………………… 93
2 従来の光学フィルム ……………… 93
3 ピュアエース®WRの開発 ………… 94
4 ピュアエース®WRの特性 ………… 97
  4.1 反射特性 ……………………… 97
  4.2 反射光の角度依存性 ………… 98
  4.3 2枚構成円偏光板における逆分散の効果について …………………… 100
  4.4 ピュアエース®WRの信頼性 … 102
5 ピュアエース®WRの応用分野 …… 102
  5.1 反射型および半透過反射型LCD … 102
  5.2 OLED ………………………… 103
  5.3 タッチパネル ………………… 103
  5.4 パソコンモニターおよび大型TV用途VA-LCD ……………………… 103
  5.5 その他の応用 ………………… 105
6 おわりに …………………………… 107

第2章 ノルボルネン系樹脂フィルム —ARTON FILMの特性—　熊澤英明

1 はじめに …………………………… 108
2 ARTONの特長 …………………… 108
3 ARTON FILM …………………… 109
  3.1 ARTON FILMの特性 ……… 109
  3.2 ARTON FILMの特長 ……… 110
    3.2.1 優れた外観特性 ………… 110
    3.2.2 肉厚分布, 表面平滑性 …… 111
    3.2.3 位相差発現性 …………… 111
    3.2.4 波長分散特性 …………… 112
    3.2.5 耐久性 …………………… 113
    3.2.6 熱収縮特性 ……………… 113
4 おわりに …………………………… 114

【第4編 輝度向上フィルム】

第1章 集光フィルム・プリズムシート —下向きプリズムシート"ダイヤアート®"の展開—　濱田雅郎

1 はじめに …………………………… 117
2 バックライト ……………………… 117
3 プリズムシート …………………… 119
  3.1 プリズムシートの種類と製造方法 …………………………………… 119
  3.2 プリズムシートの輝度向上原理 … 121
  3.3 ダイヤアート®の特徴 ……… 122
    3.3.1 ダイヤアート®使用のバックラ

	イトの長所 …………… 122	5　ダイヤアート®用導光体の選択 ……… 125
	3.3.2　ダイヤアート®使用のバックラ	6　ダイヤアート®を使用したバックライト
	イトの短所 …………… 122	の性能例 …………………………… 125
	3.4　ダイヤアート®の種類 ………… 122	7　今後の展開 …………………………… 126
4	ダイヤアート®の特徴と選択 ……… 123	8　おわりに ……………………………… 127

第2章　バックライト用サーキュラープリズムシート　　　幕田　功, 篠原正幸

1	はじめに ………………………… 128	4　サーキュラープリズムシートを使用する
2	従来のLEDバックライト ………… 128	バックライト …………………… 134
3	ベクター放射結合型LEDバックライト	4.1　構成と原理 ………………… 134
	………………………………… 129	4.2　サーキュラープリズムシートを使用
	3.1　構成と原理 ………………… 129	するバックライトの作製と評価 … 135
	3.2　バックライトの作製と評価 ……… 132	5　おわりに ……………………………… 136

【第5編　バックライト用光学フィルム・シート】

第1章　バックライト用導光板

1	導光板用PMMA材料……恩田智士 … 141	2.1　シクロオレフィンポリマー ……… 149
	1.1　はじめに …………………… 141	2.2　ノートパソコン用導光板 ………… 149
	1.2　導光板用板材料 ……………… 144	2.2.1　軽量化 …………………… 149
	1.3　導光板用成形材料 …………… 147	2.2.2　薄型化 …………………… 150
	1.4　導光板グレード　アクリライト®	2.2.3　耐衝撃性 ………………… 151
	LN865の物性 ………………… 147	2.2.4　信頼性 …………………… 152
	1.5　導光板グレード　アクリペット®の	2.3　携帯電話用導光板 ………………… 152
	物性 ……………………… 148	2.3.1　高輝度化 ………………… 152
2	シクロオレフィンポリマー	2.3.2　薄型化 …………………… 153
	…………………小原禎二 … 149	2.4　おわりに …………………………… 154

第2章　バックライト用反射シート　　　鈴木基之

1	はじめに ………………………… 155	…………………………………… 155
2	LCDバックライト用反射材料の概要	2.1　バックライト反射部材 …………… 155

2.2 反射シート性能の重要性 …………… 156	4.1.2 界面多重反射シート ………… 162
3 反射シートの設計 ……………………… 157	4.2 鏡面反射系 ……………………… 164
3.1 反射の原理 ……………………… 157	4.2.1 金属薄膜 ………………… 164
3.1.1 金属反射 ………………… 157	4.2.2 誘電体多層膜 …………… 165
3.1.2 誘電体多層膜反射 ……… 158	4.3 中間（マット）系 …………………… 165
3.1.3 界面多重反射 …………… 158	5 主な用途での実用特性と今後の展望… 165
3.2 拡散反射と鏡面反射 …………… 159	5.1 携帯電話用 ……………………… 165
3.3 反射率測定の問題 ……………… 160	5.2 ノートPC用 …………………… 166
4 代表的な反射シート材料 …………… 162	5.3 PCモニタ用 …………………… 166
4.1 拡散反射（白色）系 …………… 162	5.4 大型液晶テレビ用 ……………… 166
4.1.1 白色ポリエステルフィルム（顔料添加型）……………… 162	6 おわりに ……………………………… 168

【第6編　プラスチックLCD用フィルム基板】

第1章　プラスチックLCD用フィルム基板
──ポリカーボネートフィルム系を中心として──　　城　尚志

1 はじめに ……………………………… 171	2.3 透明導電層 ……………………… 177
2 フィルム基板の設計 ………………… 171	3 新規開発LCD用フィルム基板"SS120-B30" …………………… 178
2.1 ベースフィルム ………………… 172	
2.2 コーティング層 ………………… 174	4 おわりに ……………………………… 181

第2章　ディスプレイ用光学フィルムおよび
プラスチックTFT作製技術　　渡辺敏行

1 はじめに ……………………………… 183	2.2 有機TFT ……………………… 186
2 プラスチック基板上でのTFT作製プロセス ………………………………… 184	3 部材の高機能化 ……………………… 187
	4 プラスチック基板 …………………… 189
2.1 多結晶シリコンTFT …………… 184	4.1 ポリカーボネート（PC）……… 191
2.1.1 多結晶シリコン薄膜の作製法 ……………………… 184	4.2 ポリエチレンテレフタレート（PET） ……………………………… 191
2.1.2 多結晶シリコンTFTの転写… 185	4.3 ポリエチレンナフタレート（PEN）

	……………………………… 191	4.7	芳香族ポリエーテルスルフォン（PES）………………………… 194
4.4	環状オレフィン系高分子材料 …… 192		
4.5	ポリアリレート（PAR）………… 193	4.8	全芳香族ポリケトン ……………… 194
4.6	芳香族ポリエーテルケトン（PEEK） ……………………………… 193	5	おわりに ………………………………… 194

【第7編 反射防止フィルム・フィルター】

第1章 ディスプレイ用反射防止フィルム　　野中史子

1	はじめに ………………………… 199	3.4	汚れ防止（指紋除去）…………… 204
2	反射防止の原理と応用 …………… 200	4	反射防止フィルムの実用例とその特徴 ……………………………………… 204
3	反射防止フィルムの実用例……… 202		
3.1	反射防止 …………………………… 203	4.1	ARCTOP ………………………… 204
3.2	密着性，硬度 ……………………… 203	4.2	ReaLook ………………………… 205
3.3	帯電防止 …………………………… 203		

第2章 ウェットコート反射防止フィルム
―「ReaLook®」の特性―　　森本佳寛

1	はじめに ………………………… 208	4.2	表面強度 ………………………… 212
2	ARとは …………………………… 208	4.3	付加機能 ………………………… 213
3	ARフィルム ……………………… 211	4.4	信頼性 …………………………… 213
4	反射防止フィルム「ReaLook®（リアルック®）」……………………… 211	4.5	生産性および品質 ……………… 213
		5	PDP用途におけるARフィルム … 213
4.1	光学性能 ………………………… 212	6	おわりに ………………………… 216

第1編　光学高分子フィルム

第1章　ディスプレイ用光学フィルムと高分子材料の設計

井手文雄＊

1　各種フィルム素子の機能と高分子材料

　現在フラットパネルディスプレイの中心を占めているのは液晶ディスプレイ（LCD）である。その構成は図1に示すように、液晶セル、配向膜、偏光フィルム、位相差フィルム、視野拡大フィルム、バックライト、そしてある場合にはプラスチックフィルム基板からなる。そこには各種の素子が機能性フィルム層から構成されており、薄肉化・軽量化が図られている[1]。

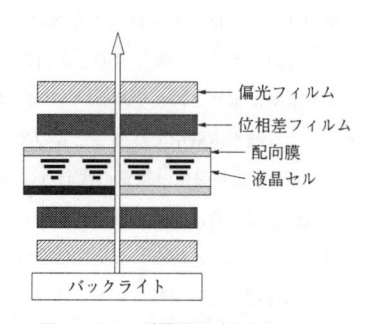

図1　LCDの断面構造（透過型の一例）

1.1　配向膜

　液晶に直下に接し、基板に対して液晶を配向させる機能を有するものである。したがってそれを構成する材料は、

① 液晶と相互作用が強い，
② 異方性が高い，
③ 耐熱性に優れている，

などが求められる。これらの特性を有する代表的な材料は芳香族ポリイミドである。このポリマーはプラスチックの中で最高の耐熱性を示すが、溶融成形が難しいので、後述の製造法で示すように、ポリイミドの前駆体であるポリアミック酸をガラスセルに塗布した後、200℃以上に加熱し、脱水、閉環反応を経てポリイミド膜を形成する。次いで膜表面をセルロース系などの布で摩擦し、いわゆるラビング操作が施される。この処理によってあるプレチルト角（液晶分子と配向膜のなす角度）をもつ液晶分子の配向が得られる。この配向膜には次のような特性が必要である。

＊　Fumio Ide　元　三菱レイヨン㈱　工学博士

① 液晶を均一に配向させる。
② ラビング強度によらず、傾斜角が一定である。
③ 高温・高湿下でも安定な配向性を保つ。
④ イオン性の不純物が少なく、高純度である。
⑤ ガラス基板や電極に対する濡れがよく、密着性に優れている。
⑥ 透明性に優れている。

1.2 偏光フィルム

偏光フィルムは、ある特定の方向の光だけを吸収し、LCDのコントラスト、輝度などの表示性能を高めるもので、ヨウ素系と染料系の2種類がある。

ヨウ素系はポリビニルアルコール（PVA）膜に異方性の強いヨウ素を高次のイオンとして吸着させ、ホウ酸水溶液中で延伸したもので、ヨウ素は鎖状の重合体として配列しており、高い偏光特性を示す。染料系はヨウ素の代わりに2色性の高い染料を用いたタイプで耐熱性に優れている。前者は民生用一般に、後者は移動体など、耐熱性を必要とする用途に主として用いられる。

偏光フィルムに求められる特性は次のとおりである。

① 偏光度が高い（高コントラスト）。
② 光線透過率に優れている。
③ 耐湿度に優れている。

次いで配向膜を強度的に強化し、温度・湿度による劣化を防止するために、トリアセチルセルロース（TAC）が保護膜に用いられる。保護膜は①透明性に優れている、②低複屈折率である、③耐熱・防湿・耐候性に優れている、④PVAとの接着性に優れているなどが必要である。

一方PVA／ヨウ素コンプレックスフィルムは、総じて耐水性が弱いので、耐水性の高い偏光膜を作るのは難しい。そこでシンジオタイプ（Sタイプ）で高分子量PVAを用いたヨウ素複合体フィルムが検討され、耐水性の高い偏光膜が報告されている[2]。

図2にヨウド脱着性、図3に偏光度への影響をそれぞれ示したが、Sタイプで高分子量そして延伸比を高めると、ヨウド脱着性が減少し、偏光度が増大するなど、その効果は大きい。

1.3 位相差フィルム

液晶セル層の液晶分子はねじれているので、斜めに入射する光の角度が大きくなると、一方向の屈折率が増加し、複屈折率が強く現れる。したがって液晶セルを透過してきた可視光（直線偏光）は位相差を生じ、楕円偏光になる。そのために一部の光がもれ、コントラストが低下し、色相が変化したりする。とくにコントラスト性は、大画面になるほど重要になる。

第1章　ディスプレイ用光学フィルムと高分子材料の設計

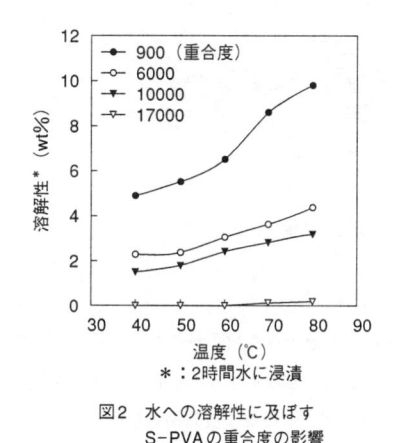

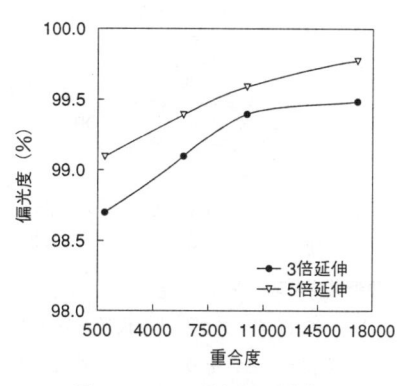

図2　水への溶解性に及ぼす
S-PVAの重合度の影響

図3　S-PVAの重合度と延伸比の
偏光度に及ぼす影響

　このような欠点を低減するには，液晶によって発生した複屈折を何らかの形で相殺することが必要である。現在，位相差フィルムには，主として一軸配向のPCフィルムが用いられている。さらに動画に対応してLCDの高速応答化が進んでいる。そこには複屈折の大きい液晶を用いて，液晶セルを薄くすることが必要である。複屈折の大きい液晶は複屈折の波長依存性が大きいので，高いコントラストが得られにくい。したがってPCよりさらに波長依存性の大きい材料が重要で，ポリスルホン（PSF）などが検討されている。

　最近，嵩高環状オレフィン樹脂の一種であるゼノオア（日本ゼオン）を素材とする位相差フィルムが，溶融押出法で開発され注目されている[3]。

　一般に光学用フィルムは品質要求が厳しい。たとえばLCD用フィルムでは，①膜厚が均一である，②欠陥のない外観特性を有する，③光学特性に優れている，などが求められるので，キャスト法で製膜される場合が多い。ところがキャスト法では有機溶媒を使用するので，ある場合には環境汚染を起こすおそれがある。また製膜が溶媒の蒸発・乾燥速度に左右されるので，生産性が低い。そのために高生産性でコスト弾力性に富むクリーンな溶融押出法に関心が集まっている。

　この方式はキャスト法と異なり，溶剤を用いないので環境問題が起こらない，生産速度が高いなどの特徴を有するので経済的である。しかし反面，ダイラインの発生に見られるように，優れた外観特性や，均一な膜厚が得られないなど問題点も多く，その展開が大きく制限されてきた。しかし上に述べたように日本ゼオンは，溶融押出方式で製膜化に成功した。

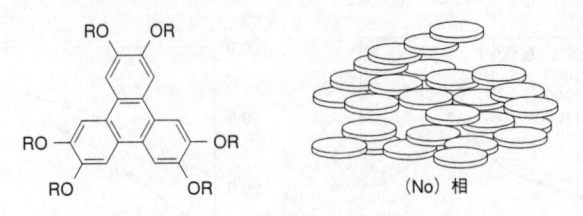

図4 ディスコティック液晶と液晶相

1.4 視野角拡大フィルム

　画面の広いCRTディスプレイの代替を意図する場合、斜めからも画面がきれいに見える広視野角性が重要視される。そのためにPCやPSFなどの高弾性係数を有する耐熱性フィルムが使用されてきた。ところが富士写真フイルムは、従来の原理と異なる特殊な液晶物質を用いた視野角拡大フィルムを開発した。それは光学的に一軸性のネマティック液晶にもとづく複屈折を、負の一軸性の液晶化合物と組合わせて相殺するものである。図4に代表的な負の一軸性の液晶化合物であるディスコティック液晶を示す。この液晶は側鎖末端にアクリロイル基などの光重合性基を持つものである。

　ディスコティック液晶を用いた視野角拡大フィルムは、TACフィルム支持体の上に配向膜を設け、ラビング後にディスコティック液晶を塗布し、Nd層の形成温度に加熱してモノドメインを配向させ、その温度を維持したまま、紫外線照射して配向を固定させたものである。このようにLCDセル中のTN液晶分子の光軸と一致するように、ディスコティック液晶を配向させた光学異方性層を偏光フィルムに張り合わせて使用すると、左右120度、上下100度以上の広視野角が得られている[4]。

1.5 プラスチックフィルム基板

　携帯電話に代表される情報端末機器（PDA）は、持ち運びの容易さが大切なので、軽く、薄く、割れないことが求められる。そのために基板用材料としては、従来の無機ガラスに代わってプラスチック材料が注目されており、一部ですでに実用化されている。

　携帯用LCD基板材料には次のような特性が必要である[1]。

① 透明性に優れている。
② 薄くできる。
③ 割れにくい。
④ 低複屈折率である。
⑤ 耐熱性に優れている。

第1章 ディスプレイ用光学フィルムと高分子材料の設計

⑥ 耐溶剤性に優れている。
⑦ ガスバリア性に優れている。
⑧ 適当な剛性を有する。
⑨ 表面が平滑である。

基板を軽くするためには，その厚みを薄くしてフィルム状にするのが好ましい。しかし無機ガラスの場合，薄くすること自体が難しく，かつ割れやすくなるので，その限界は前に述べたように 0.7 mm といわれているが，プラスチックは 0.1 mm 近くまで薄膜化が可能である。したがって携帯用 LCD の基板用材料には，薄膜が可能な成膜性に優れたプラスチック材料への期待が大きい[1]。

しかしプラスチックフィルム基板にはいくつかの欠点がある。そのひとつは無機ガラスに比してガスバリア性に劣るので，液晶層に空気が溶け込み，気泡などが発生する。それを防止するためにガスバリア性に優れた材料で表面処理が施される。酸素バリア性の高い材料には，エバール樹脂，塩化ビニリデン樹脂などの有機系ポリマーと，酸化ケイ素あるいは酸化アルミニウムなどがある。前者はコーティング，後者では真空蒸着，スパッタリング法，あるいは CVD などでフィルム表面に薄膜を形成する。有機系と無機系を複合した膜は，ガスバリア性だけでなく，耐溶剤性が付与される。

さらにプラスチックは総じて耐熱性が低い。LCD の製作工程ではいくつかの高温雰囲気下にさらされることが多い。透明導電膜は形成温度が高いほど緻密な構造が形成され，優れた特性がえられるが，耐熱性の低いプラスチックでは限界がある。また配向膜を構成するポリイミドの生成反応は 200℃以上と高温になる。

このような高性能特性に対応したプラスチック材料の選定は厳しい。その中で PC を中心に，ポリアリレート，ポリエーテルスルホンなど，透明性で耐熱性に優れた非晶性のエンプラ系樹脂が検討されている。その構成の一例を示すと，ITO 膜／アンダーコート層／プラスチックフィルム／ガスバリア層／ハードコート層からなる。

一方プラスチックフィルム基板を用いて超薄型で折り曲げ可能なディスプレイへの展開が進められている。たとえば凸版印刷は，ポスター状の超薄型テレビの実現につながる薄膜トランジスタ（TFT）の生産技術を開発した[5]。

この極薄の樹脂フィルム基板は，インクの代わりに新たな有機素材を用いて印刷回路を形成するもので，従来ガラス基板上に高温で金属膜を蒸着するのに比して工程が大幅に簡略化でき，生産コストも 1／10 以下になるといわれている。さらにディスプレイの軽量・薄肉化ができ，TFT 部分では現在最も薄いもので，その厚さは 2 mm であるが，50μm まで薄くでき曲げることが可能など，次世代ディスプレイといわれている"電子ペーパー"への実現につながる技術とし

て期待がもたれている。

NHK放送技術研究所でも，フレキシブル液晶ディスプレイを開発している[6]。透明電極が製膜された0.1mmのPC膜基板の上にポリイミドの配向膜を形成，その膜のうえにアクリル系モノマーと強誘電性液晶の混合液を塗布し，紫外線で重合・硬化させる方式である。

このようなフレキシブルタイプの開発により，従来の用途とは異なる，新たな市場が大きく広がる可能性を秘めており，今後の展開が注目されている。

1.6 バックライト関係のフィルム

LCDはそれ自身発光能力がないので，冷陰極管などの光を導光板に通じて面状光にし，液晶ユニットセルへ射出する，いわゆるバックライト方式が採用されている。図5にバックライトパネルの構造の概略を示したが，基本的には導光層・拡散層・反射層などから構成されている。この中でフィルム形状で使用されているのは反射層である。光を効率よくセルユニットに導光するために，PETフィルム上にアルミナ蒸着，あるいは白色コートが施されている。

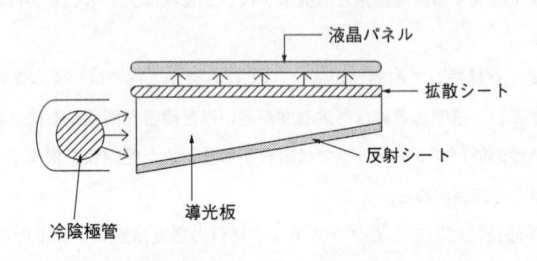

図5 バックライトパネルの構造

1.7 反射防止膜

LCDなどフラットパネルディスプレイ関係でも，いろいろなタイプの反射防止膜が開発されている。しかし反射防止膜は通常，スパッタリング加工法などで形成されるので，大面積のディスプレイにはコストがかかりすぎる。そのために，最近ではコート法による経済性に優れた反射防止膜の開発が増えている。

たとえばTACフィルム上に反射率を低下させるために，5～20ナノメートル（nm）の無機酸化物粒子を混ぜた紫外線硬化樹脂をコートし，紫外線で硬化したものはその一例で，次のような多層膜からなる[7]。

・低反射層（100 nm）

第1章　ディスプレイ用光学フィルムと高分子材料の設計

・導電層（4～5 μm）
　（ニッケル・金メッキ粒子）
・TAC基板（80 μm）
また高屈折率ハードコート層とゾル―ゲル法による低屈折率層を組み合わせる反射防止膜が開発され，注目されている[8]。

2　フィルム用ポリマーの設計

2.1　機能性フィルムとプラスチック材料

　液晶ディスプレイを中心とした各種の機能性フィルムと，それを構成するプラスチック材料を表1にまとめて示す。多種多様なポリマーが使用されているが，総じて耐熱性に優れた透明性樹脂が多い。

表1　LCD用機能性フィルムとプラスチック材料

ポリマーの種類	機能性フィルム
ポリイミド	配向膜
トリアセチルセルロース	偏光膜，反射膜，視野拡大膜
ポリビニルアルコール	偏光膜
ポリカーボネート	位相差膜，フィルム基板
かさ高環状オレフィン樹脂（ゼオノア）	位相差膜，フィルム基板
ポリエステル	反射層（バックライト）
ポリサルホン	位相差膜
非晶性ポリエステル	フィルム基板
かさ高環状オレフィン樹脂（ARTON）	フィルム基板
ポリエーテルスルホン	フィルム基板

2.2　フィルム用ポリマーの設計とその展開

　フィルム用ポリマーの製法と特性を中心に述べる。

2.2.1　ポリカーボネート

　PCは機能性フィルムとしてフィルム基板，位相差フィルムなどに展開されており，さらにバックライトの導光板の一種に使用されている。その特徴は次の通りである。
　①透明性に優れている，②耐熱性が高い，③耐衝撃性に優れている，④製膜性に優れている。
　PCの製造法が動いている。ホスゲン法から非ホスゲン法へと新規な製造法が次々と開発されている。

(1) ホスゲン法

一般に PC はホスゲンを主原料とした界面重縮合方式で製造されている。

$$HO-\text{C}_6\text{H}_4-C(CH_3)_2-\text{C}_6\text{H}_4-OH \xrightarrow{NaOH} NaO-\text{C}_6\text{H}_4-C(CH_3)_2-\text{C}_6\text{H}_4-ONa$$

$$\xrightarrow{COCl_2} NaO-\text{C}_6\text{H}_4-C(CH_3)_2-\text{C}_6\text{H}_4-OCCl \quad (\text{C=O})$$

$$\xrightarrow{\text{重合}} -[O-\text{C}_6\text{H}_4-C(CH_3)_2-\text{C}_6\text{H}_4-OC(=O)]_n-$$

塩化メチレンとビスフェノールA（BPA）のアルカリ水溶液の混合液に、ホスゲンガスを吹き込み、乳化状態で界面反応する製造法である。この方式は高品質の PC が得られるが、半面①ホスゲンが人体に有害である、②重合溶媒の塩化メチレンに発がん性の懸念がある、③塩素系物質が不純物として混入するなど、今日的な問題点が多い。

(2) 溶融法（エステル交換法）

溶融法は、BPA とジフェニルカーボネート（DPC）を用い、エステル交換触媒の存在下、高温・高真空（300℃以上、0.1mmHg）で反応し、生成するフェノールを除去することで平衡をポリマー側にずらし、PC を製造する方式である。

$$HO-\text{C}_6\text{H}_4-C(CH_3)_2-\text{C}_6\text{H}_4-OH + O=C(O-\text{C}_6\text{H}_5)_2$$

$$\longrightarrow H-[O-\text{C}_6\text{H}_4-C(CH_3)_2-\text{C}_6\text{H}_4-O-C(=O)]_n- + \text{C}_6\text{H}_5-OH$$

ホスゲンと塩化メチレンを使用しない代表的な非ホスゲン法である。しかし、反応が高温・高真空下であるために、樹脂の着色が起こりやすい。現在日本ジーイープラスチックはこの方式でPC を製造している。

(3) 固相法

固相法は旭化成で開発された新しい非ホスゲン法の一種である[9]。BPA と DPC を無触媒で溶

第1章　ディスプレイ用光学フィルムと高分子材料の設計

融反応し，生成したオリゴマーを結晶化した後，溶融温度以上で長時間熱重合して高分子量のPCを製造する．

```
BPA ──→ 予備重合 ──→ 粉末化工程 ──→ 結晶化工程 ──→ 固相重合工程
DCP ─╱   (150～300℃, 数分～10時間)   (溶剤処理または    (150～240℃,
                                     加熱処理)          数時間～50時間)
```

　溶融法に比して220～230℃と低温で反応が行われるために，熱劣化の少ない高品質のPCが得られるが，反応時間が長いのが欠点である．現在旭化成と奇美実業（台湾）の合弁で工業化が進められている．
　このようにPCの製造法は，ホスゲン法を中心に多彩な展開が図られており，光学用PCの選択の幅が広がってきた．特に光学用には着色が少ない，塩素物質の少ないクリーンなPCが求められている．

2.2.2　トリアセチルセルロース（TAC）

　TAC（酢酸含有利用量60～62%）は，主として偏光フィルムの保護フィルム，反射フィルム，視野角拡大フィルムのベースフィルムとして使用されている．
　その製法は，セルロース原料に次のように無水酢酸を反応して得られる．

```
セルロース原料 ──→ 前処理 ──→ 無水酢酸 ──→ トリアセチルセルロース
```

　その特性の一例を表2に示す．

表2　トリアセチルセルロースフィルムの特性

物性	
比重	1.28～1.31
引張り強度（kg/cm^2）	731
伸び（%）	10～50
融点（℃）	306
吸水率（%）（24時間）	2.0～4.5
水蒸気透過率 g-mil /100sq.in /24hr	30～40

2.2.3　芳香族ポリイミド

　芳香族ポリイミドは配向膜を構成している耐熱性ポリマーである．このポリマーは基本的に融点がないので，その前駆体であるポリアミック酸の溶液から流延法で製膜され，その後加熱してポリイミドを生成する．その一連の反応プロセスを示すと次の通りである．

ディスプレイ用光学フィルム

$$n \left(O \begin{matrix} C=O \\ C=O \end{matrix} Ar \begin{matrix} C=O \\ C=O \end{matrix} O \right) + n(H_2N-Ar-NH_2)$$

$$\longrightarrow \left(\begin{matrix} HNC=O \\ HO-C=O \end{matrix} Ar \begin{matrix} C=O-NH-Ar \\ C=O-OH \end{matrix} \right)_n$$

（ポリアミック酸）

$$\longrightarrow \left(N \begin{matrix} C=O \\ C=O \end{matrix} Ar \begin{matrix} C=O \\ C=O \end{matrix} N-Ar \right)_n$$

まず酸無水物とジアミンを溶媒中で反応する。前駆体であるポリアミック酸を200℃以上の高温で加熱すると，残存する溶媒が除去され，脱水・閉環反応が起こる。その結果，イミド化してポリイミドフィルムを生成する。最近ではLCDにプラスチック素材が多く利用されるので，脱水・閉環反応をより低温で行う方向に進んでいる。

表3にポリイミドの化学構造とT_gの関係，表4 [10]に市販ポリイミドフィルムの特性をそれぞれ示す。プラスチック材料の中で最高の耐熱性を有しており，強度特性も高い。

2.2.4 ポリビニルアルコール（PVA）

PVAは偏光膜に使用されている。酢酸ビニルを重合して得られるポリ酢酸ビニルをアルカリでケン化した，水溶性のポリマーである。

$$\underset{\underset{OCOCH_3}{|}}{CH_2=CH} \xrightarrow{\text{重合}} \left(CH_2-CH \right)_n \underset{OCOCH_3}{} \xrightarrow{\text{加水分解}} \left(CH_2-CH \right)_n \underset{OH}{}$$

前に述べたように高分子量でシンジオタイプ，そして高延伸にすることで，耐久性に優れた偏光特性が得られる。

シンジオタイプは，ビニルアセテート，ビニルトリフルオロアセテート，ビニルトリクロロアセテート，ビニルピバレートなど，1連のエステルモノマーの重合・ケン化で得られるが，総じて極性が高く，側鎖がバルキーなモノマーを低温で重合すると，シンジオ含有量が高い。

通常のPVAは合成繊維"ビニロン"の主原料であり，また水溶性を利用して非繊維以外の分

第1章 ディスプレイ用光学フィルムと高分子材料の設計

表3 代表的なポリイミドのグラス転移温度

化 学 構 造	T_g (℃)	商 品 名
(構造式1)	428	カプトン (デュポン・東レ) アピカル(鐘淵化学)
(構造式2)	407	ノバックス
(構造式3)	359	ユーレックス-S (宇部興産)
(構造式4)	303	ユーレックス-R (宇部興産)

(横田力男, PA, 109 Aug.,03)

表4 代表的な市販ポリイミドフィルムの特性

物性	アピカル			カプトン		ユーピレックス	
	25AH	25NPI	25HP	100EN	100KN	25S	75S
引張り 強 度 (MPa)	300	320	350	360	370	530	370
弾性率 (GPa)	3.2	4.0	6.0	6.3	4.2	9.3	7.1
伸び(%)	100	80	50	55	67	42	50
線膨張率 (ppm)	32	16	12	12	14	12	20
吸水率 (%)	(1.3)						

野にも多く使用されている。ちなみにエバールと呼ばれるエチレン・ビニルアルコール共重合体は，PVAの優れた酸素バリア性を持つ成形可能な樹脂として有名である。

2.2.5 ポリエーテルスルホン

このポリマーは，次に示すように，パラフェニレン基がスルホン基とエーテル基で交互に結合したポリスルホンである。

$$\left(\!\!\left\langle\!\!\!\bigcirc\!\!\!\right\rangle\!\!-\!SO_2\!-\!\left\langle\!\!\!\bigcirc\!\!\!\right\rangle\!\!-\!O\right)_n$$

その製法はジクロルジフェニルスルホン，ビスフェノールSおよび炭酸カリウムを高沸点溶媒中で反応させる。

$$Cl-\!\!\left\langle\!\bigcirc\!\right\rangle\!-\!SO_2\!-\!\left\langle\!\bigcirc\!\right\rangle\!-\!Cl + HO-\!\left\langle\!\bigcirc\!\right\rangle\!-\!SO_2\!-\!\left\langle\!\bigcirc\!\right\rangle\!-\!OH$$

$$\xrightarrow{K_2CO_3} \left(\!\!\left\langle\!\bigcirc\!\right\rangle\!-\!SO_2\!-\!\left\langle\!\bigcirc\!\right\rangle\!-\!O\right)_n$$

表5に特性を示す。

2.2.6 非晶性ポリエステル

ポリアリレートはフィルム基板への展開が図られている。ジフェノールと芳香族ジカルボン酸との重縮合体で，いわゆる芳香族ポリエステルである。その中で非晶性ポリエステルは，ビスフェノールAとテレ／イソ混合フタル酸を原料に界面重合で製造される非対称構造のポリエステルである。その反応は次のように示される。

表5 フィルム基板用プラスチック材料の特性

特性	ポリカーボネート	非晶性ポリアリレート	ポリエーテルスルホン	非晶性ポリオレフィン(ARTON)
屈折率	1.59	1.60	1.65	1.51
光線透過率（％）	90	90	88	92
引張強度（kg/cm^2）	830	850	850	750
引張伸度（％）	140	50	71	16
熱膨張係数（cm/℃）	7.0×10^{-5}	7.0×10^{-5}	4.4×10^{-5}	
T_g（℃）	155	215	223	171
飽和吸水率（％）	0.20	0.26	0.43	0.20
製膜法	キャスト	キャスト	押出し	—

第1章　ディスプレイ用光学フィルムと高分子材料の設計

$$n\ NaO-\bigcirc-\underset{\underset{CH_3}{|}}{\overset{\overset{CH_3}{|}}{C}}-\bigcirc-ONa + n\ ClC(O)-\bigcirc-C(O)-Cl$$

（水相）　　　　　　　　　　　（有機相）

$$\longrightarrow \left(O-\bigcirc-\underset{\underset{CH_3}{|}}{\overset{\overset{CH_3}{|}}{C}}-\bigcirc-OC(O)-\bigcirc-C(O) \right)_n$$

（有機相）

アルカリ水溶液に溶解したビスフェノールAと、ハロゲン化炭化水素などの有機溶媒に溶解したテレ／イソ混合フタル酸クロライドを、触媒の存在下、常温で反応する。着色が少なく、透明性に優れ、高分子量のポリマーが得られる。表5にその特性を示す。

2.2.7　嵩高環状オレフィン樹脂

嵩高環状オレフィン樹脂は、光ディスク基板用に開発された高性能樹脂で、APO（三井化学）、ZEONEX（日本ゼオン）、ARTON（JSR）などが代表的である（表6）。この中で光学用フィルムとしては、表1に示すように、ゼオノアが位相差フィルム、プラスチックフィルム基板に、ARTONはプラスチックフィルム基板に積極的な展開が図られている。

(1) ZEONEX

ZEONEXは、次のような反応プロセスで製造される。

（反応式：開環重合 → 水添）

ZEONEXからZEONORへと、品質のアップが耐熱性、耐衝撃性などを中心に図られている。

表6　嵩高脂環式オレフィン樹脂の特性

特性	PC*	XEONEX	ARTON	APO
比重	1.19	1.01	1.08	1.01
全光線透過率（％）	90	92	92	91
飽和吸水率（％）	0.4	<0.01	0.2〜0.4	<0.01
屈折率	1.58	1.53	1.51	1.54
アッベ数	30	54	57	54
熱変形温度（℃）(18.6kg/cm^2)	121	123	162	129〜136
複屈折率（nm）	<65	<25	<20	<20
引張り強度（kg/cm^2）	640	643	750	640

＊　比較

ディスプレイ用光学フィルム

表7 ゼオノアの一般特性と他の樹脂との比較

物性	ゼオノア				PC汎用	PMMA
	1020R	1060R	1410R	1600R		
吸水率23度24浸積	＜0.001				0.15	0.3
全光線透過率3mm板（％）	92				89	93
ガラス転移点（℃）	105	100	135	163	145	100
熱変形温度（℃）18.6kgfアニール	101	99	136	161	132	99
引張り強度（kg/cm²）	540	540	622	745	673	735
破断伸び（％）	100	70	20	10	110	2
アイゾットノッチ（kJ/m）	6	2	3	3	75〜100	2
デュポン衝撃強さ50％破壊エネルギー（J）	36	26	34	0.9	33	0.2

表7にPC，PMMAとの比較で特性を示す。

(2) ARTON

"ARTON"はJSRの製品である。メタクリル基を側鎖にもつノルボルネン誘導体（1）を特殊なW化合物とAL化合物を組み合わせた触媒を用い，開環重合した後，水素添加したものである。

このポリマーは，嵩高環状オレフィン樹脂の中で，もっとも耐熱性に優れ，接着性が高いのが特徴である。

第1章　ディスプレイ用光学フィルムと高分子材料の設計

文　献

1) 井手文雄, "ここまできた透明樹脂", 工業調査会 (2001)
2) W. S. Lyoo *et al., Colloid Polym. Sci.*, **281**, 416 (2003)
3) 山崎正広ら, 工業材料, **51** (8), 70 (2003)
4) 中村卓, 岡崎正樹, 高分子, **51** (2), 94 (2002)
5) 日経新聞2003年11月1日
6) 藤掛英夫, 高分子, **52** (8), 555 (2003)
7) 日経産業新聞2003年2月26日
8) 福島洋, 機能材料, **22** (2), 30 (2002)
9) 福岡伸典, 工業材料, **51** (8), 62 (2003)
10) 横田力男, プラスチックスエージ, 109 (2003.8)

第2章　高分子フィルムの製膜技術

綱島研二*

1　はじめに

光学用の高分子フィルムとしては，使用方法・要求特性などから次の2種類に分けて考える。

(1)　光学系の中に組み込まれる高分子フィルム素材

光学系に組み込まれるフィルムとしては，①光学的に等方性のあるフィルムと，②特定のリターデーションを有した位相差板や偏光板などがあるが，本稿では前者①の光学的に等方性のあるフィルムの製膜技術に限定して述べ，後者②の特定リターデーションを有した機能性フィルムについては本書籍に後述されるので，ここでは省略させていただく。

光学等方性フィルムの代表としては，①トリアセチルセルロース（TAC），②ポリビニルアルコール（PVA），③ポリカーボネート（PC），④シクロオレフィンポリマー（COP），⑤ポリエーテルスルフォン（PES）等がある。これらの高分子フィルムのうち，溶液製膜法で製造されている，①トリアセチルセルロース（TAC）フィルムの製造方法と，④のシクロオレフィンポリマー（COP）フィルムの製造方法，および⑤のポリエーテルスルフォン（PES）フィルムの製造方法について述べる。これらのフィルムはいずれも延伸のされていない無延伸フィルムである。

(2)　光学系には組み込まれないが，途中の工程までカバーフィルム，支持体として用いられる二軸配向した高分子フィルム素材

光学系には組み込まれないが，TAC，PVAなどの光学フィルムの支持体や保護機能のために工程フィルムとして高分子素材フィルム，特に二軸延伸・配向PETフィルムが多く使用されている。ここでは二軸延伸PETフィルムの製膜技術の詳細は記述せずに，光学用途では特に重要視される表面欠点，表面状態，厚さムラ，および光学的等方性について述べる。

以下にこれらの代表的なフィルム素材の製造方法について述べる。

＊　Kenji Tsunashima　東レ㈱　フィルム研究所　研究主幹・リサーチフェロー（製膜）

第2章 高分子フィルムの製膜技術

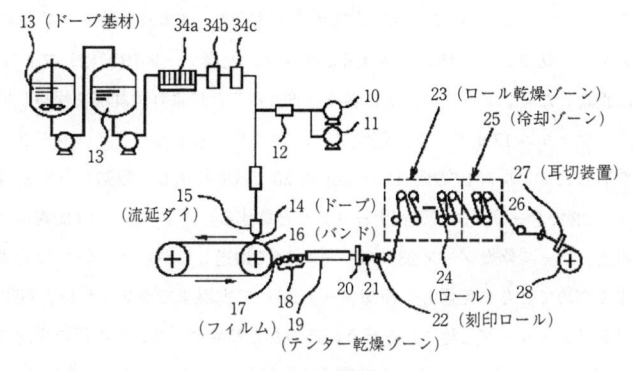

図1 溶液製膜工程の代表例

2 光学系の中に組み込まれる光学等方性のフィルム素材

2.1 TACの製膜方法

セルロースアセテートTACフィルムは，低複屈折性，透明性，適度な透湿性を有し，機械的強度が大きく，かつ，湿度および温度変化に対する寸法安定性が良いことから，偏光板保護膜等の光学材料などとして広く用いられている。このようなセルロースアセテートフィルムTACは，融点が290℃と高く，熱分解温度と近いために，図1に示したような溶液製膜工程で製膜されている[1]。この溶液製膜方法はセルロースアセテートTAC等のポリマーを，適宜各種添加剤を加えて溶媒によってドープにしたあと，エンドレスの無端支持体であるドラムもしくはバンド・ベルトへ流延し，自己支持性をもったところで剥離し，乾燥工程を経て製品フィルムを得るものである。剥離後の乾燥は，ロールで搬送しながら熱風乾燥するのが一般的である。連続製造されたフィルムは，通常樹脂・金属・木材・厚紙等で作られた円筒状の巻き取り芯に，用途や設備能力等に応じて数百mから数千mの長さに巻き取られ，適宜梱包されて製品形態となる。

紫外線吸収剤溶液，および，シリカ，カオリン，タルクなどの無機添加剤を添加した微粒子分散液などをそれぞれ供給ポンプ10，11からスタティックミキサー12を用いてインライン混合し，さらにこの混合液をドープ基材13にインライン混合してドープ14を得る。溶解したドープは濾過により異物や未溶解原料などを除去することが一般的である。濾過には濾紙，濾布，不織布，金属メッシュ，焼結金属フィルター，多孔板等公知の各種濾材を用いることが可能である。濾過することにより，ドープの中の異物，未溶解物等を除去することができ，これらによるフィルム性能の低下や損傷，欠陥を低減もしくは除去することができる。該ドープ14は流延ダイ15より無端支持体であるバンド16上に流延され，熱風乾燥により徐々に溶媒が揮発し，自己支持性を

19

もつようになる。ここでフィルム17をバンド16から剥ぎ取り、4本の駆動ロール18に接触させつつ搬送し、テンター乾燥ゾーン19に導入する。テンター乾燥ゾーン19では、フィルム17をテンター軌道上に設置したテンタークリップに噛み込ませることにより両耳部を保持して張力を加えつつ乾燥する。フィルム17がテンター乾燥ゾーン19を出たら直ちに、テンタークリップによって保持され変形したフィルム17の両耳部を裁断機20で裁断除去し、駆動ロール21を1本介した後、刻印ロール22でナーリング（工程ナーリングと称する）をフィルム17側端部に行う。工程ナーリングの後、ロール乾燥ゾーン23にてロール24で搬送しながらフィルム17の表面温度を最高130℃にまで高めてさらに乾燥し、冷却ゾーン25にて室温まで冷却した後、刻印ロール26でナーリング（製品ナーリングと称する）を行う。このとき製品ナーリングの厚み平均値が目的値になるように刻印ロールの噛み合わせ力を調整する。製品ナーリング直後に耳切装置27で工程ナーリングを裁断除去して、巻き取り芯28に巻き取る。

　以下に光学用途として相応しい品質を得るための製膜技術、および今後の製造技術での解決すべき課題について述べる。

2.1.1 傷防止技術（ナーリング技術）

　ここで光学的用途に重要なことは、フィルムに擦り傷を付けないようにすることが大切である。すなわち、無端支持体からの剥離後のロール搬送中に、ロールとフィルムとの摩擦力が不十分であるとスリップ現象を起こし、ロールの微小な凹凸がフィルムに擦り傷を付け、製品価値を減じてしまうことがある。乾燥ゾーンのロールは設備コストの理由から、大半は、独立して駆動する機能をもたず、搬送されるフィルムとの間に生ずる摩擦力を駆動力としてフィルムの搬送につられてまわるためである。このようなスリップ現象を防止するために、ロールとフィルムの間の摩擦力を高める必要があるが、その方法として従来より、①ロール搬送中での搬送方向におけるテンションを高める方法や、②フィルムに対して適度な摩擦力を呈するように、ロールに関し、材質や表面面状を摩擦力の高いものにする等の方法があるが、①のロール搬送中での搬送方向におけるテンションを高める方法は、フィルムの縦方向への伸びが、特に高温環境下では著しく起こり、フィルムの性能、特に光学的等方性や寸法安定性に影響を及ぼすという欠点があり、また②の表面摩擦力を高めることにより、ロール表面でフィルムのツレが発生して、フィルムが皺になることが多い。この問題はフィルムの膜厚が薄いほど顕著であり、ロールとフィルムの間の摩擦力の調整が随時必要となる。ロールの表面材質や表面加工という方法は、設備的対応のため、摩擦力調整方法のフレキシビリティという点で問題がある。

　そこで精密光学用途には擦り傷やしわの発生しにくいセルロースアセテートフィルムTACの製造方法としては、特許[1])などにも開示されているように、無端支持体から剥離したフィルムをロール搬送しながら乾燥する工程で、フィルムの少なくとも一方の側端部に凹凸によるナーリン

第2章 高分子フィルムの製膜技術

グを付与することが有効である。ナーリングは、刻印ロールを用いてフィルム側端部にエンボスと呼ばれる加工を施すことであるが、このナーリング付与は、製造工程にテンター乾燥ゾーンを設ける場合は、テンター乾燥工程内、あるいは乾燥工程終了直後が好ましく、または、テンター乾燥ゾーンでの乾燥後、ロール乾燥ゾーン導入前が好ましい。すなわち、ナーリングは、フィルムの塑性変形で付与されるものであり、ナーリング付与時のフィルム剛さが小さいとナーリングがへたってしまい、効果が上がらないので、ナーリングはフィルムがある程度の剛性をもった段階、つまり溶媒含有率がある程度低い状態で付与されるべきである。逆に、溶媒含有率が非常に低くなってからのナーリング付与は、ナーリング前の乾燥工程において、乾燥工程長を大きくするかあるいは乾燥工程での搬送速度を小さくすることを必要とし、生産性・設備費用の点から不利である。こうしたことからナーリング付与時のフィルムの溶媒含有率は、好ましくは30重量％以下、好ましくは10～30重量％、さらに好ましくは10～25重量％である。ナーリング付与は、非駆動のロールとフィルムの摩擦力を確保しながら擦り傷を防止する。溶媒含有率、生産性、設備費用の点を考慮すると、ナーリング付与は乾燥工程の最終より以前、つまりナーリング付与後の非駆動のロールが1本以上あるときに行うことが好ましい。

図2は工程ナーリングの代表的な説明図である。ナーリング突起パターン40を付与してある直径100mmの刻印ロール22を、フィルム17を上下からはさんで2個を1対として、2対設置し、フィルム17を駆動ロールにより搬送させてナーリング41を付与する。ナーリング突起パターン40は、フィルム17とロールの間の摩擦力を調節するのに十分なナーリング41を付与できるものであれば、様々な形態をとることが可能である。刻印ロール22の設置はフィルムの一方の側端でもよいが、両側端が効果的である。搬送速度やフィルム17の膜厚、剛さ等の条件によって、ナーリングの厚さ平均をかえることができる。ナーリングの厚さの調整は一対をなす刻印ロールの噛み合わせ力を調整することでも行うことができる。具体的にはおもりをのせて荷重をかける方法、空気圧・水圧・油圧等で押しつける方法、スプリングで機械的に押しつける方法等公知の方法が制限なく利用されている。

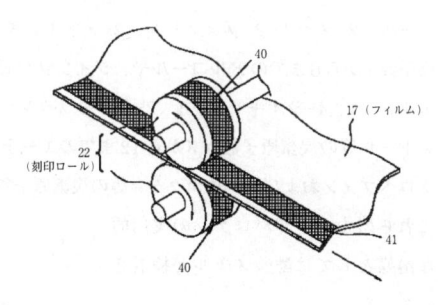

図2　ナールロール

2.1.2　溶媒対策

溶剤を用いることにより、乾燥工程で生産速度が遅くなり、回収工程で多大な設備・工数がいるために、生産性は溶融製膜法に比べて、悪いために、生産性の好条件等が絶え間なく行われて

いる。一般に、ドープに用いる溶媒としては、低級脂肪族炭化水素の塩化物や、低級脂肪族アルコールなどを用いることが可能であるが、実用化されている溶媒としては、低級脂肪族炭化水素の塩化物の代表例である**メチレンクロライド**が一般的であるが、単独の溶媒よりもこれに15％程度のメタノールを添加する方が、溶解性が向上するが、自己支持性を有するゲル化する速度が遅く、ドラムやベルトからのはぎ取りまでの時間が長くなる。そこでn-ブタノール、シクロヘキサンなどの貧溶媒を加えた3成分系溶媒にしたり[2]、金属塩を用いたりすること[3]でさらなるゲル化速度を速くして製膜速度を向上させる検討もなされている。

一般に、このようなハロゲンを含む溶媒を用いることは、環境上問題があるので、非ハロゲン溶媒を用いる検討がなされている。具体的には、特許[4]などに記載があるように、メタノール、エタノール、n-プロピルアルコール、イソプロピルアルコールおよびn-ブタノールなどで代表される**低級脂肪族アルコール**や、アセトン、メチルエチルケトン、ジエチルケトン、ジイソブチルケトン、シクロヘキサノン、メチルシクロヘキサノンなどの炭素原子数4から12までの**ケトン**や、ギ酸エチル、ギ酸プロピル、ギ酸ペンチル、酢酸メチル、酢酸エチル、酢酸プロピル、酢酸ブチル、酢酸ペンチルおよび2-エトキシ-エチルアセテート等の炭素原子数3から12までの**エステル**や、メタノール、エタノール、プロパノール、イソプロパノール、1-ブタノール、t-ブタノール、2-メチル-2-ブタノール、2-メトキシエタノールおよび2-ブトキシエタノールの炭素原子数1から6までの**アルコール**や、ジイソプロピルエーテル、ジメトキシメタン、ジメトキシエタン、1,4-ジオキサン、1,3-ジオキソラン、テトラヒドロフラン、アニソールおよびフェネトール等の炭素原子数が3から12までの**エーテル**や、シクロペンタン、シクロヘキサン、シクロヘプタンおよびシクロオクタン等の炭素原子数が5から8までの環状炭化水素類などがある。これらの中で、非ハロゲンの実用的な溶媒としては酢酸メチルが検討されている。

2.1.3 平面性改良

通常、高温でフィルムを拘束することなく自由収縮を許した状態で乾燥すると、TACの平面性が悪くなることが多い。そこで、特許など[5]で開示されているように、図3を用いて説明すると、流延部10から剥ぎ取られたセルローストリアセテートTACフィルムを乾燥部20および30で乾燥

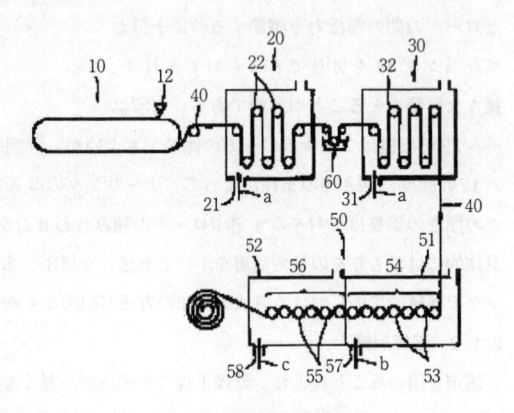

図3 平面性改良プロセス

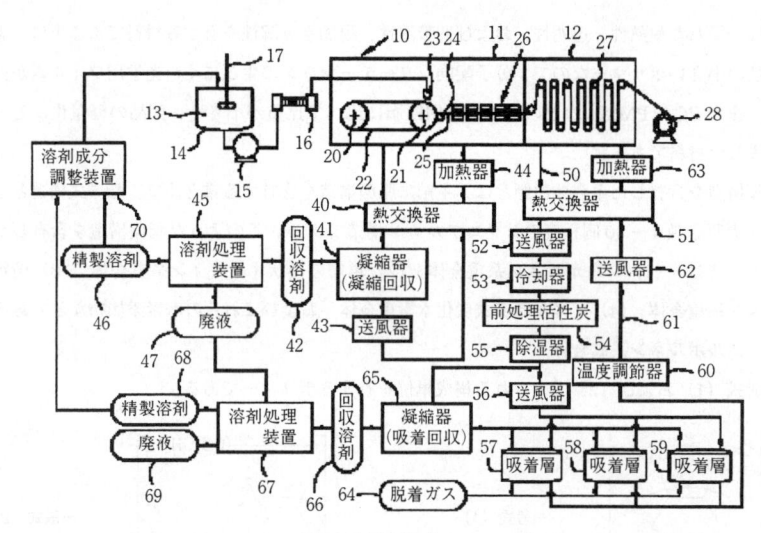

第2章 高分子フィルムの製膜技術

図4 溶媒回収プロセス

させた後に，該TACフィルムの平面性を改良するゾーン50へ送る。平面性改良ゾーン50の加熱室51では，多数の密間加熱ローラ群54に巻回しつつ搬送して，乾燥部20および30で生じた凹凸を平坦にし，その直後，冷却ローラ群56で巻回しつつ平面性良好なままの状態で固定させる。平面性改良ゾーン50としては，このような密間ロールを用いる以外に，ピンテンター，クリップテンターで自由収縮を制限して熱処理する法もある。

2.1.4 溶媒回収

溶液製膜の最大の問題点は，溶融製膜にはない溶媒の回収プロセスを必須とすることである。特許[6]などで示される溶媒回収のフローを図4に示した。

ドープ13を流延して，フィルム25を製膜する際に，バンドゾーン11から発生するガスを凝縮器41で凝縮回収して回収溶剤42を得る。回収溶剤42を溶剤処理装置45により水分が5重量%以下の精製溶剤46と廃液47とに分離する。精製溶剤46を溶剤成分調整装置70により，ドープ13用の溶剤の成分比に調整する。この調整された溶剤をドープ調製用溶剤中に50重量%混合してドープ13を調製する。回収溶剤を再利用しつつ，光学特性の良好なフィルム25を得るのである。

2.2 脂環構造を有した非晶質オレフィンポリマー（COP）フィルムの製膜方法

脂環構造を含有した非晶質ポリオレフィン樹脂COPが光学用途に注目されている。このポリ

23

マーは，優れた耐熱性，透明性，および低吸湿性，耐加水分解性を有する材料である上に，光弾性係数の小さいポリマーなので，分子配向レターデーションの生じにくい光学用フィルムが得られる。またPCやPMMAなどの他の光学用樹脂に比べて比重が小さく，部品の軽量化にとっても好ましい材料である。

脂環構造を含有した重合体樹脂とは，主鎖に脂環構造を含有する重合体で，脂環式構造としては，炭素原子数4～30個程度のシクロアルカン構造である。このような脂環構造を含有した重合体としては，(1) ノルボルネン系重合体，(2) 単環の環状オレフィン系重合体，(3) 環状共役ジエン系重合体，(4) ビニル脂環式炭化水素重合体，およびこれらの水素添加物などである。

(1) ノルボルネン系重合体

一般式 (1) および (2) で表される構成単位を有するポリマーである。

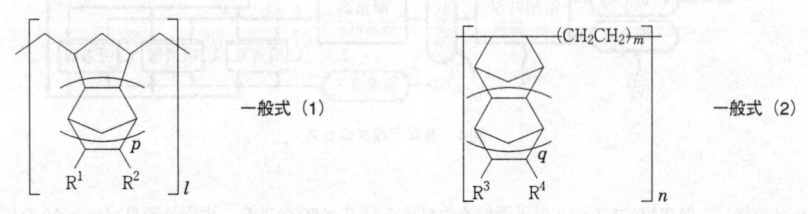

$$\left[\begin{array}{c}\\\\R^1\ R^2\end{array}\right]_l \quad 一般式(1) \qquad \left[\begin{array}{c}-(CH_2CH_2)_m\\\\R^3\ R^4\end{array}\right]_n \quad 一般式(2)$$

(ただし，R^1, R^2, R^3およびR^4は，水素，炭化水素残基またはハロゲン，エステル，ニトリル，ピリジルなどの極性基でそれぞれ同一または異なっていてもよく，またR^1, R^2, R^3およびR^4は互いに環を形成していてもよい。l，mおよびnは正の整数であり，p，qは0または正の整数である。)

ノルボルネン系重合体は，特許[7]などに開示されている。ノルボルネン系モノマーの具体例としては，ビシクロ [2, 2, 1] -ヘプト-2-エン (慣用名：ノルボルネン)，トリシクロ [4, 3, 0, 12, 5] -デカ-3, 7-ジエン (慣用名ジシクロペンタジエン)，8, 9-ベンゾトリシクロ [4, 3, 0, 12, 5] -デカ-3-エン (1, 4-メタノ-1, 4, 4a, 9a-テトラヒドロフルオレンともいう)，テトラシクロ [4, 4, 0, 12, 5, 17, 10] -ドデカ-3-エン (単にテトラシクロドデセンともいう)，およびこれらの変性体である。ノルボルネン系モノマーに共重合可能なモノマーとしては，エチレン，プロピレン，1-ブテンなどの炭素数2～20個を有するα-オレフィン；シクロブテン，シクロペンテン，シクロヘキセンなどのシクロオレフィン；1, 4-ヘキサジエン，1, 7-オクタジエンなどの非共役ジエン；などがある。

(2) 単環の環状オレフィン系重合体

単環の環状オレフィン系重合体としては，特許[8]などに開示されているシクロヘキセン，シクロヘプテン，シクロオクテンなどの単環の環状オレフィン系単量体の付加重合体などがある。

(3) 環状共役ジエン系重合体

環状共役ジエン系重合体としては，特許[9]などに開示されているシクロペンタジエン，シクロ

第2章 高分子フィルムの製膜技術

ヘキサジエンなどの環状共役ジエン系単量体を1,2-または1,4-付加重合した重合体およびその水素添加物などがある。

(4) ビニル脂環式炭化水素系重合体

ビニル脂環式炭化水素系重合体としては，特許[10]などに開示されているビニルシクロヘキセン，ビニルシクロヘキサンなどのビニル脂環式炭化水素系単量体の重合体およびその水素添加物，特許[11]などに開示されているスチレン，α-メチルスチレンなどのビニル芳香族系単量体の重合体の芳香環部分の水素添加物などである。

これら脂環構造含有重合体の分子量は，シクロヘキサン溶液（重合体が溶解しない場合はトルエン溶液）のゲル・パーミエーション・クロマトグラフ法で測定したポリイソプレン換算の重量平均分子量で，5,000〜500,000の範囲のもので，T_gが高いほど機械的な脆さを改良するために高分子量原料が用いられている。また脂環構造含有重合体のガラス転移温度（T_g）は，通常は70〜180℃であるが，用いるモノマー種によっては，300℃程度まで高くしたものもある。実用化されている重合体としては，"アートン"（JSR㈱），"ゼオネックス"（日本ゼオン㈱）がある。

このような脂環構造を含有したノルボルネンなどのポリマーを用いたフィルムの成形方法は，溶液製膜法（JSR㈱"アートン"）と溶融製膜法（日本ゼオン㈱"ゼオノア"）の両方で製造されているが，溶液製膜法は，前述のTACと同様に塩化メチレンを用いて製膜するので，製膜技術としては共通点が多いので，ここでは主として溶融製膜法で製造する方法について以下に述べる。

溶融製膜法は，東芝機械から提供いただいた図5のクリア・シートの成形装置と基本的には類似した装置で製膜されていると考えている[12]。COP樹脂の場合，①乾燥の必要性がないことから，押出機を二軸ベント押出機にする必要はないこと，②薄ものフィルムの製膜に限定する場合は，ローラーテーブルは必要はないこと，などが異なっているものと思われる。もちろん，製膜する環境は，クリーンルームで行い，さらに口金周りには閉空間にして防塵対策をすると共に，圧力変動を防止するべきである。

2.2.1 原料の乾燥工程

原料は吸湿性ではないので，乾燥は必要がないように思われるが，COP原料は酸化劣化し易いので[13]，内在の酸素，および水などを除去するために，溶融押出前に原料を乾燥した方が良い。

2.2.2 原料供給工程

乾燥した原料を空気にさらすと，付着水分や酸化劣化のおそれがあるのみならず，溶融押出時に酸化劣化などを起こすために原料を適度に保温して，窒素シールホッパーを用いるのが必須である。

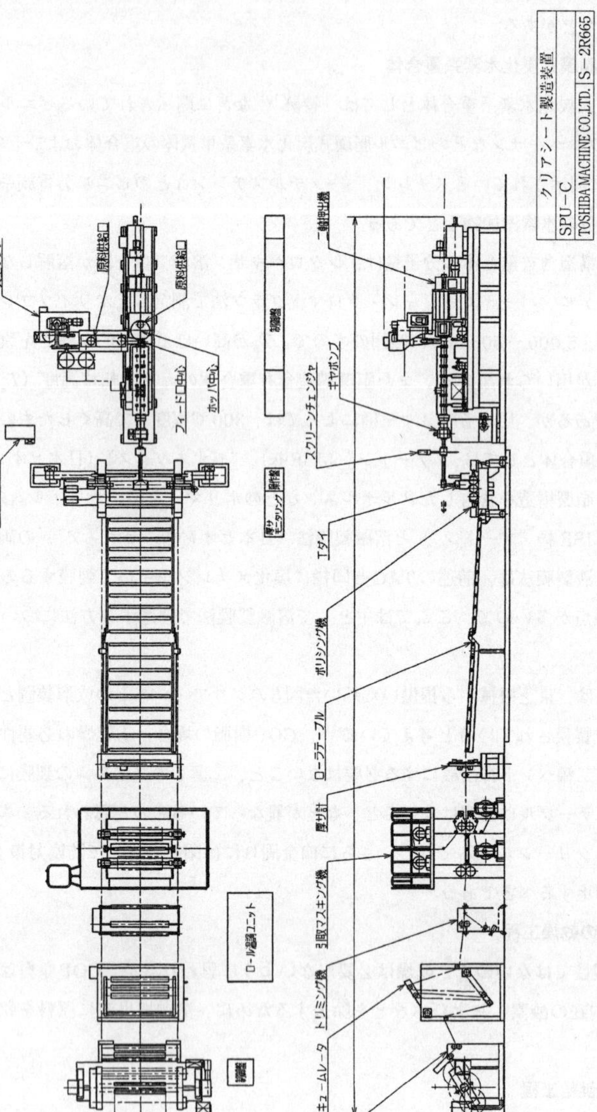

ディスプレイ用光学フィルム

図5 押出シート化装置概要
(クリアシート製造装置(東芝機械より提供))

クリアシート製造装置
SPU-C
TOSHIBA MACHINE CO.,LTD. S-2R665

第2章 高分子フィルムの製膜技術

2.2.3 溶融工程

　COP原料は、原料をわざわざ乾燥して酸化劣化対策を取る。これはA-PETシートのように乾燥レスベント押出にすると、脱気によるホッパー部からの空気を吸い込んで原料が酸化劣化するおそれがあるので単軸押出機、またはベント吸引しない二軸押出機が好ましい。さらに、非ニュートニアン樹脂であるために、押出機での未溶融物発生などの異物対策をする必要がある。これには、単にスクリューの溶融ゾーンで剪断をかけて、混練性を向上させてもそれほど効果はないが、スクリューの供給ゾーンのCOP原料とスクリューとの摩擦係数を適度に調整し、バックフローを制御することが有効である。

2.2.4 フィルター工程

　COP原料は高粘度であるが、光学用途には異物を嫌うので完全に除去する必要がある。通常のスクリーンチャンジャーのような簡易金網フィルターではなく、高精度な焼結金属を複数枚使用したリーフディスクフィルターを用いるのがよい。

2.2.5 成形工程（口金）

　滞留部のない、口金スジのでにくい口金形状にし、口金ランド部から溶融体を曲げることなく、図6のように口金から吐出させる。口金先端には傷のない、耐摩耗性に優れた、COP樹脂との離型性に優れた材質を選択する。リップ間隙（クリアランス）は原料が非ニュートニアンであるので、狭くして、ドラフト比率（口金リップクリアランス／冷却フィルム厚さ）を小さくし、ドローレゾナンスの影響を小さくして、フィルムの厚み均質性の向上をはかる。

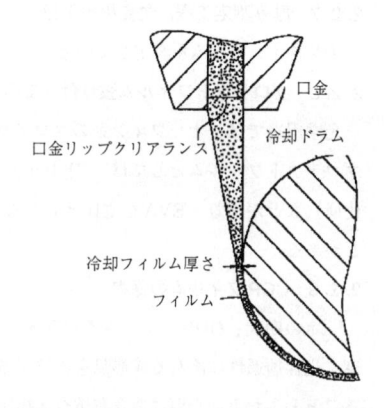

図6　溶融体フィルムの冷却・密着状態[13]

2.2.6 冷却工程

　冷却ドラムにたいして溶融体を図6のように接線方向に密着させる。通常、成形ドラムへの密着性向上のためには、静電荷印可法、エアーナイフ法、エアーチャンバー法、ニップ法などの密着性向上補助手段が併用されるが、COPポリマーの場合、これらの手段は有効ではない。また、通常の結晶性ポリマーの場合は結晶化防止のために、25℃に急冷するが、COP樹脂の場合、非晶性樹脂であるので、必ずしも急冷は必要はない。そこで、COP樹脂の場合、ドラム温度としては、COP樹脂のガラス転移温度近傍の100～150℃の高温に保温した冷却ドラムにする[14]。これは、①口金スジ対策と、②リターデーション対策、③密着性向上のために必要な温度である。すなわち、①口金スジが発生した場合、それを消去するために、COP樹脂のT_g近傍に保たれた

ポリッシングロールで挟み込んで口金スジを解消させる。ところが，あまり強く挟みすぎて延伸され，分子配向が生じてリターデーションが大きくなると，光学用途に使用できないので，適度なニップ間隙，ニップ圧調整をする。②ドラフト配向で生じた分子配向を消去するための配向緩和工程としての役割も担っている。③冷却ドラムへの密着性向上のために，粘着キャストのためにもドラム温度をT_g近傍に保つことが必要である。T_g以上に高温にすると剥離強度が大きくなり，剥離ムラ，粘着ムラ，回転のビビリなどに悪影響を与えるのでT_g以下が必須である。もちろん，クロムメッキ材質よりも，剥離しやすいセラミック材質にした方が密着と剥離のバランスが取りやすい。これらの成形工程は防塵されたクリーンルームで行うことが必須である。

2.2.7 厚み測定工程，欠点検出工程

インラインで厚みを測定して口金にフィードバックさせることが必要である。

2.2.8 プロテクトフィルム張り付け工程，アキュームレータ工程

光学用途では，オレフィン系のプロテクトフィルムを両面に張り合わせる工程が必須である。プロテクトフィルムとしては，"トレテック"（東レ合成フィルム製），"サンテクト"（サンエー化研）などがあり，EVAを主体としたものや，アクリル粘着材をベース基材に塗布したものなどがある。

2.2.9 COPフィルムの保存

一定の期間，COPフィルムを保存する場合，表面の酸化劣化を起こさず，表面精度，機械強度，光線透過性に優れる成形品を維持するには，脂環構造含有重合体樹脂に脱酸素材を併存させることと，および脂環構造含有重合体樹脂を，酸素のない密閉容器中に存在させることが有効である[15]。脱酸素材とは，遊離酸素，樹脂中に含有されている溶存酸素，保存容器の壁を透過して密閉系内へ入ってくる浸透酸素を化学的に吸収し，酸素による内容物の変化を目的とする品質保持剤（いわゆる脱酸素剤）であり，脱酸素剤を固めたもの，脱酸素剤を包装したもの，脱酸素剤を練り込んだ形態がある。脱酸素剤は，還元性無機化合物または還元性有機化合物などの，自らが酸化されることにより酸素を吸収する化合物である。還元性無機化合物としては，還元性鉄，還元性亜鉛，および還元性錫粉などの還元性金属粉；酸化第一鉄，四三酸化鉄，第一酸化銅などの金属低位酸化物などで，還元性有機化合物としては，アスコルビン酸，糖などがある。

なお，COPフィルムを溶液製膜する場合には，ドープの支持体にベルトを用いた場合，このベルトの交換は容易ではないことが多い。ところが，ベルト材質としては，通常ステンレス等の金属製が用いられているが，どうしても長期間使用しているとベルト表面に欠点が生じることがある。そこで定期的に研磨もしくは新品との交換をする場合もあるが，ベルトの交換は大変な作業であるために，ベルトを用いない方法としては，高分子フィルム素材を支持体として用いる検

第2章　高分子フィルムの製膜技術

討が行われている。高分子フィルムなら支持体は常に新品であり交換の必要性もない。このような高分子素材フィルムとしては，ポリエチレンテレフタレート（PET）フィルムは，比較的安価で，かつ剛性や加工性に優れ，耐薬品性も高く，また表面に易接着処理あるいは粘着処理されたものが既に市販されていることから最も利用しやすい材料である[16]。ここで高分子フィルム表面に易接着処理するのは，支持体に対して剥がれにくさを向上させる機能を付与するためであり，これによって，支持体上で乾燥途中のCOPフィルムが自然剥離しなくなる。いいかえれば，自然剥離しなくなるような適度な処理を易接着処理という。もちろん，このCOPフィルムと支持体PETフィルムとの密着力を高めると共に，乾燥後に支持体からフィルムを容易に剥離できることも必要であり，適度な易接着性と剥離性とを有した接着層に設計する。このような特性を得るために，PET表面にアクリル系やウレタン系，シリコン系，ポリエステル系の樹脂などをコーティングすることによって達成させている。このような易接着支持体を用いることにより，揮発性の強い溶媒を用いてのキャストにも支持体からのフィルムの自然剥離が起こらず，安定した連続生産も可能となる。これらの工程は，溶融押出に用いる冷却ドラムに傷が付いた場合，ロールを容易に交換することができることと対照的である。

なお，溶液製膜するドープ粘度としては，支持体上に塗布もしくは流延することができる粘度であり，高粘度だと厚みを制御することが難しくなり，低粘度だと支持体の端部より溶液がこぼれ落ちたり，キャスト幅が安定しないというおそれがあることから，溶液粘度としては，5～300ポイズの範囲が好ましい。樹脂成分は溶媒に対して35重量％以下であると言われている。

2.3　ポリエーテルスルホン（PES）フィルムの製造方法

ポリエーテルスルホン（PES）は透明・熱可塑性樹脂としてはガラス転移温度T_gが223℃，

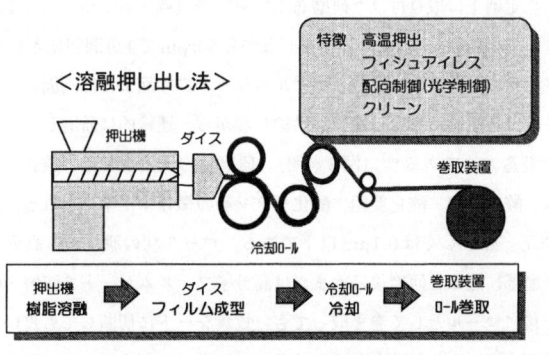

図7　PESフィルムの製造方法

熱分解温度T_dが300℃以上と非常に耐熱性に優れた樹脂である。このような光学的に優れた樹脂のシート化はCOPと同じように図7に示したような溶融製膜法（住友ベークライト㈱より提供）で製造される。

　PESの給水率が1.5％もあるので原料を乾燥した後，330〜360℃と高温で溶融後，Tダイから押出し，これを冷却ロールで挟み込み，口金スジ・ダイラインを解消する。溶融押出法では表面欠点が出ないように成形することは非常に難しい。もちろん，冷却ロールへの密着性を向上する方法として，静電式エアーフローティング方式（特開平13-170991，特開平13-162672など）などで密着させる方法も検討されているが，この方式では，口金スジなどの表面欠点を解消できないので，COP樹脂の溶融成形の場合にも用いられているようなクリアランスニップ方式で解消する努力はするが，分子配向との兼ね合いでなかなか完全な表面平滑化は難しい。そこで次のような各種方法で表面平滑化が検討されている。

　①突起を有する金属ロールを水などの液体（高分子フィルムシートの貧溶媒）を介して高分子フィルムシートに接触して回転させ，液体によって保たれるごく薄い膜厚より高い突起部を削り取るという研磨方法が検討されているが，この方法は削り取られた突起部の角の部分が鋭い形状のまま残ること，および凹部に対して有効でないなどの問題点があったので，PESフィルム表面上にガラス転移温度T_gが80℃以上の紫外線硬化樹脂を5μm以下に塗工し，この塗工面を研磨して最大突起高さを2μm以下にし，表面平滑化する提案がなされている[17]。紫外線硬化樹脂としては，エポキシアクリレート，ウレタンアクリレート，ポリエステルアクリレート等のアクリレートプレポリマー類，2ヶ以上の炭素－炭素2重結合を有する多官能ビニルまたは多官能アクリルモノマー類および光増感剤を主成分とした樹脂が用いられる。またT_gの調整はトリメチロールプロパントリアクリレートなどの3官能以上のアクリレートモノマーの添加により行われる。この硬化層の厚みが5μmより厚い場合は可撓性を損なうためである。フィルムの研磨は，例えばフィルムを定盤上に取り付けた研磨布上で研磨液（商品名：ポリプラ103H不二見研磨材工業㈱製）を介して0.1kg/cm^{2}程度の加圧をしながら50rpmで1分間回転させる。

　②別の表面平滑化のためには，高分子フィルムシートの片面または両面に，高分子フィルムシートを溶解する成分と研磨材を含む液体を供給しながら，連続的に研磨して平滑化する高分子フィルムシートの製造方法である[18]（図8参照）。研磨材の例としては，酸化アルミニウム，水酸化アルミニウム，酸化珪素，酸化亜鉛，酸化チタン等の微粉末が挙げられる。微粉末の粒子の粒径は，0.3μm以下，好ましくは0.1μm以下である。ロール状の原反から高分子フィルムシートを巻き出して研磨部に通し，研磨後に水または高分子フィルムシートを溶解・膨潤しない有機溶剤等で洗浄した後にロールとして巻き取っても，枚葉シートに切断しても良い。もちろん，連続キャストや溶融押出等により製造される高分子フィルムシートをインラインで連続的に供給して

第2章 高分子フィルムの製膜技術

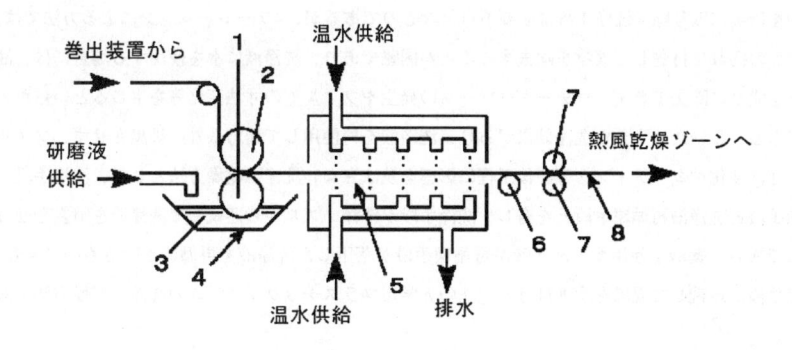

図8 光学フィルムの研磨装置[18]

処理することも可能である。研磨を行う際には，平面な台の上に高分子フィルムシートを通し，研磨液を供給しながら平板の研磨パッドで研磨するか，平面な台またはバックロールと，研磨を行う回転ロールとの間に高分子フィルムシートを通し，研磨液を供給しながら研磨ロールで研磨を行うことができる。このようにして得られた表面のR_{max}は0.1μm以下になるようにする。

③別な表面平滑化法として，ゲル化を発止しにくい原料を用いる方法がある[19]。PES原料の末端をフェノール性水酸基OH基の含有量を制限する方法であり，該フェノール性OH基が高分子化合物中にある量以上残っていると，後工程での加熱処理時にOH基同士またはOH基と他の反応性末端基との反応が進行し，分子量の増加さらにはゲル化物形成の原因となる。このようなゲル化物の形成を抑制し，平滑性に優れた高分子シートを得るためには，高分子化合物中のOH基含有量を，$5×10^{-6}$mol/g以下，好ましくは$3.5×10^{-6}$mol/g以下，さらに好ましくは$2.5×10^{-6}$mol/g以下にする。OH基含有量は少ないほど好ましく，OH基が全くないのが最も好ましい。

④発生した異物を1〜10μmカットの微細フィルターで異物を除去する方法[20]が行われている。一般にPESのように溶融押出成形時の熱履歴が厳しいと，不純物の変性，樹脂自身の熱分解・架橋化による高分子量化，あるいは未融解等によりフィッシュ・アイ，ブツなどの異物を発生しやすい。そこでフィルターの目づまりが少なくて長時間の運転を可能にするには，樹脂原料を成形加工温度（310℃〜360℃）よりも低い温度で溶融・混練し，あらかじめ樹脂溶融物に含まれる異物をバブルポイント圧測定法で求めたフィルターメディアの中間孔径が30μm以下のフィルターで除去した後，造粒化し，次に造粒化したペレットを用いて成形加工温度でフィルム成形することにより，300時間以上も問題なく連続生産することができ，フィルム外観も成形開始時と変化はない[21]。

さらに光学用プラスチックフィルムの欠点となる油脂分，フィルムカス，塵埃微粒子等の付着異物を確実に取り除く洗浄工程は必要不可欠なものであるが，エアーレーションによる方法では，油脂等の汚れは付着した異物を除去することが困難であり，洗浄液に水を使用する場合には，油脂分を完全に除去できず，ウォーターマークの発生やフィルムの寸法変化等を生じるといった欠点がある。このため十分な洗浄効果があり，洗浄液を再使用して極力系外に排出させず，フィルムの寸法変化やコーティング等の後工程に影響を及ぼさない洗浄・乾燥方法として，洗浄手段と乾燥手段と洗浄液再循環手段とを有し，洗浄手段が洗浄ノズルから連続して洗浄液を噴霧させる方法であり，薬液を使用する洗浄液が再循環手段が落下した洗浄液を再循環させるものであり，乾燥手段が連続して温風を吹き付ける方法の光学用プラスチックフィルムの洗浄・乾燥方法である[22]。

このようにして得られたPESフィルムは，光学等方性樹脂としても熱膨張係数，光弾性率の小さな樹脂であり，視野角依存性の小さなフィルムが得られる。

3　光学系には組み込まれないが，途中の工程までカバーフィルム，支持体として用いられる二軸配向した高分子フィルム素材

光学系には組み込まれないが，TAC，PVAなどの光学フィルムの支持体や保護機能のために，工程フィルムとして二軸延伸PETフィルムが多く使用されている。これはPETフィルムが二軸に配向しているために，光学的に等方性でないためである。

3.1　二軸延伸配向PETフィルム

二軸延伸PETフィルムの製膜概要は図9に示した通りであるが，詳細には専門書[23]をご覧頂きたい。加水分解を防止するために水分率を20～50ppm以下に乾燥した後，ホッパーに原料を投入して，空気中の水分を吸着しないように窒素シール下，あるいは真空状態で押出機に供給する。PETの融点以上で熱分解温度以下の275～285℃で大容量を完全溶融させるために，スクリューには固相部と液相部とを分離して剪断をかけるダブルフライトスクリューを用いることが多い。溶融体を高精度フィルターで濾過した後，ギアーポンプ（図示せず）で定量して，溶融体を口金で幅方向に拡大し，これを冷却ドラムに密着させて急冷固化させ非晶性PETを得る。この冷却ドラムへの密着性向上は厚みムラ，表面性などにとって非常に重要であり，このために溶融PETには10kV程度の直流電圧を印可して静電気的に密着性を向上させる方法が広く行われている。かくして得られた非晶性PETシートを加熱ロールにてPETのガラス転移温度T_g以上の85～105℃で長手方向に3～6倍延伸する。長手方向の延伸は，厚物の場合は1段で延伸されるが，薄

第2章 高分子フィルムの製膜技術

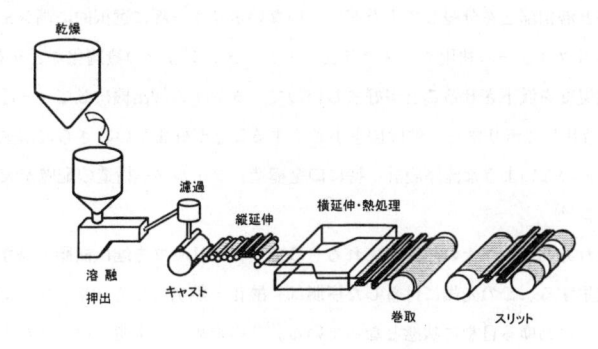

図9 二軸延伸PETフィルム製膜工程

ものの場合は生産性向上のために，2～4段の多段階で延伸し，トータル4～7倍も延伸される。これは疑似スーパードロー延伸を組み込んでいるためにこのような高倍率延伸が可能となる。かくして得られた長手方向延伸後，これをテンターに供給してT_g以上の90～100℃で幅方向に3～4倍延伸し，これを200～240℃の高温度で熱処理し，寸法安定性を付与する。このような高温での熱処理の前後の温度配分が重要で，熱処理前にはいったんT_g以下に冷却することにより幅方向の物性の均一性（ボーイング防止）を出し，熱処理後には一挙に室温まで冷却するのではなく，120～170℃の中間冷却ゾーンを設けた後に室温まで冷却することによって，平面性を付与する。かくして得られた二軸延伸PETフィルムをお客の要望する幅にスリットして，梱包出荷する。

ここでは光学用途では特に問題となる表面欠点，表面状態，厚さムラ，および光学的均質性について以下に述べる。

3.1.1 表面欠点

表面欠点は光学用途以外でも問題であるが，特に光学用途では表面の問題は重視される。具体的な表面欠点としては，①ゲル，フィッシュアイ，異物，②ダイライン，③泡，気泡，④転写・すり傷，⑤フローマーク，⑥波打ち，⑦ギアーマーク，⑧表面荒れ，⑨メルトフラクチャー，⑩シャークスキン，⑪流れスジなどがあるが，光学用PETフィルムで問題となりやすい①，②，③および④について述べる。

(1) ゲル，フィッシュアイ，異物[24]

ポリマーの未溶融物や，ゲル化・炭化して溶けない成分や，溶けない金属成分などを含むような場合である。溶融しない成分は，フィルターを強化することによって除去可能であるが，未溶融物のような溶融する成分の除去は比較的難しい。未溶融物は，原料の髭などの高分子量PETの混在が原因であることが多いので，押出機供給部でのスクリューとの摩擦係数の最適化，混練

33

ゾーンで固相部と液相部とを分離して未だ溶けていないポリマー部に選択的に高シェアー化するダブルフライトスクリューの利用や，スクリュー・ディメンジョンの最適化などが有効である。もちろん，溶融温度を低下させることが好ましいので，タンデム押出機にして，一段目で完全溶融後，2段目で冷却してポリマーに熱付加を小さくすることが好ましい。さらに溶融ポリマー長時間滞留することのないような流路設計，特に口金構造，フィルター構造の配慮が大切である。

(2) ダイライン[24]

フィルムの流れ方向にスジ上の凸凹が表れるもので，ダイリップ先端に樹脂・傷などが付着している場合に発生する。この先端に付着した樹脂は，酸化・熱劣化して，リップに堅く密着していることが多く，いわゆる目やに状態となっている。このために，生産をいったん中断して，ダイリップ先端を銅板，竹へらなどで目やにを掃除して除去する必要があるために，生産性を大きく損なう。このような目やにの発生はひどいときには8時間おきに口金清掃を行うことがある。

このような現象はPET原料から発生するモノマー・オリゴマーのような揮発しやすい成分と，ポリマー起因とがある。前者の低分子成分起因に対しては，できる限り低分子成分を除去した原料を用いることが重要であり，そのためには液層重合後，固相重合して低分子成分を減らしたり，低分子原料が生成しないように，すなわち，加水分解や酸化分解，熱分解で発生する低分子成分を減少させるために，加水分解する水を完全に除去したり，熱安定性に悪い影響を与える触媒金属化合物を減らしたり，耐加水分解剤や熱安定剤などを添加する努力がなされている。もちろん，押出温度もできる限り低く設定したり，タンデム押出機の一段目で完全溶融させるが，二段目で速やかに結晶化温度以上に冷却して熱分解を抑制するようなことが行われている。後者のポリマー起因としては，PETポリマーと口金材質との離型性，口金リップ先端のシャープ性，表面あらさ，傷，溶融ポリマーの引き取り角度，ドラフト比などを配慮することによって口金スジの発生を抑制している。とくに引き取り角度については口金ランド部での流れベクトルと引き取りベクトルとを合わせる，いわゆる接線キャストが効果的である。また，一度口金に付着したポリマーをガス化して分解除去するために口金雰囲気を高湿度下にすることもある。

(3) 泡，気泡[24]

PETの加水分解・熱分解などで生じる分解ガスに起因することが多い。たまには，スクリューディメンジョンの不適や，スクリューと原料との摩擦係数の不適などで充分に脱泡しないまま溶融される場合もある。使用する原料形態がペレットの場合は問題ないが，薄いフィルムフレークが原料として混在した場合には，気泡が大きな問題となることが多い。このために，PETは通常ホッパーは真空状態にして加水分解を防ぐとともに，気泡の抱き込みを防止するのが常である。

第2章 高分子フィルムの製膜技術

(4) 転写・擦り傷

　折角無欠点で成形しても搬送ロールでフィルム表面に傷を付ける場合がある。これは，フィルムの摩擦係数とロールの回転トルクとの兼ね合いによって発生するが，ロールトルクを小さくするには限界があるので，できればエアーフローターのような非接触でフィルムを搬送するのが良い。あるいは，光学用無延伸フィルムのようにプロテクトフィルムで保護しながら搬送するのがベストである。

3.1.2　光学的等方性

　PETフィルムそのものは偏光光学系に取り込まれないが，TACのような光学フィルムの保護カバーフィルムとしてPETフィルムが用いられている。このため，使用するTACの傷や光学特性を事前チェックするために，PETとTACを貼り合わせたまま偏光光学系でテストされるので，PETにも出来る限り光学的等方性が求められることがある。

　一般に縦横の逐次二軸延伸方式よりも，縦横を同時に延伸する同時二軸延伸方式の方が分子配向が図10に示したように面内で等方性を示すので，このような光学用途には好ましい製造方法である。しかしながら，このような同時二軸延伸装置は，生産性・操作性など問題のあることが多かったが，最近はリニアモーターでクリップを駆動するLISIMテンター方式の延伸装置（ブルックナー社製）が開発されて，生産性は逐次延伸方式のものと遜色ない優れたものとはなったが，非常に高価であるため，まだまだ一般には普及していない。一方，逐次二軸延伸フィルムの場合，どうしても長手方向と幅方向で分子配向が異なるために，ボーイングと言う幅方向不均一性が生じる。この現象は主として横延伸工程での延伸拘束軸（長手方向）張力が，熱処理ゾーンでの長手方向の抗張力（熱収縮応力）に比較して非常に大きいので熱処理ゾーンのフィルム中央

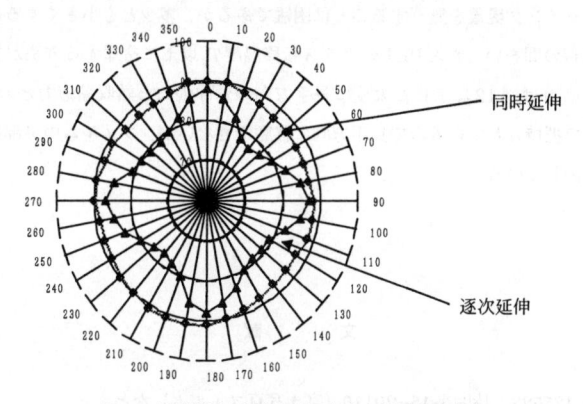

図10　同時延伸と逐次延伸で得られた面内配向分

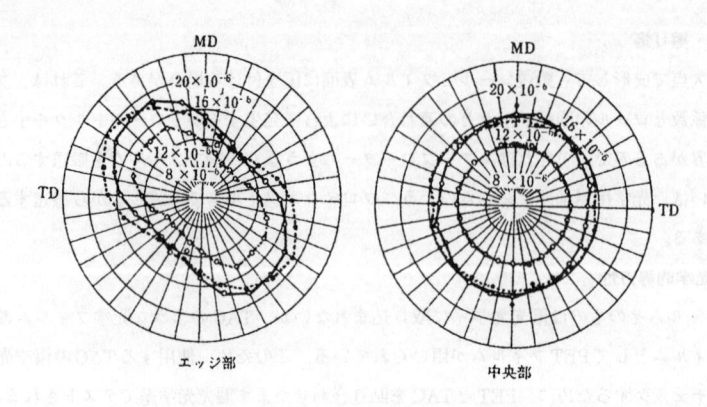

図11 二軸延伸PETフィルムのエッジ部と中央部の熱膨張係数の分布

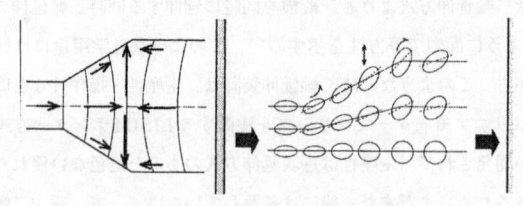

図12 ボーイングの発生原因
（左図：延伸・熱処理での力のバランス，右図：横延伸での配向分布の乱れ）

部が横延伸ゾーンに引き込まれることによって起こる。その結果，図11に示したように，製造フィルムの中央部と端部で特性が異なるようになる[25]。

このようなボーイング現象を無くすることは困難であるが，多少とも小さくするには，横延伸工程と熱処理工程の間をいったんPETのガラス転移温度T_g以下に冷却する方法が有効であると言われている。これは図12に示したように長手方向の延伸張力と熱収縮応力とのバランスと，端部はクリップで把持されているので長手方向に移動できないが，フィルム中央部は移動が自由であることに起因している。

文 献

1) 特開平15-175522，特開平15-29116（富士写真フイルム）など

第2章　高分子フィルムの製膜技術

2) USP 2739169
3) USP 3793043
4) 特開平14-371143（富士写真フイルム）
5) 特開平6-28149，特開平15-93963（富士写真フイルム）
6) 特開平15-165129（富士写真フイルム）
7) 特開平3-122137（JSR）
8) 特開昭64-66216（ヘキスト）
9) 特開平6-136057（日本ゼオン），特開平7-258318（旭化成）
10) 特開昭51-59989（三井化学）
11) 特開昭63-43910号公報（三菱モンサント化成），特開昭64-1706（三菱化成）
12) 東芝機械より提供のA-PET装置図面
13) 「ゼオノア成形技術ガイド」（日本ゼオン）
14) 特開平15-131036（積水化学）
15) 特開平14-37890（日本ゼオン）
16) 特開平14-326240（鐘淵化学）
17) 特開平6-116406（住友ベークライト）
18) 特開平13-247690（住友ベークライト）
19) 特開平14-59472（住友ベークライト）
20) 特開平13-315191（住友ベークライト）
21) 特開平14-52600，特開平14-52599（住友ベークライト）
22) 特開平14-292347（住友ベークライト）
23) 湯木和男編，飽和ポリエステル樹脂ハンドブック（日刊工業新聞社）1989年，PETフィルム「延伸・特性・評価・高機能化・用途展開」（技術情報協会）1990年など
24) 「フィルム成形・加工とハンドリングのトラブル実例と解決手法」2002年9月，技術情報協会発行
25) 長谷伊通，第70回プラスチックフィルム研究会予稿集，p.1（1987）

第3章　高分子フィルムの光学特性と評価

斎藤　拓[*]

1　はじめに

ノートパソコン，携帯電話，個人用情報携帯端末PDA，デジタルカメラは年々，薄くて軽くなり，その表示も美しく見やすくなっている。そのめざましい進歩は液晶ディスプレイLCDの性能向上によるところが大きい。LCDは反射防止フィルム，位相差板，偏光板，光反射板などが貼り合わされてできており，LCDの性能向上にはそれらに用いられている高分子フィルム材料への多様かつ高い光学特性が要求されている[1~4]。ここでは，ディスプレイ用高分子フィルム材料の光学特性を理解する上で最も重要な屈折率，複屈折，透明性，偏光特性，光反射性の評価と基礎的概念について述べる。

2　屈折率

物体中における光速vと真空中での光速cの比が屈折率n（$n=c/v$）である。光が屈折率n_1の物体中から屈折率n_2の物体中に入射角θ_1で入射すると，光は直進せずに物体間の界面で屈折して，屈折角θ_2の方向に進む。それらの関係はSnellの法則$n_1 \sin\theta_1 = n_2 \sin\theta_2$で表される。屈折率は化学構造により異なり，次式のLorentz-Lorenz式で関係づけられている[5,6]。

$$\frac{n^2-1}{n^2+2} = \frac{4}{3}\pi N\alpha \tag{1}$$

ここで，Nは単位体積中の分子数，αは分極率である。多くの高分子において，その屈折率は1.4から1.6の範囲にある。屈折率は光の波長により異なり，その波長分散性はアッベ数ν_Dで評価されている。アッベ数ν_Dは$\nu_D = (n_D-1)/(n_F-n_C)$で与えられる。ここで，$n_F$, n_D, n_CはそれぞれF線（486nm），D線（589nm），C線（656nm）に対する屈折率である。波長の分散性が大きいほどアッベ数は小さい値を示す[7]。

空気中からフィルムへ光が入射すると，全ての光がフィルム中に入射されるのではなく，反射

---

[*]　Hiromu Saito　東京農工大学　工学部　有機材料化学科　助教授

第3章 高分子フィルムの光学特性と評価

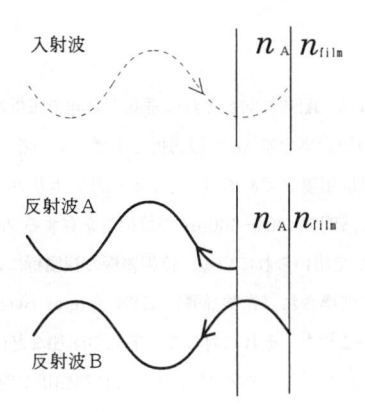

図1 フィルムA(厚み1/4λ)の表裏における光の反射

される光もある。光の反射は、空気とフィルムの屈折率の違いにより生じ、フィルムに対して垂直に入射された光の反射率Rは

$$R = |(n_{air} - n_{film}) / (n_{air} + n_{film})|^2 \tag{2}$$

で与えられる。2式より、それぞれの屈折率の差が大きいほど、反射率が高くなることがわかる。また、例えば屈折率1の空気中から屈折率1.5の高分子フィルムに光が入射すると、4%の光が反射されることになる。光の反射により、ディスプレイが光って見えたり、外部の映り込みが生じる。それを抑えるためにディスプレイに反射防止フィルムが貼られている。高分子フィルムの表面に屈折率n_AのフィルムAが貼られ(図1)、その厚みdが光の波長λと次式の関係にあれば、

$$d = \lambda / (4n_A) \tag{3}$$

フィルムAで反射した光(図1の反射波A)と高分子フィルムで反射された光(図1の反射波B)の波がそれぞれの干渉により打ち消される[7]。それが反射防止フィルムの原理である。実際の反射防止フィルムでは、さらに様々な波長や入射角の光の反射を防ぐために、3式の条件を満たす薄いフィルムが積層されている。

薄いフィルムの屈折率や厚みはエリプソメトリー法(楕円偏光解析法)により評価できる[8]。試料に直線偏光の光が斜めに入射されると、試料を透過及び反射した光のp波(試料面に垂直な面内にある偏光成分)とs波(p波に垂直な偏光成分)において位相差$\delta p - \delta s$が生じるために、反射された光は楕円偏光になる。エリプソメトリー法では、偏光子あるいは検光子を回転させて楕円偏光の楕円率(p波とs波の振幅比)と位相差$\delta p - \delta s$を得て、それらのデータ解析により試料の屈折率や厚みが求められている。また、多層フィルムの屈折率や厚みも、光源の波長を変化させて得られた楕円率と位相差の多変量解析により求められている。

3 複屈折

配向した高分子フィルムは，配向方向とそれに垂直な方向で屈折率が異なり，異方性を有している。それぞれの方向での屈折率の差 Δn が複屈折とよばれている（$\Delta n = n_{//} - n_{\perp}$）。また，$\Delta n$ とフィルムの厚み d の積が位相差 δ である（$\delta = \Delta n \cdot d$）。ポリカーボネートなどの非晶性高分子を数十%一軸延伸すると透明で 400～500 nm の位相差を有するフィルムが得られる[5,6,9]。それが LCD 用の位相差板として用いられている。位相差板の複屈折により液晶フィルムから出射される楕円偏光が直線偏光に変換され（光学補償），STN（super twisted nematic）液晶の干渉色による着色が解消されている[1~4]。それに対して，応力の印加などによる複屈折の発現がディスプレイに光漏れを生じさせるように，光学材料にとっては複屈折が問題になることも多い[5,6,9]。

高分子の複屈折は温度や歪みの変化に対して複雑な挙動を示すが，それらの挙動が意識されないまま利用されている場合も多い。ガラス転移温度 T_g を境にしてその値が大きく変化したり，正から負への符号の変化が生じることもある。その複雑さは，高分子の複屈折が結合角の変化によるセグメント内歪（歪み複屈折 Δn_d）とセグメントの配向（配向複屈折 Δn_0）の両者の寄与によるためである。それゆえに，複屈折の制御には Δn_d と Δn_0 に関する知見が不可欠である。Δn_d と Δn_0 に関する知見はフィルム試料の一軸延伸後の応力・複屈折緩和挙動の解析結果により得られる。図2に応力・複屈折緩和同時測定装置の模式図を示す。レーザー光Lを応力緩和中の試料Sに照射させ，フォトダイオードPDで検出された光の強度変化を解析することで位相差（複屈折）が得られる。また，周期的に位相差を印加させる光弾性変調器PEMを装着することで，低複屈折性フィルムの高精度な位相差測定も可能になる[10]。

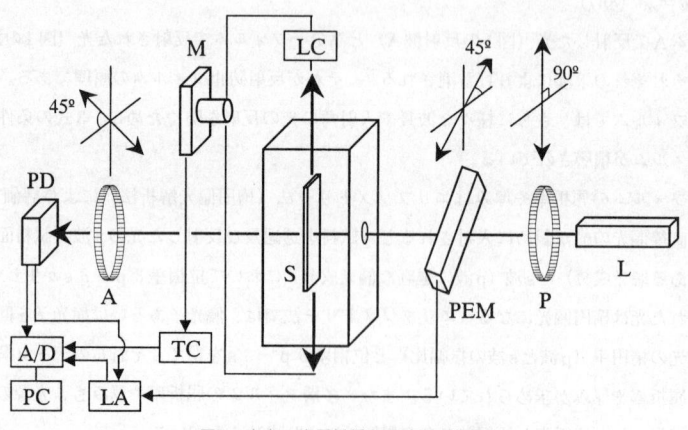

図2 応力・複屈折緩和同時測定装置

第3章 高分子フィルムの光学特性と評価

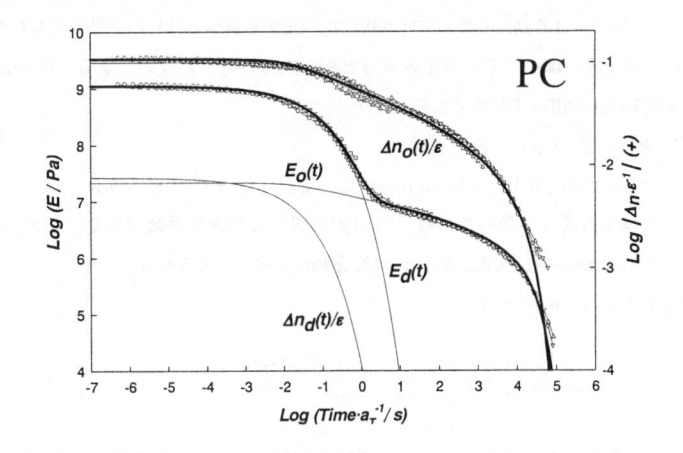

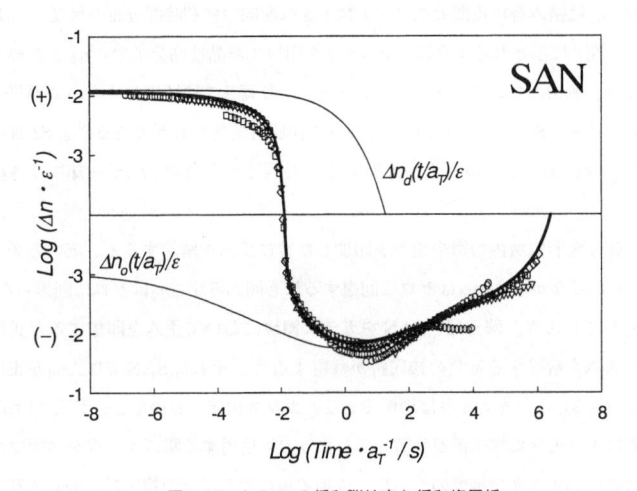

図3 PCとSANの緩和弾性率と緩和複屈折

　ポリカーボネート（PC）及びスチレン—アクリロニトリル共重合体（SAN）フィルム試料の応力・複屈折緩和同時測定から得られた緩和弾性率 $E(t/a_T)$ と緩和複屈折 $\Delta n(t/a_T)$ を図3に示す。PCの $E(t/a_T)$ 曲線には E が 10^9Pa から 10^7Pa へと急激に低下する「ガラス転移領域」（$-2 \leq \log(t/a_T) \leq 0.5$）と 10^7Pa 程度で緩やかに低下する「ゴム状平坦領域」（$0.5 \leq \log(t/a_T) \leq 3.5$）との屈曲が見られるが，$\Delta n(t/a_T)$ 曲線には $E(t/a_T)$ 曲線に見られるような「ガラス転移領域」と「ゴム状平坦領域」の間の屈曲は見られない。また，SANの $\Delta n(t/a_T)$ に

は，ガラス領域におけるt/a_Tの増加に伴う複屈折の正から負への符号の変化が見られる。このような緩和挙動の違いはそれぞれの歪み成分と配向成分の寄与の違いによる。$E(t/a_T)$と$\Delta n(t/a_T)$は以下の式を用いて計算できる。

$$E(t/a_T) = E_d(t/a_T) + E_0(t/a_T) \tag{4}$$

$$\Delta n(t/a_T) = \Delta n_d(t/a_T) + \Delta n_0(t/a_T) = C_d \cdot E_d(t/a_T) + C_0 \cdot E_0(t/a_T) \tag{5}$$

ここで，C_dは歪み成分の光弾性係数，C_0は配向成分の光弾性係数である。なお，$E_d(t)$はKohlrausch-Williams-Watts式，$E_0(t)$は修正Rouse式で与えられる。

$$E_d(t) = E_{d\,max} \exp\left\{-(t/\tau_d)^\beta\right\} \tag{6}$$

$$E_0(t) = E_{0\,max} \sum_{P=1}^{n=1} \frac{1}{P^\alpha} \exp\left(-\frac{t}{2\tau_0} \cdot \frac{1}{1+n/n_e} \cdot \frac{P^2\pi^2}{n^2}\right) \tag{7}$$

ここで，τ_dは歪みの緩和時間，βは歪みの緩和時間分布の尺度（非指数関数パラメーター），nはセグメント数，n_eは絡み合い点間セグメント数，αは配向の緩和時間分布の尺度，τ_0は配向の緩和時間である。図3に示されるように，式4～7を用いて非晶性高分子のΔn_dとΔn_0を分離評価できる[10]。また，側鎖のコンフォメーション変化によりガラス領域におけるC_0が時間に伴い変化することを考えると，SANにおける正から負への複屈折変化が説明できる[10]。SANの押出成形フィルムは負の複屈折を示すが，それはT_g以上で発現された負のΔn_0が冷却中に凍結されたことによる。

フィルムに弾性変形領域内の微少歪みを印加した後に歪みを解除すると，応力と歪みは完全にゼロに戻る。しかしながら，Δn_dはゼロに回復するにも関わらずΔn_0はゼロに回復しないために，複屈折は残留してしまう。例えば，SANをガラス領域において歪みを印加すると正の複屈折を示すが，その歪みを解除すると負の複屈折が残留する[10]。それはSANではΔn_dが正に対してΔn_0が負である（図3）ことを考えれば理解できる。ガラス領域においてΔn_0が大きい高分子では，わずかな歪みにより大きな複屈折が残留してしまうので使用する際には注意が必要である。

あらゆる波長に対する光学補償のために，位相差板に対してその複屈折の波長依存性を制御することも要求されている。複屈折の波長依存性$\Delta n(\lambda)$は分光光度計で偏光透過光強度Iを測定して，次式を用いて得られる。

$$I \propto \sin^2(2\theta) \sin^2(\Delta n(\lambda) \cdot \pi d/\lambda) \tag{8}$$

$$\Delta n(\lambda) = a + b/\lambda^2 + c/\lambda^4 \tag{9}$$

$\Delta n(\lambda)$の詳細は未だ明らかにされておらず，$\Delta n(\lambda)$の制御にはその解明が不可欠であろう。また，液晶では3次元方向で屈折率が異なるために，観察する方向によって位相差が異なり，視野角が狭くなる。その問題に対してフィルムの厚み方向に複屈折が制御された位相差板を用いる

ことで広視野化が実現されつつあり[1〜4]，3次元での複屈折制御方法の確立も重要な課題である。

4 透明性

輝度向上や低消費電力化の見地から，フィルムの透明性はディスプレイ用材料に重要である。一般に，フィルムの透明性の尺度としてHazeが用いられている。Hazeとは光散乱角度2.5度〜90度における光散乱強度の積分値Φ_{scat}の全角度での透過光・散乱強度の積分値Φ_{total}に対する比（Haze＝Φ_{scat}/Φ_{total}）で表され，フィルムの光散乱による透過光強度の低下の度合いを示す。透明性が高いほど（光散乱強度が小さいほど），Hazeが小さい。Hazeが光散乱強度と関係することから，その詳細は光散乱強度の散乱角度依存性により論じることができる。非晶性高分子による微弱光の測定には光電子増倍管型光散乱測定装置（図4）が用いられる。それに対して，結晶化や液々相分離により小角側に散乱像が現れる試料の評価には，CCDカメラ装着型光散乱測定装置が用いられる。それらの光学系には，偏光子と検光子の偏光方向が平行であるVvと，偏光子と検光子の偏光方向が垂直であるHvがある[11]。

非晶性高分子のVv光散乱強度I_{Vv}は局所的な不均一構造（揺動による不均一性）に起因して散乱角度依存性を示さない散乱Vv_1，巨視的な不均一構造に起因して散乱角度依存性を示す散乱Vv_2，モノマー単位及びその秩序性に起因した光学異方性による散乱Hv_1の3つの因子から成る[6]。

$$I_{Vv} = I_{Vv1} + I_{Vv2} + 4/3 I_{Hv} \tag{10}$$

それらの光散乱強度は次式で与えられる。

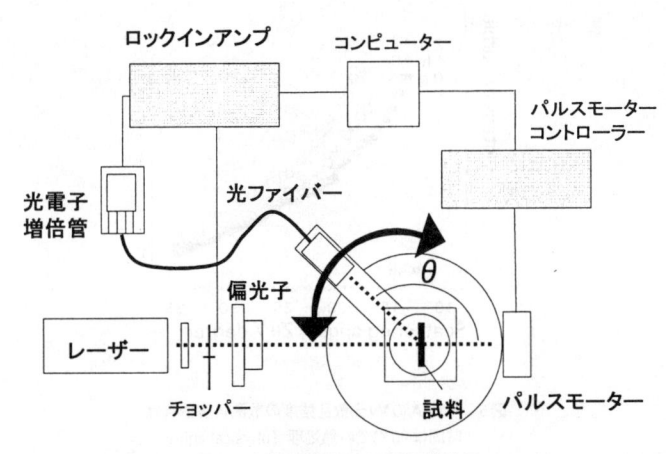

図4 光電子増倍管型光散乱測定装置

$$I_{Vv1} = \frac{\pi^2}{9n^4\lambda^4}(n^2-1)^2(n^2+2)^2kT\beta \tag{11}$$

$$I_{Vv2} \propto \frac{<\eta^2>a^3}{(1+\nu^2q^2a^2)^2} \tag{12}$$

$$I_{Hv} \propto \left(\frac{n^2+2}{3}\right)^2 P\gamma_0^2 \tag{13}$$

ここで,kはボルツマン定数,Tは絶対温度,βは等温圧縮定数,$<\eta^2>$は屈折率揺らぎの二乗平均,aは相関長,$\nu=2\pi/\lambda$,qは散乱ベクトルで$q=4\pi/\lambda\sin\theta$,Pは秩序パラメータ,γ_0はモノマー単位の光学異方性である。

図5にポリメタクリル酸メチル(PMMA)で得られた光散乱強度の散乱角度依存性を示す。この図から,Hv光散乱強度に対してVv光散乱強度が極めて強く,その中で散乱角度依存性を示す散乱Vv_2の寄与が大きいことがわかる。この結果は,単一の非晶性高分子においてもサブミクロンメートル次元の大きさの巨視的な密度揺らぎが存在して,その揺らぎの存在が光散乱に大きく寄与していることを示唆する。この密度揺らぎの存在が透明性を損なう大きな要因になっている。

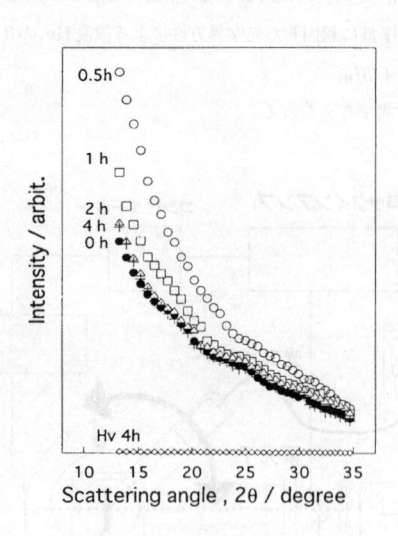

図5 PMMAのVv光散乱強度の散乱角度依存性
時間は90℃での熱処理(physical aging)
時間を示す。

第3章 高分子フィルムの光学特性と評価

また，高分子はそのT_g以下で非平衡状態にあり，それをT_g近傍T_g以下で熱処理すると非平衡状態から平衡状態への緩和が生じる。この緩和に伴い体積が減少して，分子鎖の配列が局所的に秩序性を有することで緻密化する。緻密化に伴い，材料の性質が脆くなる。この緩和現象はphysical agingと呼ばれている。physical agingに伴い密度揺らぎが変化して，光散乱強度が増加する（図5）[12]。つまり，physical agingにより透明性が損なわれる。このことから，高分子フィルムはphysical agingが抑えられる条件下で使用する必要がある。

ポリエステルの延伸フィルムは，透明に見えても高いHazeを示すことがある。身近な例としてPETボトルがある。このような試料をCCDカメラ装着型光散乱測定装置により調べると，散乱角度15度以上の広角領域で八つ葉状のHv光散乱像が観察される。この散乱はサブミクロンメートル次元の大きさの配向した板状結晶の積層体の存在によるものであり[13]，その微結晶に起因した光散乱により透明性が損なわれて高いHazeを示すことがある。

5 偏光特性

偏光板はある方向に振動する光のみを通過させ，それ以外の方向に振動する光を遮断するものである。従来の偏光板はポリマーの延伸フィルムにヨウ素や二色性色素を含有させて，その光の吸収により直線偏光を得ているが，原理的には入射光の50％以下しか透過できない。透過光強度を上げるために，光の吸収を利用せずに直線偏光を得る方法が求められている。その一例としてポリマーブレンド法が考えられる。

偏光特性は偏光紫外可視吸収（偏光UV-VIS）スペクトル測定により調べることができる。二相系ポリマーブレンドであるポリカーボネート（PC）/変性ポリメタクリル酸メチル（MM）ブレンドを2倍延伸して得られた試料を，偏光UV-VISスペクトル測定により得られた光透過率の波長依存性を図6に示す。ここで，偏光方向と試料の延伸方向が平行の場合の透過光強度を$I_{//}$，偏光方向と試料の偏光方向が垂直の場合の透過光強度を$I_\perp$で示す。$I_{//}$と$I_\perp$が異なることから，ブレンドの延伸試料が偏光特性を有することが示唆される。偏光度は$\{(I_\perp - I_{//})/(I_\perp + I_{//})\}^{1/2}$で表され，延伸倍率が高くなるに伴い偏光度は高くなり，PC/MMブレンドでは延伸倍率が3倍のときに最大値を示した[14]。延伸方向に平行な方向ではPC-MM相間での屈折率差が延伸により大きくなることで光散乱により透過光強度が弱くなるのに対して，延伸方向に垂直な方向では屈折率差が延伸により小さくなることで透過光強度が強くなる（図7）。それらブレンドの相間での屈折率の差が方向により異なることで，偏光特性が発現されたのであろう。原理的には，延伸方向に垂直な方向で屈折率差をゼロにすることができれば（図7のλ_x），高い偏光度を示すと考えられる。

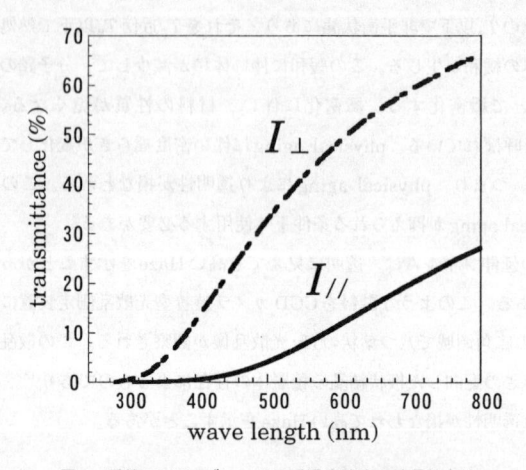

図6 延伸PC/MMブレンドの透過光強度の波長依存性

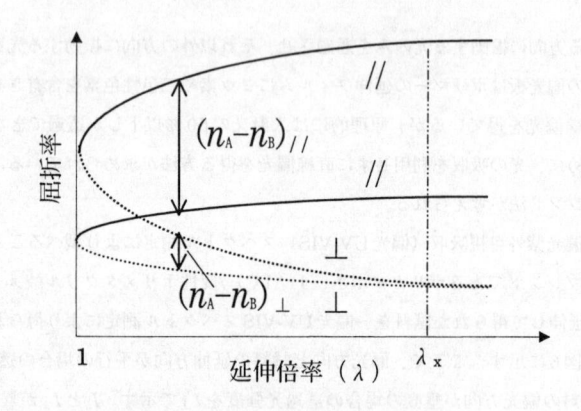

図7 延伸に伴う屈折率変化の方向依存性

6 光反射性

反射型LCDでは，外光を反射板で反射させることで，バックライトを利用しないで表示できる。バックライトを使わないために，消費電力が少なく済み，また軽量化できる。その反射板には，表面が凸凹の形状をした金属膜からなる高光反射率の拡散反射板が利用されている。高光反射率は，高分子フィルムを発泡させて数μmのサイズの空孔を形成させても得られる。

第3章 高分子フィルムの光学特性と評価

表1

試料	a	b	c
r (μm)	1.0	3.8	12.8
d (μm)	1.9	6.5	24.2
光反射率（%）	99	85	60

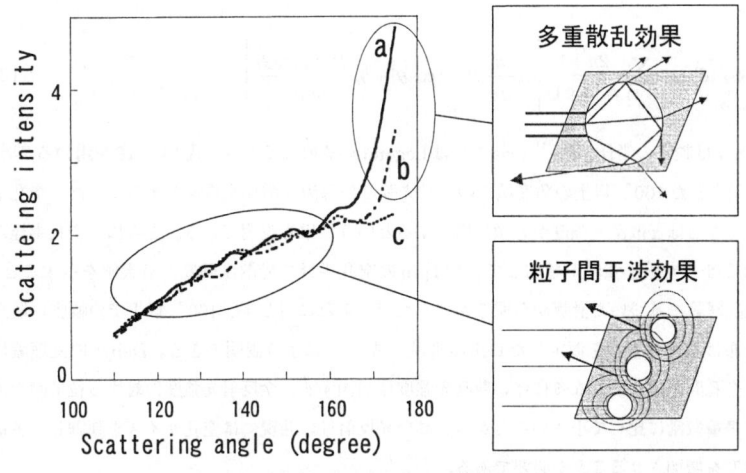

図8 PC発泡体の光散乱強度の散乱角度依存性

ポリカーボネートに圧力15MPaの超臨界二酸化炭素を含浸させて，そのガラス転移温度以上で熱処理すると核形成・成長機構により球形の空孔が形成される。得られたPC多孔体の光反射率と空孔半径の関係を表1に示す[15, 16]。光反射率は積分球装着型分光光度計により，硫酸バリウムの反射光に対する相対値として求められている。また，積分球の装着により，試料で反射した全ての光を検出器に集光している。空孔半径が小さいほど光反射率が高く，平均空孔半径rが1.0μmの多孔体において，99％の高い光反射性を示す。

図4に示した光散乱測定装置を用いて，表1に示したPC多孔体の光散乱強度の散乱角度依存性を角度90度以上の反射領域において求めて，その結果を図8に示す。それぞれの多孔体において，110°から170°までの広い角度領域で光の反射が生じる。それに対して，アルミなどの金属板では反射光強度の角度依存性が極めて狭く，全反射を示す。図8に示した広い角度領域での反射は，多孔体の高光反射性が光散乱に起因した拡散反射によることを示唆する。高光反射率を示す多孔体では160°以上の角度域で反射光強度が急激に増加するのに対して（図8aとb），低光反射率を示す多孔体ではその角度域での急激な増加は観察されない（図8c）[16]。

単一粒子の表面からの多重散乱を仮定したMie散乱理論により，光散乱強度は次式で与えられ

47

る。

$$I(\theta) = \frac{\lambda^2}{8\pi^2 r^2}\left[|S_1(\theta)|^2+|S_2(\theta)|^2\right] \tag{14}$$

$$S_1(\theta) = \sum_{n=1}^{\infty}\frac{2n+1}{n(n+1)}\left[a_n\frac{P_n^{(1)}(\cos\theta)}{\sin\theta}+b_n\frac{d}{d\theta}P_n^{(1)}(\cos\theta)\right] \tag{15}$$

$$S_2(\theta) = \sum_{n=1}^{\infty}\frac{2n+1}{n(n+1)}\left[a_n\frac{d}{d\theta}P_n^{(1)}(\cos\theta)+b_n\frac{P_n^{(1)}(\cos\theta)}{\sin\theta}\right] \tag{16}$$

ここで，rは粒子の半径，$P_n^{(1)}(\cos\theta)$はLegendre多項式である。式14～16を用いることで，図8に示された160°以上の角度域での散乱光強度の急激な増加を再現できる。また，空孔半径が小さくなるほど散乱光強度が急激に増加するという結果も説明できる。さらに，空孔半径が小さくなるほど光散乱強度が増加して，約1μmの空孔半径で光散乱強度が最大値を示すことも，Mie散乱理論に基づいた計算から明らかにされた。それに対して，160°以下での幅広い散乱光強度分布は粒子間干渉を仮定したDebye散乱（式12）により説明できる。Debye散乱理論によれば，空孔間距離が狭くなるに伴い散乱光強度は増加する。全反射光強度に対する粒子間干渉の寄与は多重散乱に比べて小さいことから，高い光反射性の発現には空孔サイズを制御して多重散乱光強度を増加させることが必要である。

7 おわりに

ディスプレイは多様な高分子フィルムが積層して作られており，本稿ではそれに用いられているフィルムの材料設計に必要な屈折率，複屈折，透明性，偏光，反射の基礎について概説した。その中で，位相差板には複屈折の3次元制御や波長依存性制御，偏光板には光透過率，などの課題が残されている。それらに関する基礎と応用とのキャッチボールにより，ディスプレイ用フィルム材料ひいてはディスプレイの性能が大きく飛躍することを期待したい。

文　　献

1) 液晶若手研究会編，"液晶ディスプレイの最先端"，シグマ出版（1996）
2) 鈴木八十二，"液晶ディスプレイ光学入門"，日刊工業新聞社（1998）

第3章　高分子フィルムの光学特性と評価

3) 堀浩雄, 鈴木幸治　編, "カラー液晶ディスプレイ", 共立出版 (2001)
4) 西久保靖彦, "よくわかる最新ディスプレイ技術の基本と仕組み", 秀和システム (2003)
5) 井上隆, 斎藤拓, 機能材料, 第7巻3号, 21 (1987)
6) 小池康博, "高分子の光物性", 共立出版 (1994)
7) 山口重雄, "屈折率", 共立出版 (1981)
8) 藤原裕之, "分光エリプソメトリー", 丸善 (2003)
9) 斎藤拓, "ポリマーアロイの開発と応用", P237, CMCテクニカルライブラリー (2003)
10) S.Takahashi, H.Saito, *Macromolecules*, 37 (2004), 印刷中
11) H.Saito, T.Inoue, "Polymer Characterization Techniques and Their Application to Blends", P313, Oxford University Press (2003)
12) K.Takahara, H.Saito, T.Inoue, *Polymer*, 40, 3729 (1999)
13) Joo Young Nam, 斎藤拓, 井上隆, 串田尚, 高分子討論会予稿集, **48**, IPf098 (1999)
14) 小谷野剛宏, 渡辺敏行, 斎藤拓, 高分子討論会予稿集, **49**, IIPc039 (2000)
15) 斎藤拓, 機能材料, 第23巻7号, 19 (2003)
16) 渡辺慎太郎, 井上基, 斎藤拓, 成形加工'03, **14**, 357 (2003)

第2編　偏光フィルム

第2編　開発プロセス

第1章　高機能性偏光フィルム

善如寺芳弘[*1]，猪股貴道[*2]，大塚至人[*3]

1　液晶ディスプレイ用偏光板の現状と展望

　液晶ディスプレイ（以下LCD）は，近年，PCモニター，テレビ，携帯電話，PDAなどあらゆる画像表示機器に用いられ，需要も著しい増加傾向にある。それに伴い液晶ディスプレイ用偏光板の需要も非常に高まってきている。同時に高輝度・高コントラスト，色相のニュートラル性，高耐久性，広視野角や反射防止などの機能付加，薄型化・軽量化など様々な機能性が求められてきている。
　偏光板の製造において重要なポイントは，偏光素子の製造における材料の選定，染色，延伸，接着技術と，各種液晶素子に対応した光学フィルムの設計製造である。さらに，これらを接着してモジュール化する技術も重要となる。また，LCDはその性格上，製品の均一性，均質性を高いレベルで維持することが要求されるため，生産ラインの環境，製品の品質に対しても高度な管理技術を必要とする。
　サンリッツでは偏光板メーカーのパイオニアとして，ノウハウを生かし，偏光素子の性能の向上を図り，多様化した要望に応えるべく様々な機能を付加した偏光板を開発している。
　以下に述べる偏光板は，各用途において特徴的な機能付加や処理をまとめたものである。実際の製品は，これらの機能付加や処理を複合的に行い，用途に適した性能を実現させている。

2　LCD用途における偏光板の機能拡大と基本性能の向上

　動的散乱効果を用いた白黒表示や，旋光性を用いたTN液晶表示など，初期のLCDに用いた偏光板は偏光性能のみであった。しかし，位相差板の波長分散を用いたF-STNなどを手始めに，偏光板に様々な機能を付加し，液晶性能の向上を目指す光学フィルムとなす試みがなされてきた。

---

1 *　Yoshihiro Zennyoji　㈱サンリッツ　光機事業部　技術部　Aチーム　第3グループ
2 *　Takamichi Inomata　㈱サンリッツ　光機事業部　技術部　Aチーム　第3グループ
　　　グループリーダー
3 *　Toshihito Otsuka　㈱サンリッツ　光機事業部　技術部　マネージャー

ディスプレイ用光学フィルム

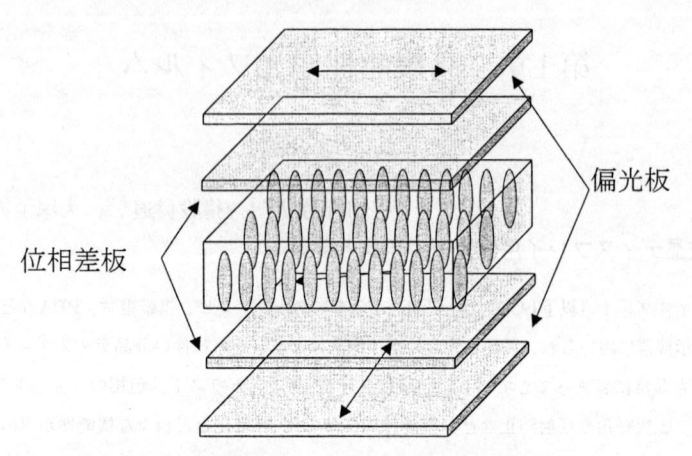

図1　VA液晶パネル用に光学設計された偏光板
(偏光板に描かれた矢印は光軸を表している。現行の偏光板のほとんどは，光学フィルムを装飾することで，液晶素子を補助する機能が付加されている。)

　図1にVA液晶パネル用に提案された偏光板を示す。偏光板の液晶側に取り付けられた位相差板によって，VA液晶の屈折率と偏光板の視野角依存性を同時にキャンセルすることで，広い視野角を実現している。このような付加性能は，おおまかにわければ偏光板の見た目の角度を補正するための延伸位相差板，液晶素子内の複屈折の視野角依存性を補償するための補償板，表示する色相をニュートラルにするため液晶にあわせて設計された位相差板に分けられる。これらの付加性能は現在の偏光板の性能のうち大きな割合を占め，また用途に合わせて分化し，現在のLCDの高度な性能を支えている。以下に，分化した用途ごとの機能について述べる。
　偏光性能においても，偏光性能，色相，耐久性を中心に研究が進められた。偏光性能は材料であるPVAの染色，延伸工程の最適化によってなされる。高性能偏光板はPVAをヨウ素で染色した後，延伸することで作製される。PVA中のヨウ素は，I_3^-，I_5^-の錯体の形でPVA内に取り込まれる（図2）。偏光板の偏光性能，色相，耐久性は，この錯体の割合を制御することにかかっているといってよい。耐久性は錯体のバランスを取ることによって，なされる。耐久試験において，色相は乾熱条件では赤色に，湿熱条件では青色に変化する。初期の色相を耐久変化と反対方向に設定することで，それぞれの耐久試験での耐久性をあげることができる。

第1章 高機能性偏光フィルム

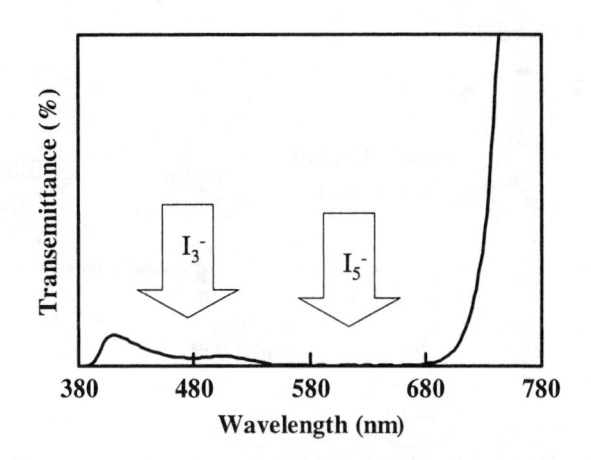

図2 直交した偏光板の透過スペクトル
(480nm, 600nm付近にある透過スペクトルの谷は，それぞれ，I_3^-，I_5^-を示している。偏光板の色相は，この錯体の割合で決定する。)

3 PCモニター用途

　高速ブロードバンド等のインフラ整備が進むなか，一般家庭へのPC普及率は急速に高まってきた。ディスプレイへの消費者のニーズは，省スペースなどの快適性や省電力などの経済性を求め，それに伴って，ディスプレイの需要はCRTから快適性や経済性を持つLCDへ変化した。また，使用用途は従来のPC用表示機器にとどまらず，テレビプログラムやDVDなどの視聴などに拡大してきている。

　このようなニーズの変化や用途の拡大に対して，LCDの性能は更なる広視野角化，表示色の向上，高速動画への対応等，高品位の画質が必要となる。従来のモニター用LCDは視野角特性，色再現性や動画への対応など遅れていた面があった。後述するが，近年，液晶素子の応答速度の向上や駆動回路の開発で動画性能が飛躍的に向上し，高速の動画表示が可能になってきた。

　一方，広視野角化技術においては，ASVやS-IPS，MVAなどのマルチドメイン素子やOCBなど自己補償素子の開発によって，非常に広い視野角を確保することに成功している。しかしながら，これら高性能のLCDであっても，液晶素子自身の自己補償で完全な視野角特性を確保することは難しい。これらの高性能のLCDは，複屈折を補償する光学補償フィルムを用いることで，視野角依存性を持たないディスプレイに近づくことができる。

　光学補償フィルムは，液晶素子が持つ屈折率の視野角依存性を補償することや，偏光板の視野

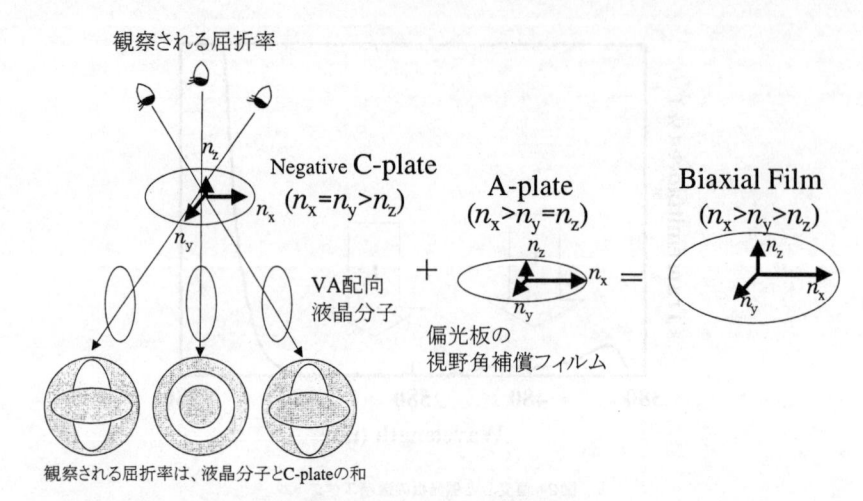

図3 Biaxial Filmによる光学補償

観察される屈折率

Negative C-plate $(n_x=n_y>n_z)$

VA配向液晶分子

A-plate $(n_x>n_y=n_z)$

偏光板の視野角補償フィルム

Biaxial Film $(n_x>n_y>n_z)$

観察される屈折率は、液晶分子とC-plateの和

VA配向液晶分子は、Negative C-plateを用いることで視野角依存性が補償される。Negative C-plateにA-plateの補償機能を付加して機能の複合化を図ったものが，図中に示すBiaxial Filmである。3次元方向に高度な光学設計を行っている。理論上，この補償フィルム一枚でVA液晶の補償を行うことができる。

角依存性を補償することが目的となる。先に述べたVA液晶用の光学補償技術は，Negative C-plateと呼ばれる光学フィルムによって行われる。図3に示すが，このフィルムは，屈折率異方性が $n_x=n_y>n_z$ となっているため，VA配向液晶の視野角異方性をキャンセルでき，どの視角でも同一の屈折率が観察できるようになる。一方，OCBなど自己補償を有する液晶素子の補償フィルムは，偏光板の視野角依存性をA-plateなどによって補償する（図3）。最近はNegative C-plateとA-plateの機能の複合化を図ったBiaxial Filmを設計している。このBiaxial Filmは三次元方向すべてに対して高度な光学設計を行っている。理論上，この補償フィルム1枚でVA液晶の補償を行うことができる。また，自己補償を持たない液晶，たとえばTN型液晶では，図4に示すように，液晶素子が持つ屈折率異方性を厚さ方向で互いにキャンセルする光学フィルムを用いている[1]。このように液晶素子が持つ屈折率はそれぞれ異なっており，新規の視野角補償フィルムをそれぞれのLCDに対して設計することになる。当社では光学補償フィルムの適切な光学設計を行うことで，高性能化したLCDに対応した光学補償フィルムを各種開発している。また，当社では光学材料に逆波長分散タイプの光学材料を用いるなどして光学設計を行い，各波長で適切なリタデーションを確保することで，高い色再現性を実現している[2]。

第1章 高機能性偏光フィルム

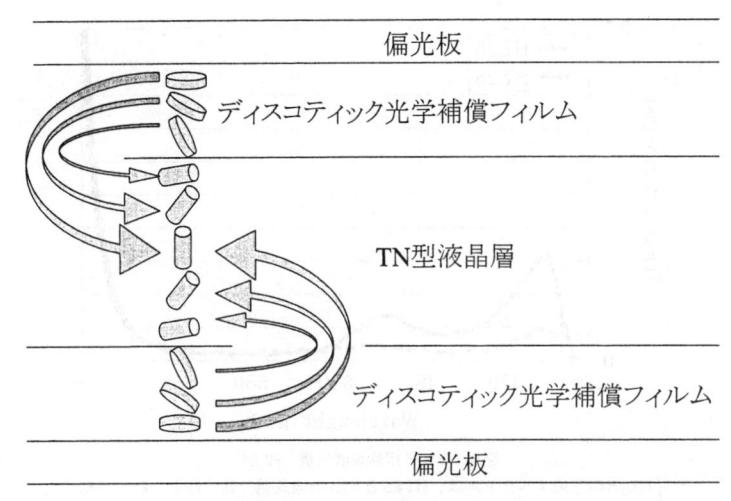

図4 自己補償を持たない液晶素子と補償フィルム
(自己補償を持たない素子の補償は，液晶の持つ複屈折性を光学フィルムでキャンセルするようにして行う。)

4 テレビ用途（動画への対応と色再現性）

テレビは，最も普及した家電のひとつであり，常に多くの批評の的になってきた。そのような状況のなか，一般消費者の性能に対する要求も高画質や省エネ等，高いレベルの性能が要求される。ディスプレイのひとつであるLCDは，独自の特徴を多く持っている。それはCRTなど他のディスプレイと比較して，表示面積あたりの消費電力が低いことが挙げられる。この特徴は省エネ分野で注目され，現在では一般的にも広く知られるようになってきた。

しかしながら，CRTの表示速度はnsオーダーであるのに対し，LCDの表示速度は数十μsと遅く，さらに，中間諧調同士の駆動時間では数百μsになる。このように動画特性である駆動性能が他のデバイスに劣っているため，動画表示の多いテレビモニターとしての実用化は，パソコン用などに比べ遅れることになった。

また，画質では中間諧調色が自然に近いことや明るい色の輝度は高く暗い色の輝度は低いことが必要とされる。最近は，さらにハイビジョン放送に対応するように画素が高密度であることなども必要とされてきている。

このような要求を満たすようLCDの開発は重ねられてきた。偏光板等の光学フィルム分野では，より自然に近い諧調表示の実現に向けて，よりニュートラルな色相を持つ偏光板を開発して

ディスプレイ用光学フィルム

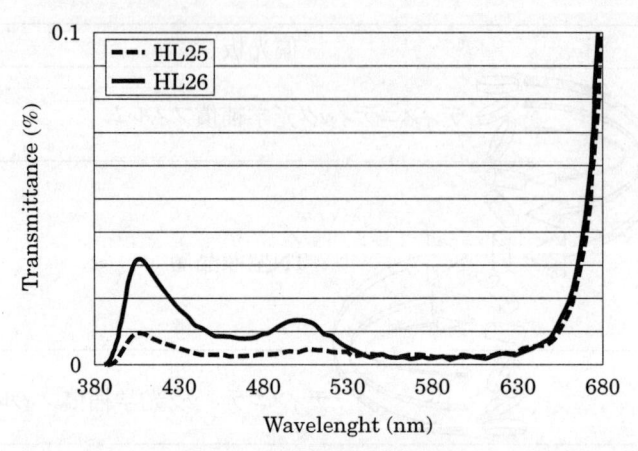

図5 テレビ用新規偏光板（HL25）
HL25の透過スペクトルは，HL56と比べ短波長側で低く抑えられている。これに加え，長波長600nm付近の透過スペクトルも低く抑えられている。これは，ヨウ素錯体の配向がそろっており，また，よいバランスの錯体分布があることを示している。

きた。当社では，テレビ用の偏光板として，HL25シリーズを新たに開発し好評価を得ている（図5）。テレビ用の偏光板として重要となる特性はコントラストをはっきりとできる黒表示輝度を減少させることだが，このHL25シリーズは，直交時に全波長領域においてフラットな透過スペクトルを得ることができる。このHL25シリーズにより，LCD特性は，黒表示時のバックライトの光漏れが減少しコントラスト比が改善される。また，フラットな透過光は，表示画像の色付きを減少させ，自然な色の再現を可能にしている。

表示画像の視認性のよさは，テレビ用デバイスとして必須事項である。照明機器の多いリビング等では，AG（Anti Glare）AR（Anti Reflection）処理等の反射や映り込み（外光のディスプレイ上での結像）に対して対策が必要である。AR処理はほとんどのディスプレイで行っているが，AG処理はCRTやPDP（プラズマディスプレイパネル）ではできない処理であり，LCDの利点といえる。表示素子とAG等の表面処理との物理的距離が近くないとAG処理によって画素がぼけてしまい，明瞭な画像の表示が困難になるが，表示素子が発光しないLCDはこの距離を近くする事が可能なため，AG処理を施しても明瞭な画像を表示できる。

このような機能を有した偏光板をLCDパネルに粘着する粘着剤にも多くの機能を付加する必要がある。とくに，偏光板は他のLCD部材とは異なり，有機材料を基材としているため，経年変化による寸法の収縮率が大きくなりやすい。また，LCDは有機および無機材料を貼り合わせ

た複合構造をしている。そのため，温度による寸法変化は大きく，有機材料である偏光板と無機材料であるガラス基盤との間に収縮差が発生し，偏光板が剥がれたり，偏光状態に斑が生じる欠点が発生する。このような欠点に対応すべく，当社では寸法変化によって生じる剥がれ応力を吸収する粘性の低い粘着剤SUNを開発した。この粘着材は，大きな寸法変化に対して柔軟に伸縮し，偏光板の剥がれを防ぐことができる。また，偏光状態を面の中で一定に保つことができる。また，リワーク性も優れており，製造工程中でパネルとの貼りあわせの失敗に対しても，容易に剥がし再度貼ることができる。

このように偏光板は，表示画像の色や外光の反射，表示特性を大きく左右する役割を担っている。

5 モバイル用途（透過型偏光板）

PDA等の携帯性の強い表示デバイスとして，LCDは省電力性から非常に適しているといえる。現在主流の液晶方式は，バックライト光源を利用した透過型ディスプレイと，一定の割合を外光利用した半透過型のディスプレイである。省電力性において，外光を利用できる半透過型ディスプレイが有利といえる。最近は省電力の面と視認性の面から，外光を100％利用する反射型ディスプレイもまた注目されている。

半透過型や反射型ディスプレイに必要とされる偏光板は，透過型のディスプレイと異なった特

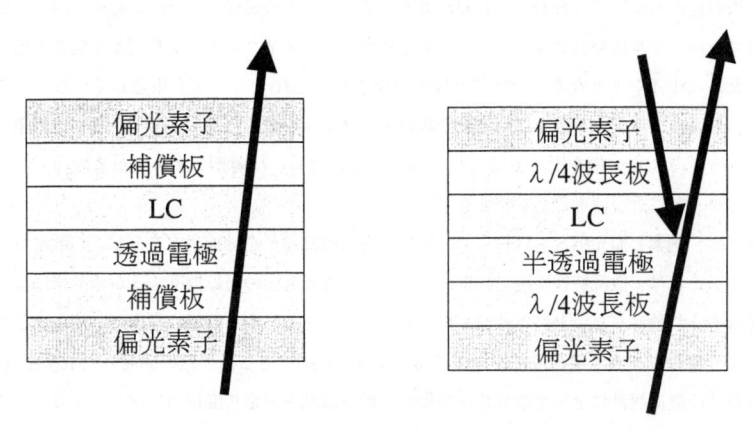

偏光素子
補償板
LC
透過電極
補償板
偏光素子

偏光素子
λ/4波長板
LC
半透過電極
λ/4波長板
偏光素子

図6　透過，および半透過型液晶パネルの光路

(透過型パネルは，上下2枚の偏光板を透過するが，半透過型パネルは反射では表側の偏光板のみを通過する。そのため，半透過型パネルでは，透過，反射の両方で同じ光学処理が行えるように光学設計を行う。)

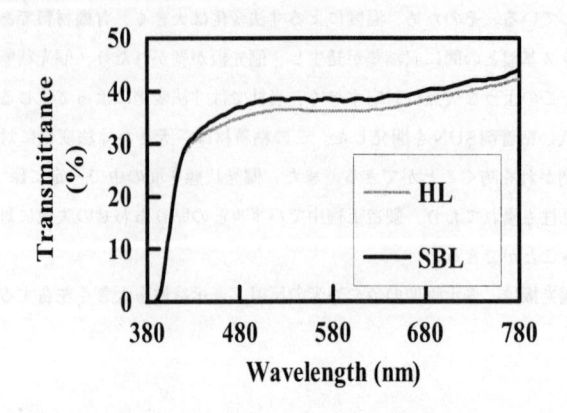

図7 半透過型液晶パネル用偏光板の平行透過スペクトル（SBL-HL）
半透過型パネルでは，バックライトだけではなく外光を用いて高い色再現性をえるため，色相を調整してある。そのため，透過型のHLシリーズとは異なった透過スペクトルを持っている。

性を要求される。一般的に，透過型の光路は，バックライトの光が裏表二枚の偏光板を通過する（図6）。対して，反射型の光路は，表面側から入ってきた外光が表面側の偏光板を2回通過する。さらに，半透過型では，これら違う光路を通る光を用いて同じ表示を行うことが必要になる。半透過型ではどちらの光路を通っても同じ光学処理が加わるよう補償フィルムを設計する。また，偏光板の色相も反射型に合わせる必要がある。その中でも透過軸を平行に合わせた場合の色相をよりニュートラルに合わせることが，外光を利用したディスプレイをより明るく自然な色合いにするためにポイントとなる。当社では反射型用であるSBLシリーズを用意している。この偏光板は，外光のスペクトル分布に偏光板の吸収スペクトルを最適化することで，高い透過率と，よりニュートラルな色相を実現している（図7）。そのため，反射型ディスプレイの白表示をペーパーホワイトに近づけることができる。

さらに，画素と偏光板とを粘着している粘着層に散乱粒子を付加することでよい散乱特性が得られる。これは，散乱特性が画素に近いことから，外光起因の斑は散乱するが液晶素子による表示像はあまり散乱しないという特性が得られるからである。また同様の理由で，液晶素子内で生じる干渉縞のみを表示像の散乱を抑えて緩和することができる。当社の開発した散乱粘着剤は，散乱粒子の最適設計によって散乱角を制御し，前方散乱を一定角度以内に抑え，よりディスプレイ垂直方向に光を集中することで光の効率的な利用を実現している。

一般的にLCDは広視野角のものが望まれている。しかし，モバイル用途であれば，その限りではない。電車の中など他の人々の目の気になる場合も少なくない。そのような状況において，

第1章 高機能性偏光フィルム

ディスプレイの視野角を制限する覗き見防止フィルターが注目されるようになった。これまでの広視野角化技術だけでなく、用途に応じた特性をディスプレイに付加していく柔軟性も重要になると考えられる。

6 カーナビ用途（偏光板の耐久性，粘着材）

LCDは，その使用環境への耐久性も当然ながら求められる。各種使用環境の中で乗用車の車内で用いるカーナビ等は特に耐久性を要求される。車内での使用は，日本のような温暖な気候においても，夏では100度を超え，冬では氷点下となる。さらに，昼夜の気温差は50度を超えることも珍しくはない。このような苛烈な使用環境の中で，偏光板は高耐久性を要求される部材のひとつである。偏光板の高性能の偏光性能は，配向したヨウ素によって得られる。しかしながら，このヨウ素は，常温で昇華する物性を持っているため，車内のような苛烈な使用環境では，色抜け等の問題が発生する。そこで，当社では熱に強く耐久性の高い染料系偏光板をラインナップしている。染料系偏光板は，色素が昇華しないためヨウ素系偏光板より耐熱性に優れており，高い温度の使用環境でも色抜けが少ない。そのため，車内のような苛烈な使用環境に対応できる。

7 おわりに

以上述べてきたように，現在の偏光板は様々な機能が付加され，高機能光学素子としての性格が強くなっている。将来，LCDの高精細，高輝度，高機能化に適した光学特性をもったフィルムを製作するには，設計された光学特性を高い精度で量産できる製膜機械が必要となる。このように光学設計から製作まで早いスパンの開発ができる能力を問われてくると考えられる。また，偏光板の製造工程について見直し等，機能以外の面でも改善が必要と考えられる。

偏光板はこれまで述べてきたように様々な機能を付加することで成長してきたが，これからも，より多機能化が進んでいくと考えられる。そして，光学フィルムの特性を高精度で制御することで，多機能，多層化したフィルムを単層化，単純化することが求められる。同時に，液晶素子に正確にフィッティングしていくことが求められる。

偏光板の機能拡大について述べてきたが，当社はこのような光学設計技術に基づいて，多機能，高機能の偏光板を提案，供給していくことにより，LCDの発展に貢献していきます。

参考文献

1) H. Mori and P. J. Bos, *Jpn. J. Appl. Phys.*, **38**, p. 2837 (1999)
2) 内山昭彦, 谷田部俊明, 月刊ディスプレイ, p.64 (2003年1月号)

第2章　高性能・高耐久偏光フィルム

岡田豊和*

1　はじめに

1973年，液晶表示装置（LCD）が電卓の表示装置として実用化されて以来，LCDはさまざまな技術革新を伴いながら，薄肉，軽量，低電圧駆動，低消費電力といった特徴をいかしながら，携帯電話，デジタルスチルカメラに代表される小型用途から，ノートPC，モニター，さらには液晶テレビ用途にまで展開され，完全に市場に定着し，ブラウン管（CRT）を凌駕する勢いである。

LCDはシャッターとしての機能を有しており，その機能を果たすために，偏光フィルムという光学フィルムを必須としている。LCDに求められる高輝度化，高コントラスト化，高精細化，色再現性向上，広視野角化，高速応答化，高耐久化を達成するためには，偏光フィルムの特性向上が必須となる。本稿では，偏光フィルムの基本的な事項を説明し，筆者らが進めている偏光フィルム（スミカラン®）の現状と今後の動向を概説する。

2　偏光フィルムの基礎

2.1　偏光フィルムの種類と構造

現在実用化されている偏光フィルムは，ポリビニルアルコール（PVA）フィルムにヨウ素錯体や二色性染料を一軸方向に配列させて，その両側にトリアセチルセルロース（TAC）フィルムを貼り合わせたものである。前者をH膜（または，ヨウ素系偏光フィルム），後者をL膜（または，染料系偏光フィルム）とも称し，1938年，米国のLand博士によって開発[1,2]され，LCDの発展とともに，性能向上が図られてきた。ヨウ素錯体や二色性染料の配列した方向に振動する光（電磁波）が吸収されるので，この軸方向を吸収軸，その直交方向に振動する光（電磁波）が透過するので，この軸方向を透過軸と称する。

---

*　Toyokazu Okada　住友化学工業㈱　光学製品事業部　光学製品部　主席部員

2.2 偏光フィルムの性能評価

偏光フィルムの透過率と偏光度は,分光光度計等によって測定される[3]。偏光フィルムの光学性能は,1枚の偏光フィルムの透過率(単体透過率 T_1),2枚の偏光フィルムの吸収軸を平行に配置したときの透過率(平行透過率 T_2),直交に配置したときの透過率(直交透過率 T_3),および偏光度Pによって表示される。T_1, T_2, Pはできるだけ大きく,T_3はできるだけ小さくなるように設計する。

偏光フィルムの色相も重要なパラメータとなる。(a*, b*)で表示する方式が一般的であるが,(x, y) で表示[4~7]することもある。偏光フィルム2枚の透過率 T_2 と T_3 をともにニュートラル(無彩色)にすることが重要である。

2.3 偏光フィルムの製造方法

PVAフィルムの延伸方法の違いによって,湿式法[8]と乾式法[9]の2つ方式があり,①PVAフィルムの延伸,②色素の染色,③耐水化処理,④乾燥,⑤TACフィルム貼り合わせの5つの工程に大きく分かれており,市場の要求特性に応えるべく,日々製造技術の改良を進めている。

2.4 偏光フィルムに要求される特性

偏光フィルムに要求される特性と因子を表1に示す。

表1 偏光フィルムに要求される特性と因子

特 性	LCDに与える効果	因 子
①均一性	表示の均一性	製膜・延伸・染色技術
②高偏光・高透明性	コントラスト向上 輝度向上	延伸・染色技術の最適化 (色素の高配向)
③無彩色化	表示の白黒化	ヨウ素錯体種の最適化等
④視角特性	表示の視野角	位相差板による広視角化
⑤高耐久性	(用途の拡大)	染色条件,ヨウ素系→染料系
⑥広幅化	(価格低減)	製膜・成形技術
⑦薄肉化	(薄肉・軽量)	製膜・成形技術

3 ヨウ素系偏光フィルム

3.1 高偏光度・高透過率化(スミカラン®SRグレード,SBPグレード)

偏光フィルムに一番要求される特性は,高偏光度,高透過率化である。性能向上の基本的な考え方を図1に示す。PVAフィルム中のヨウ素分子はポリヨウ素を生成し,PVA分子と錯体を形成する[10, 11]。このポリヨウ素は分子の直線性が高く,配向したPVAフィルム中では非常に高い

第2章 高性能・高耐久偏光フィルム

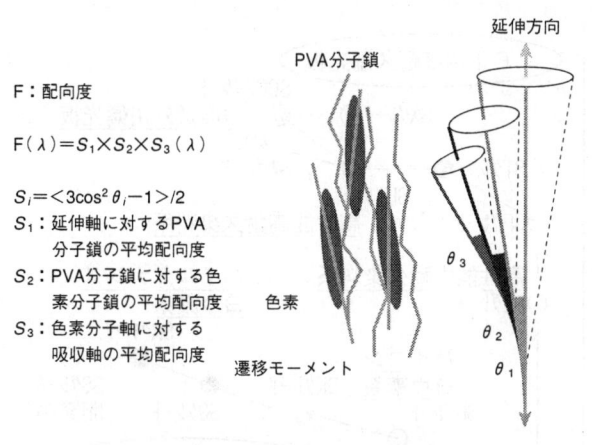

F：配向度

$F(\lambda) = S_1 \times S_2 \times S_3(\lambda)$

$S_i = \langle 3\cos^2\theta_i - 1 \rangle / 2$

S_1：延伸軸に対するPVA
　　　分子鎖の平均配向度
S_2：PVA分子鎖に対する色
　　　素分子鎖の平均配向度
S_3：色素分子軸に対する
　　　吸収軸の平均配向度

図1　偏光フィルムの性能向上の考え方

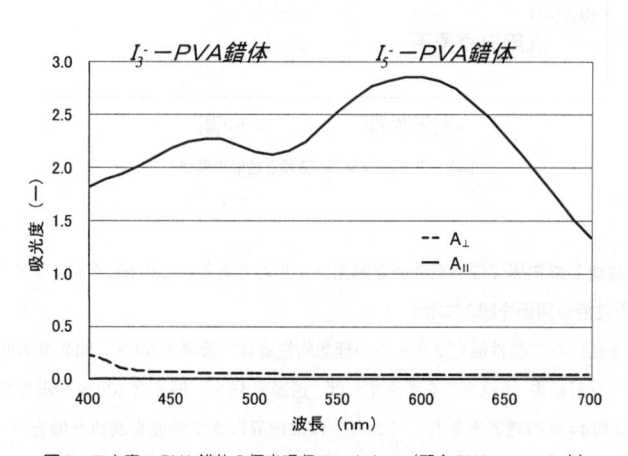

図2　ヨウ素—PVA錯体の偏光吸収スペクトル（配向PVAフィルム中）
　　　$A_\perp$：延伸軸垂直方向に直線偏光を入射させた場合（点線）
　　　$A_\parallel$：延伸軸平行方向に直線偏光を入射させた場合（実線）

二色性を発現する。480nm付近に吸収を有するI_3^--PVA錯体と，600nm付近に吸収を有するI_5^--PVA錯体の配向度を上げることと，その生成比を制御することが高偏光度化・高透過率化のポイントである。ヨウ素-PVA錯体の偏光吸収スペクトルを図2に示す。スミカラン®SRグレード[13]は，これらの構造，生成過程を詳細に検討し，偏光フィルムの製造工程に新技術を導

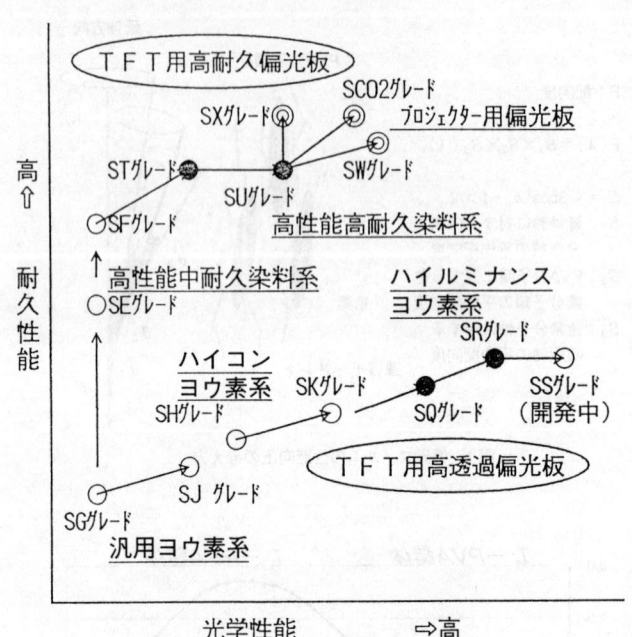

図3 スミカラン®の種類と性能の関係

（図中ラベル）
TFT用高耐久偏光板
SCO2グレード
SXグレード
プロジェクター用偏光板
STグレード
SUグレード
SWグレード
SFグレード
高性能高耐久染料系
高性能中耐久染料系
SEグレード
ハイルミナンスヨウ素系
SRグレード
ハイコンヨウ素系
SHグレード
SKグレード
SQグレード
SSグレード（開発中）
TFT用高透過偏光板
SJグレード
SGグレード
汎用ヨウ素系
耐久性能　高↑
光学性能　⇒高

入することで達成した業界で最も高性能な偏光フィルムである。このSRグレードを含むスミカラン®の種類と性能の関係を図3に示す。

　ポリヨウ素を用いた二色性偏光フィルムの理想的性能は，透過率50％，偏光度100％である。さらに表面での反射損失（約4％）を考慮すれば，透過率46％，偏光度100％が限界性能である。SRグレードは約44％の透過率を有しており，ほぼ限界にまで性能を高めた偏光フィルムである。

　さらなる高透過率化のために反射型偏光フィルムである輝度向上フィルムが開発された。偏光フィルムに吸収される光を反射させ，再利用することによって光の利用効率を高めるものである。輝度向上フィルムとしては複屈折の異方性積層体からなるスリーエム社のDBEF[12]が一般的に使用されており，このDBEFとスミカラン®SRグレードを積層したSBPグレード[13]は，LCDの輝度を60％高めることができる。反射型偏光フィルムとしては，コレステリック液晶の円偏光二色性を利用した方式もある。これらの反射型偏光フィルムの課題は，PS分離能（偏光度）の向上である。

第2章 高性能・高耐久偏光フィルム

3.2 高耐久化

　ヨウ素系偏光フィルムへの耐久性付与は，PVA分子とポリヨウ素錯体の配向固定を行うことであり，染色工程における条件の最適化によって達成することができる。もともとヨウ素分子は昇華性をもっており，とくに湿熱には弱いので，TAC代替フィルムの検討も行われている。TAC代替フィルムとしては，透湿度の低い高分子フィルムが有効であり，合わせて光弾性係数が小さいことも重要であるので，現在のところアモルファスポリオレフィン系の高分子フィルムが有力視されている。高耐久性が一層要求される用途には，後述（4節）の染料系偏光フィルムの適用が有効である。

3.3 色相改良グレード

　携帯電話やPDA等の携帯情報端末の用途では，（半透過）反射型LCDが主に用いられている。偏光フィルム2枚の平行色相は，（半透過）反射型LCDの背景色に影響を及ぼしており，（半透過）反射型LCDの背景色をより白表示にするために，偏光フィルムの平行色相をニュートラル化（無彩色化）することが要求されている。SRグレード中のヨウ素-PVA錯体の構造を最適化することによって，平行色相を無彩色化したスミカラン®SR-Bグレードを開発し，製品化した。図4にSRグレードと比較した場合の特性を示す[13]。

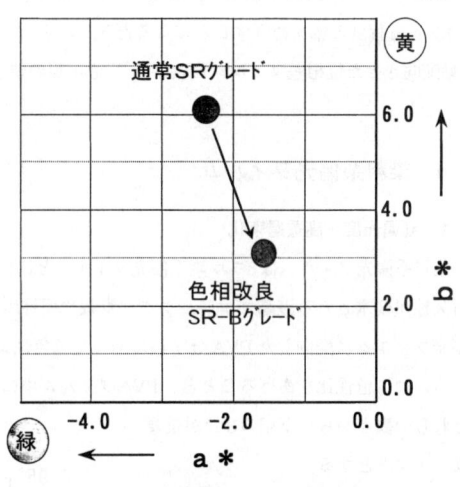

図4　ヨウ素系偏光フィルムの平行色相
（L*a*b*表色系色度図）

　一方，液晶テレビ用途でも表示の色再現性を高めるために，偏光フィルムの透過率を落とすことなく，無彩色化の要求が強い。液晶テレビ等の用途では高いコントラストが求められるので，偏光フィルム2枚の直交色相の無彩色化と透過率ゼロを達成することが基本であり，合わせて，平行色相の無彩色化と高透過率化を達成することである。近い将来の大型液晶テレビ時代へ向けて，精力的に開発が進められている。

3.4 薄肉化

モバイル性を重視したノートパソコンや携帯電話，PDA等の携帯情報端末機器では，薄型・軽量化の要求が極めて強い。偏光フィルムにおいては，これまで205μmの厚みであったものが，TACフィルムの薄肉化にともなって，125μm程度にまで薄肉化されている。スミカラン®の各種グレードもSTPグレードとして開発し製品化している。表示特性を高めるために位相差フィルム等を併用しているLCDが多いので，これらを含めた形での薄肉化を追求することが今後の課題となる。

3.5 その他の要求

液晶テレビの大型化，価格低減要求に伴い，偏光フィルムの広幅化の要求が強い。今のところ，1,450mm程度の幅をめざすことになるだろう。また，広視野角偏光フィルムの要望もあるので，z軸配向させた位相差フィルムとの併用[14]も市場の要求にしたがって目指すことになるだろう。

4 染料系偏光フィルム

4.1 高偏光度・高透過率化

染料系偏光フィルムは，ヨウ素系偏光フィルムと比較して偏光性能は劣るものの耐久性が高く，耐久性が要求される液晶プロジェクタ，車載や屋外用途のLCDに多く用いられている。染料系偏光フィルムは配向したPVA分子鎖に沿って二色性染料が配列した構造であり，二色性染料そのものの二色性比をあげることと，PVAフィルム中における配向度を高めることが重要である。それらの観点から，下記の3つが重要なポイントとなる。

① 染料分子の安定な構造が直線状で細長く，吸収の遷移モーメントの方向が，分子軸方向と一致すること。
② PVA分子鎖をフィルムの延伸軸方向に高度に配向させること。
③ 染料分子をPVA分子鎖に平行に吸着配向させること。

染料の二色性比をあげるためには，分子の形状として細く，長く，平面

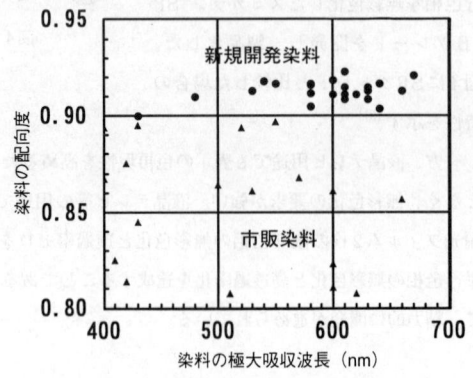

図5 新規二色性染料の配向度とλ_{max}の相関

第2章 高性能・高耐久偏光フィルム

的な構造となるように分子設計し，PVA分子との水素結合等が容易になるように置換基の種類と量を最適化した。このように開発した二色性染料を配向度と極大吸収波長 λ_{max} の関係として図5に示す。新規な二色性染料の開発とPVAフィルムの配向技術の改良と合わせて，ハイコンヨウ素系相当の光学特性を有するスミカラン®SWグレードを世界に先駆けて開発し，製品化した。

スミカラン®染料系偏光フィルムの特長と適用分野を表2に示す。

4.2 色相改良

カーナビゲーションシステムに用いられるTFT-LCDでは耐久性を重視する純正仕様や海外向け用途には，染料系偏光フィルムが適用されている。従来の染料系偏光フィルムでは平行色相の黄色味があるために，その改善が強く求められた。その要求に応えて開発したのが，スミカラン®SYグレード[13]である。

4.3 耐熱・耐光性の向上

染料系偏光フィルムの大きな市場が，液晶プロジェクタ用途である。液晶プロジェクタはプロジェクションツールとして急速に広まっているデータ・プロジェクタや，また対角40インチ以上の大画面プロジェクションテレビ（ホームシアター）用途として，急成長を遂げている。主流の3板方式の液晶プロジェクタの構造の一例を図6に示す。液晶プロジェクタでは高輝度ランプ

表2 スミカラン®染料系偏光フィルムの特長と適用分野

	特 長	適用分野
①高性能高耐久 → 二色性染料使用 ・優れた光学特性 ・優れた耐久性	光学特性 ・汎用ヨウ素系相当 　ST→SUグレード ・ハイコンヨウ素系相当 　SU→SWグレード	〈ニュートラルグレイ〉 ①車載用途 　カーナビ，車載TV， 　インパネ等
②製造条件最適化 → ・染料とPVA分子の 　強固な結合	耐熱性 ・100℃×1000hrs 　（105℃×1000hrs）	②屋外用途 　携帯情報端末，FA， 　計測機器等
③高耐久粘着剤使用 → ・TACフィルムの 　加水分解防止と 　発泡・剥がれ防止	対湿熱性 ・80℃×90％RH ・65℃×95％RH 　×1000hrs	③プロジェクタ 〈カラー偏光板〉 ・プロジェクタ ・色補償（バイオレット） ・マルチカラー ・カラーフィルター等

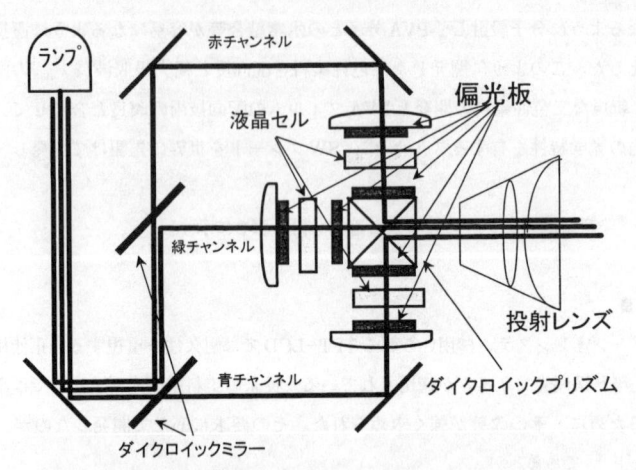

図6 3板方式液晶プロジェクターの構造

表3 液晶プロジェクタ用染料系偏光フィルムの光学特性（住友化学製）

青チャンネル専用	グレード名	単体透過率 at440nm（％）	偏光度 at440nm（％）
	SC-P5	44.22	100.00
	SC-O7	43.22	100.00
	SC-O3	41.75	100.00
緑チャンネル専用	グレード名	単体透過率 at550nm（％）	偏光度 at550nm（％）
	SC-G4	45.89	100.00
	SW-3S	45.25	100.00
赤チャンネル専用	グレード名	単体透過率 at610nm（％）	偏光度 at610nm（％）
	SW-3S	45.83	100.00

※AR付偏光板／ARガラス貼合品

から出射される強い光に晒され、かつその光を吸収して偏光フィルム自体が高温となるため、高偏光度・高透過率に加えて、光と熱に対する非常に高い耐久性を要求される。これらの要求に応えるために、液晶プロジェクタ用途向けに、高偏光度・高透過率と耐熱・耐光性を向上させたスミカラン®染料系グレードを、赤、緑、青の各チャンネルの専用グレードとして開発し、製品化した[13]。それらの光学特性を表3に示す。

第2章 高性能・高耐久偏光フィルム

5 表面反射防止付偏光フィルム

明るい環境下では、LCDの表面で外光が反射し、画像の視認性が著しく低下する。そのためフロント側に用いられる偏光フィルムの表面には、反射防止処理が施されるのが一般的である。反射防止の方法を図7に示す。反射防止の方法としては、表面に凹凸を形成したアンチグレア処理（AG）が代表的なものであり、外光を散乱させることによって視認性を高めるものである。画像の鮮明さを損なうことなく防眩効果をもたせることが基本であり、これらに加えてギラツキ防止や白茶け防止も重要な項目であり、表面の凹凸をファインピッチ化することを基本技術として、高精細AGの開発が進められている。スミカラン®のAGグレードの一覧を表4に示す。

反射防止のその他の方法として、光の干渉を利用したアンチリフレクション、ARグレードがある。これは、無機誘電体の多層膜、具体的には酸化ケイ素と酸化チタンの多層（4～5層）膜からなるもので、視感度の高い500～600nmの波長域における反射率を約0％にすることができる。したがって、デジタルスチルカメラや携帯電話のように屋外で使用されるもの、および液

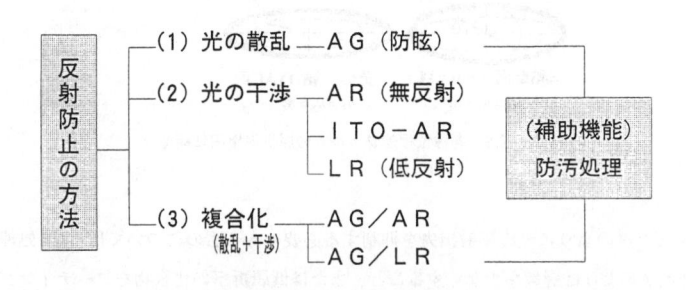

```
反射防止の方法 ─┬─ (1) 光の散乱 ── AG（防眩）
              ├─ (2) 光の干渉 ─┬─ AR（無反射）
              │                ├─ ITO-AR
              │                └─ LR（低反射）
              └─ (3) 複合化 ──┬─ AG／AR
                  (散乱+干渉)  └─ AG／LR

                              （補助機能）防汚処理
```

屈折率の異なる界面での光の反射損失

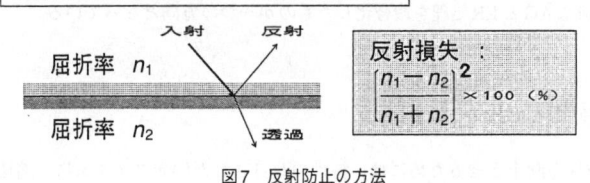

屈折率 n_1 ／ 屈折率 n_2 入射／反射／透過

反射損失：$\left(\dfrac{n_1 - n_2}{n_1 + n_2}\right)^2 \times 100\ (\%)$

図7　反射防止の方法

表4　スミカラン®AGグレードの光学特性

	AG3	AG5	AG6	AG7	AG8	GL5	GH5
ヘイズ（％）	4	13	25	7	12	40	40
光沢度（％）	80	40	24	60	55	52	45
用途	汎用	高精細用				超高精細用（低ギラツキ）	

表5 位相差フィルムに要求される特性と因子

要求項目	LCDに与える効果	因子
均一性	表示の均一性	製膜・成形技術
波長分散性	コントラスト向上，表示の白黒化（STN）	位相差フィルム材料と液晶のマッチング
温度補償	高温・低温での表示の視認性	位相差フィルム材質の温度特性最適化
視野角特性	表示の視野角（垂直，斜め，捩れ成分）	三次元の屈折率制御

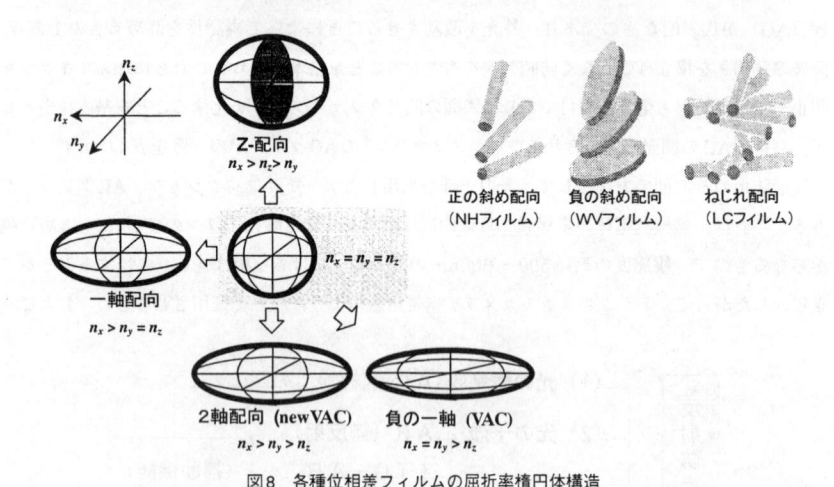

図8 各種位相差フィルムの屈折率楕円体構造

晶プロジェクタのように光の反射損失を抑制する必要のあるものについては，AR処理が適用される。またARよりは層数を少なくすること，または低屈折率の化合物をコーティングすることによって低反射（LR，反射率1％程度）を達成することもできる。大型LCD用途における反射防止は，高精細なAGとLR処理を複合化したものが一つの方向となっている。

6 楕円偏光フィルム

LCDの視認性を向上させるためには，特性の改良された偏光フィルムに，適切な位相差フィルム（スミカライト®）を併用することが重要である。位相差フィルムに要求される特性と因子を表5に示す。様々な延伸技術を駆使することによって異なった屈折率楕円体を有する位相差フィルムをえることができる。また特殊な化合物をコーティングすることによって延伸方式では達成できない屈折率楕円体構造を有する位相差フィルムをえることができるようになった。これらの屈折率楕円体構造を図8に示す。偏光フィルムと位相差フィルムを一体化したものを一般に楕

第2章 高性能・高耐久偏光フィルム

表6 位相差フィルムの種類と用途

		LCD					その他	
		STN	TN	反射TFT	VA	OCB	EL	タッチパネル
一軸配向	ポリカーボネート	○		○			○	○
	アモルファスポリオレフィン			○			○	○
	共重ポリカーボネート			○			○	○
z軸配向	ポリカーボネート	○						○
二軸配向	VACフィルム		○		○	○		
	New VACフィルム		○		○	○		
液晶	LCフィルム	○						
	NHフィルム		○	○				
	WVフィルム		○	○		○		
	TCRF	○						

円偏光フィルムというが、位相差フィルムを併用することによって、LCDの表示の白黒化、視野角向上、内面反射の防止や1枚偏光フィルム方式の（半透過）反射型LCD等を達成することができる。各種の位相差フィルムとその用途を表6に示す[13]。TNモードのLCDには負の斜め配向成分を有するWVフィルム（富士写真フイルム製）を用いた楕円偏光フィルムが一般的に用いられているが、その他の代表的な用途につき、以下に楕円偏光フィルムの例を示す。

6.1 VAモード，OCBモードLCD用途

VAモード[15]は液晶分子が垂直配向した状態、またOCBモード[16]では垂直成分に加えて斜め成分も混在した状態がそれぞれ黒表示であることから、二軸性のVACフィルム®や、VACフィルム®に一軸性を付与したニューVACフィルム®を用いた楕円偏光フィルムを適用することによって、応答速度と視野角特性を兼ね備えた視認性の良好なLCDとすることができる[13]。

6.2 （半透過）反射型LCD用途

円偏光を用いた（半透過）反射型LCDには、アモルファスポリオレフィンからなる1/4λ板と1/2λ板を併用した広帯域円偏光フィルムが用いられる。1/4λ板を一軸配向フィルムから正の斜め配向成分を有するNHフィルム（新日本石油製）にかえることで、視野角改良を達成することができる。

6.3 インナータッチパネル，ELディスプレイ用途

視認性を高めるために、表面反射と内面反射の異なった二種類の反射光をカットしなければならない。表面反射はAR処理で、内面反射は円偏光フィルムで防止することができるため、これらの用途にはAR処理した円偏光フィルムを適用するのが一般的である[13]。

7 おわりに

家庭に大型の液晶テレビの普及が近づいている。偏光フィルムや楕円偏光フィルムの特性向上，耐久性向上に加えて，大幅な価格低減が要求されている。そのためにも，一つの部材に複数の機能を付与することや工程数を削減する等の合理化や生産性の向上を達成することで，これらの期待に応えたい。今後もLCDの発展は続き，新しい材料，新しい技術を開拓し，市場の要求する必要な材料を提供し，市場の要求に応えていく覚悟である。

文　献

1) 米国特許，2,454,515ほか
2) W.A.シャークリフ著，福富ほか共訳，偏光とその応用，共立出版（1965）
3) SEMI doc. 3504 「FPD偏光板の測定方法」(2003)
4) JISZ-8701
5) JISZ-8279
6) JISZ-8722
7) JISZ-8730
8) 永田ほか，偏光フィルムとその応用，p.66,p.82,p.102，シーエムシー出版（1986）
9) 中村，岡田 et al., 住化誌，1991-Ⅱ（1991.12）
10) Y.Oishi, H.Yamamoto, and K.Miyasaki , *Polymer Journal,* **19**（11），1261（1987）
11) T.Yokoyama *et al.*, *Bull. Chem. Soc. Jpn.*,**68**, 469（1995）
12) 米国特許，5,872,653，6,096,375　ほか
13) 住友化学工業㈱，光学機能性フィルムカタログ（03-10-2000）
14) T.Ishinabe, T.Miyashita, and T.Uchida: Am-LCD'02, p.215（2002）
15) 日本液晶学会誌 ,Vol.3, No.2, 117（1999）
16) Y.Yamaguchi *et al.*, SID'93 Didest277（1993）

第3章 染料系偏光フィルム

山本理之*

1 はじめに

　液晶ディスプレイ（LCD）は軽量，薄型，低消費電力を特長とし，時計等の小さな表示から近年では大型TV用途まで市場に広く使用されている。この流れは車載用や屋外パネルのような高い耐久性を求められる分野にまで及んでいる。
　LCDに使用される偏光フィルムには一般的に二色性物質としてヨウ素または，染料が使用されている。ヨウ素を使用した偏光フィルムは光学特性に優れるが，耐久性に劣り，染料を使用した偏光フィルムは，耐久性に優れるが，偏光特性がヨウ素系に比べてやや低い。
　LCDは広範な用途に使用されるため，使用される偏光フィルムはその特長を生かす形で使い分けられている。
　ここでは当社が行っている染料系偏光フィルムの開発状況および将来の展望について述べる。

2 染料系偏光フィルムの特長

　染料系偏光フィルムの特長は，非常に過酷な，高温，高温高湿度の環境下でも高い偏光性能を維持できるところにある。
　これは，ヨウ素系偏光フィルムが，比較的不安定なヨウ素錯体を利用しているのに対し，極めて安定な二色性染料を利用していることによるものである。
　従って，染料系偏光フィルムの特性は染料の化学構造に依存している割合が非常に大きい。

3 染料系偏光フィルムの作製方法

　偏光フィルムは一般的にはポリビニルアルコール（以下PVA）をヨウ素または二色性染料で染色し，一軸延伸を行うことで偏光子を得る。ここで得られた偏光子は，温度，湿度による影響を受けやすいため，トリアセチルセルロース（TAC）のような光学的に均一で透明な支持体でラ

＊　Michiyuki Yamamoto　㈱ポラテクノ　第一技術部

ミネートされる。

　染料系偏光板の場合，染料分子自体が二色性をもつ直接染料を使用するのが一般的である。直視型表示体としての偏光フィルムを考えた場合，可視光域全てに均一な吸収を持たせる必要があるが，1種類の二色性染料によって可視光域全域で均一な吸収を持つようにするのは難しいため，通常数種類の二色性染料を使用して偏光フィルムを作製する。

4　染料系偏光フィルムに求められる特性

染料系偏光フィルムに求められる特性は以下の通りである。
①高透過率，高偏光度，②ペーパーホワイト（オフ表示），③高耐久性
以下，各項目についての開発状況について述べる。

4.1　高透過率，高偏光度

　染料系偏光フィルムにおいて透過率の高い製品は染料濃度を下げることによって比較的容易に得ることができる。しかし，偏光フィルムにおいて透過率とコントラストはトレードオフの関係にあり，単に透過率を上げても高いコントラストを得ることができない。よって偏光フィルムの高透過率化は高偏光度化とバランスをとって進める必要がある。

　当社における染料系偏光フィルムのラインナップはTHC，SHC，UHCの3品種である。開発もこの順番で行われているが，UHCの初期光学特性は民生ヨウ素系偏光フィルムであるLNシリーズの光学特性よりも高性能であることがわかる。

　これらの偏光フィルムは以下の条件を最適化することにより光学性能向上を図っている。

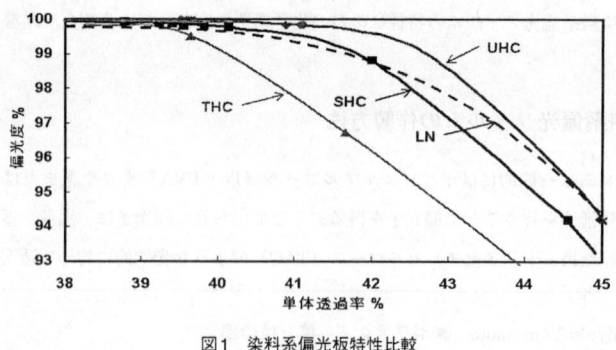

図1　染料系偏光板特性比較

第3章　染料系偏光フィルム

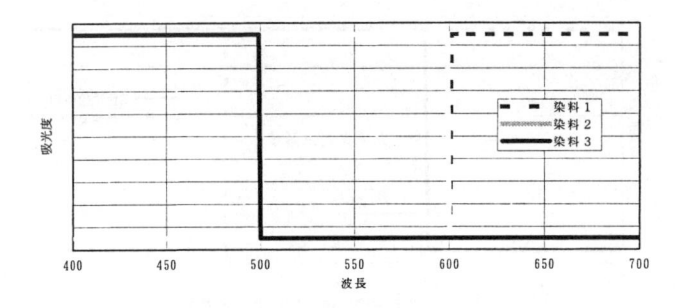

図2　理想的な吸光度曲線

4.1.1　高性能二色性染料の開発

　一般的に二色性染料はアゾ系を基本とするが，その分子構造によって最大吸収波長，吸収波長範囲，二色性が異なることが知られている。従って，二色性染料は，最大吸収波長以外にも，吸収波長範囲全域に渡って高い二色性が要求される。例えば3色でニュートラルの染料系偏光フィルムを作製する場合，図2のような吸収曲線が理想的となる。

　この曲線の場合，染料同士の吸収波長が重なる部分がほとんどないため，二色性染料の持つ二色性を最大限に発揮することができる。しかし，実際には吸収波長曲線はなだらかであり，その結果損失が多少なりとも発生してしまう（図3）。

4.1.2　二色性染料の組み合わせ検討

　仮に急峻な曲線を持つ，優れた二色性染料ができても，組み合わせによっては損失が多くなってしまう（図4）。吸光度を持つ領域が重なってしまうと2重に吸収が発生してしまうため，結果的に優れた偏光フィルムを作製することは難しくなってしまう。また，ニュートラルな色相を得

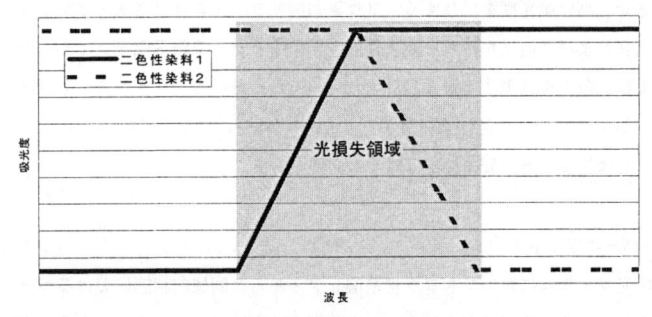

図3　吸光度曲線形状による光損失

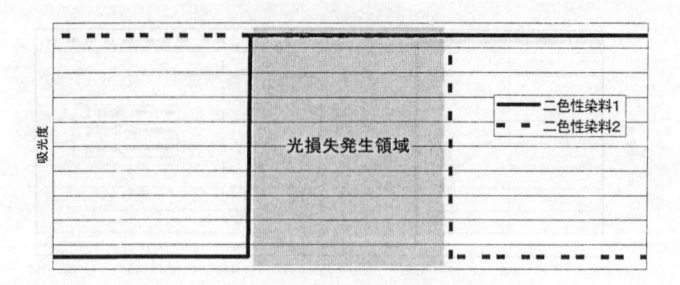

図4 吸光度曲線の重なりによる光損失

ることができないといった問題が発生する。当社での開発においても色相と偏光性能の関係を考慮しながら使用する染料を選択している。

4.1.3 二色性染料の配合割合検討

二色性染料は，先に述べたように分子構造によって各波長での吸収強度が異なるため，複数の二色性染料を同率の配合で処方してもニュートラルな色相にならない。また，染料によって二色性も異なるため，単体透過率だけを考えるのではなく直交透過率も考慮しながら検討を進める必要がある。

4.1.4 使用部材の検討

染料系偏光フィルムだけでなく，ヨウ素系偏光フィルムにおいても使用部材の検討は重要な課題となる。特に染色基質となるPVAは，染料の配向がPVAの配向の影響を直接うけるため必要に応じて材料自身の最適化も必要になる。この最適化はヨウ素系偏光フィルムとは異なる特性が求められることも多い。

4.1.5 作製条件の最適化

染料系偏光フィルムもヨウ素系偏光フィルムと同様PVAを一軸延伸することによって染料分子を配向させ，高い偏光度を付与する。ヨウ素系偏光フィルムはヨウ素イオンがヨウ素錯体を形成して，吸収および二色性を持ち，偏光性能を発現するが，染料系偏光フィルムの場合染料自体で吸収および二色性を発現するよう設計されているため分子の大きさがヨウ素錯体と比較して大きくなってしまう。この二色性染料分子をPVA内に均一に効率よく配向させるためヨウ素系偏光フィルムとは異なった作製条件を検討する必要がある。

4.2 ペーパーホワイト

染料系偏光フィルムにおいてもヨウ素系偏光フィルムと同様白状態におけるペーパーホワイト化が要求されている。染料系偏光フィルムを作製する上でペーパーホワイト化を実現するために

は二色性染料の選択および配合比率が主な検討事項となる。図5の色度座標では平行ニコル時のa,b値が0に近いことが要求される。これを実現するためには作製した偏光フィルムの透過率波長曲線がフラットに近くなるよう設計すればよい。

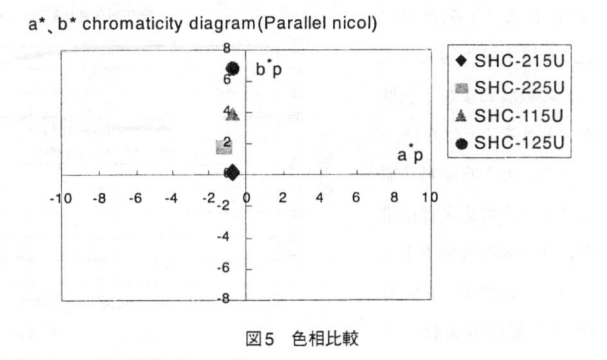

a*, b* chromaticity diagram(Parallel nicol)

◆ SHC-215U
■ SHC-225U
▲ SHC-115U
● SHC-125U

図5　色相比較

当社製SHCシリーズではニュートラルグレーのSHC-1タイプに対してSHC-2タイプとしてペーパーホワイト偏光板をラインナップしている（図5）。

SHC-225UおよびSHC-125Uは単体透過率40％、SHC-215UおよびSHC-115Uは単体透過率45％のタイプである。このグラフからSHC-2タイプがペーパーホワイトに近いことがわかる。二色性染料は品種によってPVAへの染色速度が変化するため、透過率変動によって色相も変化してしまう。よって製品の透過率ごとに染料配合を調整する必要がある。

4.3　高耐久性

染料系偏光フィルムの最大の特長が高耐久性である。現在染料系偏光フィルムで保証しているスペックは耐湿熱条件80℃×90％RH（相対湿度）×500hおよび耐熱条件105℃×1000hである。最近では85℃×85％RHや、110℃、120℃といった要望も出て来ている。この項では染料系偏光フィルムの耐久性の現状および耐久性向上の手法について述べる。

偏光フィルムの耐久性は大きく分けて光学耐久性、実装耐久性の2点を考える必要がある。光学耐久性は要求される試験を行った時の透過率変化、色相変化、偏光度変化を指す。実装耐久試験は剥がれ、発泡、歪み等外観上の変化の有無を差す。

4.3.1　光学耐久性能

図6にヨウ素系偏光フィルムと染料系偏光フィルムの耐久性比較を示す。

これは60℃×90％RHで行った試験であるが、UHC（染料系偏光フィルム）の偏光度がほとんど変化しないのに対し、SKN（ヨウ素系偏光フィルム）は1000hを過ぎると劣化が始まり、2000時間を過ぎた頃から更に加速する。

ヨウ素系偏光フィルムは水分や熱によってヨウ素錯体が構造変化して可視光域の吸収および二色性が失われるが、染料系偏光フィルムでは染料分子自体が可視光域で吸収および二色性を有し、

安定しているため,120℃以上でも偏光フィルムの吸収および二色性が失われることはない。

このことから染料系偏光フィルムの耐久性は染料自体の耐久性向上よりも水分や熱に対するPVAの配向安定化や寸法変化の抑制,透湿性のコントロールが主な検討事項となる。これらの検討事項は実装耐久性能で詳しく述べることとするが,染料系偏光フィルムの場合,ヨウ素系偏光フィルムとは反対に単体透過率が高い方が光学耐久性は良好となるため初期光学特性を向上させることも有効な耐久性向上のための手段となる(図7)。

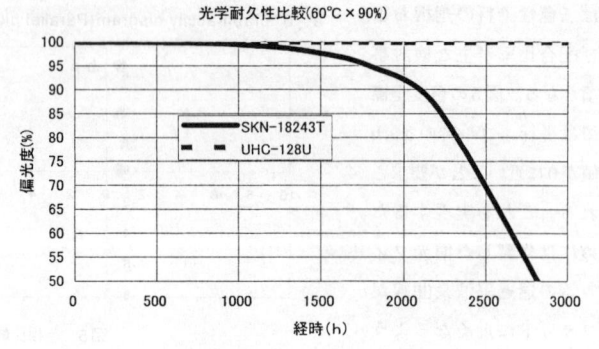

図6 染料系偏光板とヨウ素系偏光板の耐久性比較

4.3.2 実装耐久性能

冒頭でも述べたように偏光フィルムは親水性の高いPVAを一軸延伸したものであるため,水分の出入りによって寸法変化が発生する。これを抑えるためにはPVAを固定化し,寸法変化そのものを抑制する方法,水分が出入りしないようにする方法が考えられる。

寸法収縮を小さくするためにはPVAの延伸応力を低減する必要がある。一般的にフィルムの延伸応力を緩和するためにはアニール処理を行うが,偏光フィルムの場合,強度のアニール処理

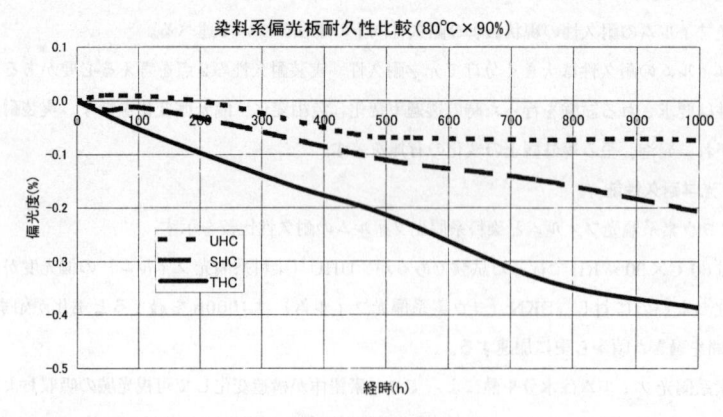

図7 染料系偏光板耐久性比較

第3章　染料系偏光フィルム

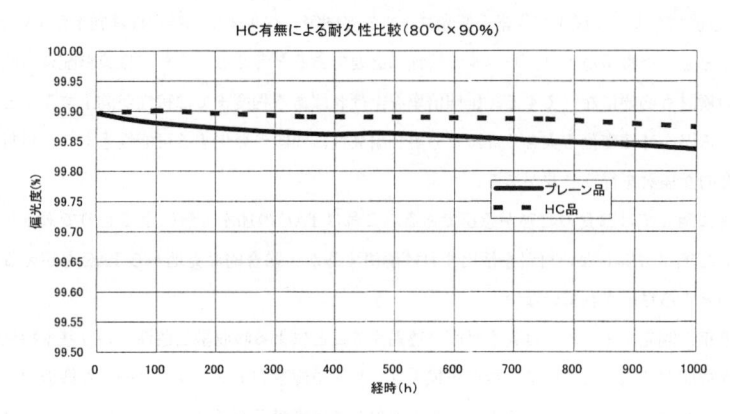

図8　表面処理の有無による耐久性比較

は，偏光度の低下や透過率の変化を起こす。そのため，延伸時の薬液配合や乾燥条件などの検討による改良が一般的である。

PVAの水分の出入りを少なくする方法としては支持体の透湿性を下げる方法がある。例えば支持体として使用されているTACにハードコート処理や低反射処理を行うと，透湿性は半分以下に抑えられる。こういった処理は特に耐湿熱性条件下での寸法変化抑制に効果的である（図8）。

寸法変化が主因で発生する偏光フィルムの剥がれ，粘着層の発泡を抑えるためには粘着剤の開発も重要となる。従来，この剥がれ，発泡を抑えるためには偏光板が寸法変化しないように抑えこむような粘着剤を開発してきた。

しかし，粘着力により過度に寸法変化を抑えると，コントラストの極めて高いTFT用途において白ムラ，額縁ムラと呼ばれるような光学的なムラが発生する。

現在ではこれらのムラを抑えると同時に剥がれ，発泡の無い粘着剤を開発し使用している。

その他染料系偏光フィルムでのみ問題となる腐食と呼ばれる劣化がある。これはTACが加水分解し，酢酸を発生しながら偏光フィルムが破壊される変化である。ヨウ素系偏光フィルムでは要求される耐久性が高くないために腐食は発生しないが，染料系偏光板では80℃×90％RHといった厳しい条件を保証する必要があり，腐食抑制は常に考慮を要する課題である。

5　染料系偏光フィルムにおける今後の開発方向

染料系偏光フィルムはヨウ素系偏光フィルムと比較して暗くなってしまうという欠点がある。

4.1項でも述べたように民生ヨウ素系偏光フィルムと同等レベルまで光学特性は向上しているが、

少なくともヨウ素系ハイコンレベルの特性は必要であると考える。これには染料配合の他に延伸条件の検討も必要になってくる。延伸倍率を上げればある程度までは特性が向上することがわかっているが、寸法変化も大きくなるため実装耐久性に問題が発生する可能性もあり、材料を含めた総合的な検討を行う必要がある。

耐久性に関しては腐食の改善が急務である。これはTACの加水分解によるものであるため支持体として加水分解しない材料を使用すれば解決するが、総合的な見地からTACを超える材料は現在のところ見出されていない。

また近年、偏光フィルムには光を吸収、透過することによる吸収型二色性という基本特性の他に様々な機能が要求されている。視野角拡大フィルムや輝度向上フィルムといった機能性光学フィルムがそれにあたるが、これらのフィルムの耐久性は染料系偏光フィルムと併用するには不充分であり、材料メーカーの改善にも期待する。

6 おわりに

染料系偏光フィルムというと「暗い」というイメージがあるが、この「暗い」というイメージを払拭すると共に、高い耐久性、柔軟な色相調整範囲等染料系偏光フィルムの特長も生かし、今までに無い新製品を開発していきたい。

第4章　偏光子フィルム（PVAフィルム）

磯﨑孝徳*

1　はじめに

　光の透過および遮蔽機能を有する偏光板は，光のスイッチング機能を有する液晶とともに，液晶ディスプレイ（LCD）の基本的な構成要素である（図1）。このLCDの適用分野は，開発初期の頃の電卓および腕時計などの小型機器から，近年では，パソコンモニター，液晶プロジェクター，車載用ナビゲーションシステム，液晶テレビなどへと広範囲の広がりをみせている。なかでも特に今後は大型液晶テレビの市場が有望視されている。このようなLCDの適用分野の広がりに伴い，従来品以上に性能が高く，均質で品質が高く，低コストな偏光板が求められている。

　当社は，1952年から偏光板用のPVAフィルム（光学用「クラレビニロンフィルム」）を上市し，現在では31百万m^2の生産能力を有している。

　当社の光学用ビニロンフィルムはパソコンや携帯情報端末，各種電化製品の液晶ディスプレイ中の偏光フィルムの素材として世界中で使われており，当社のシェアはほぼ100％である

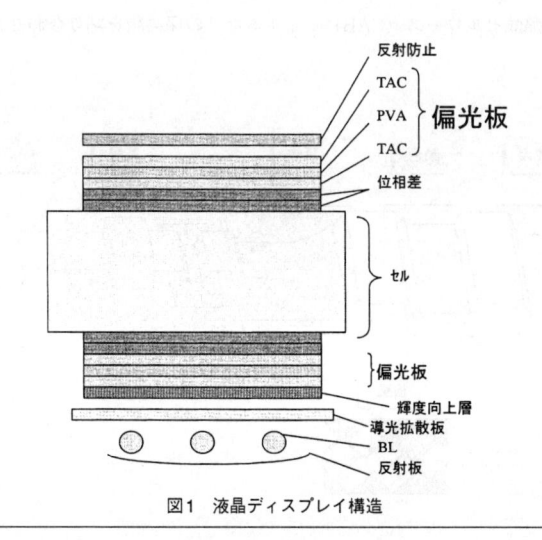

図1　液晶ディスプレイ構造

＊　Takanori Isozaki　㈱クラレ　ポバールカンパニー　倉敷事業所　研究開発部　研究員

光学用PVAフィルムの特徴

1. 高い可視光線透過率
2. 延伸に十分に耐える強度
3. 配向軸が良く揃い、高い配向が可能
4. 水酸基をもっており、染色性が良好
5. TACとの張り合わせが容易
6. 帯電性が低く、電子材料に最適

図2　光学用クラレビニロンフィルムの特徴

(2002年の当社推計)。ここでは，当社の製品の特徴（図2）について述べる。

2　偏光板の構成

偏光板は，一般にPVAフィルムを一軸延伸して染色するか，または染色して一軸延伸した後，ホウ素化合物で固定処理を行うことにより得られた偏光フィルムに，三酢酸セルロース（TAC）フィルムや酢酸・酪酸セルロース（CAB）フィルムなどの保護膜を貼り合わせた構成となっている（図3）。

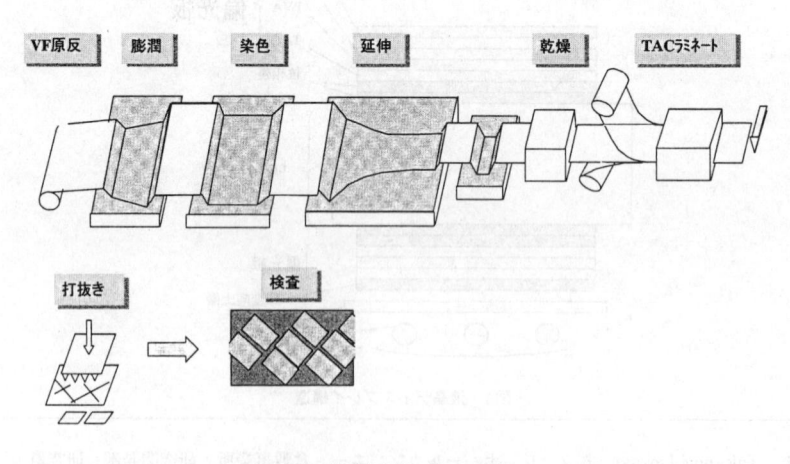

図3　偏光板製造プロセス例

第4章　偏光子フィルム（PVAフィルム）

　PVAフィルムを一軸延伸することにより，PVA分子に吸着する二色性染料を配向させ，一定方向の光（直線偏光）だけ透過する偏光板が得られる（図4）。

　偏光板の二色性染料としては，偏光性能が良好であるため一般にヨウ素が用いられている。PVAとヨウ素は錯体を形成するものと考えられており，いくつかの錯体モデル[1,2]が提案されている（図5）。PVAとヨウ素はホウ酸架橋により安定錯体を形成し，可視光領域で偏光特性を

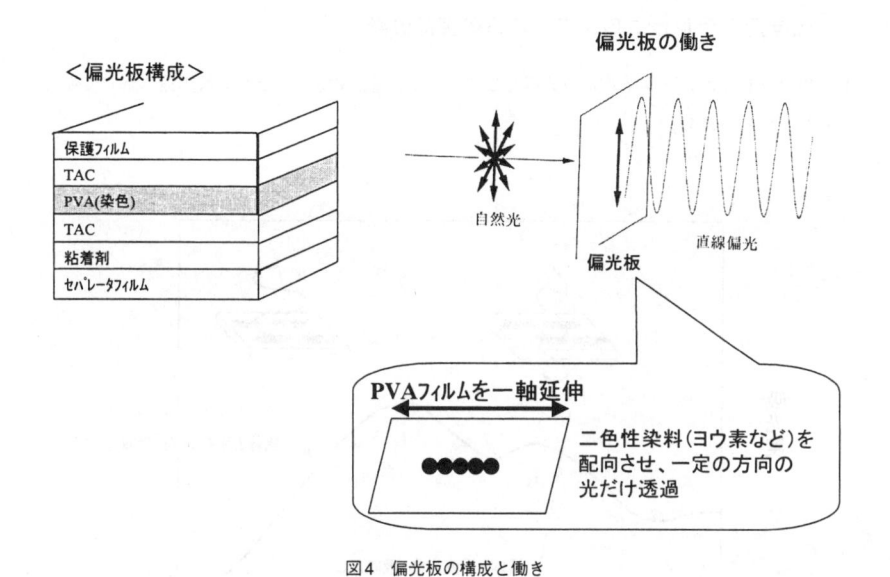

図4　偏光板の構成と働き

図5　PVA-ヨウ素錯体モデル

発現するが，PVA構造が錯体形成性（安定性など）に大きく関与するものと考えられている。なお，ヨウ素の連鎖長に応じて吸収する光の波長が異なり，600nm付近の吸収がI_5^-錯体，500nm付近の吸収がI_3^-錯体によるものと考えられており，それらの錯体生成量のバランスを制御することにより全可視光線領域で偏光性能をコントロールしている（図6）。

3 光学用クラレビニロンフィルムの製品分類

光学用クラレビニロンフィルムの銘柄としては主に2種類があり，それぞれ用途に応じて使い分けられている（表1）。

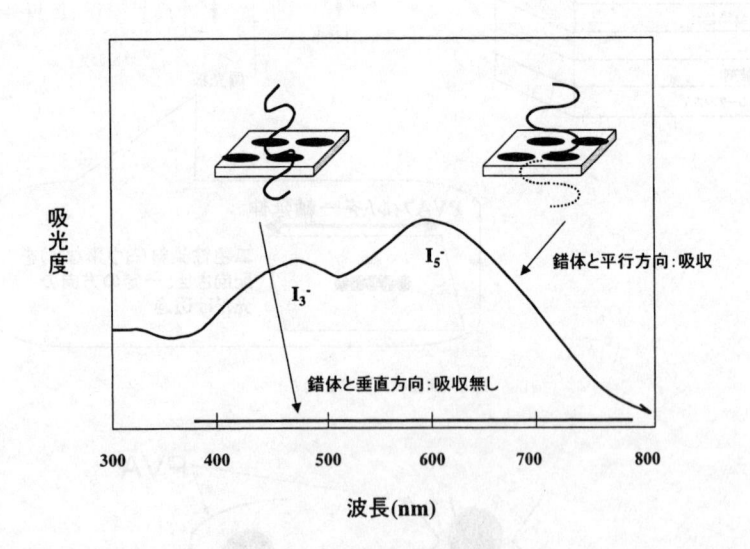

図6 ヨウ素錯体の光吸収

表1 光学用ビニロンフィルムと用途

VF-P (汎用タイプ)	TN (ヨウ素，染料)	時計，電卓，計測器，他
VF-PS (高性能タイプ)	STN (ヨウ素，染料)	ドット表示，ゲーム，携帯電話，等
	TFT一般 (ヨウ素)	PDA，ノートPC
	TFT高品位 (ヨウ素)	モニター，TV，ビデオ等

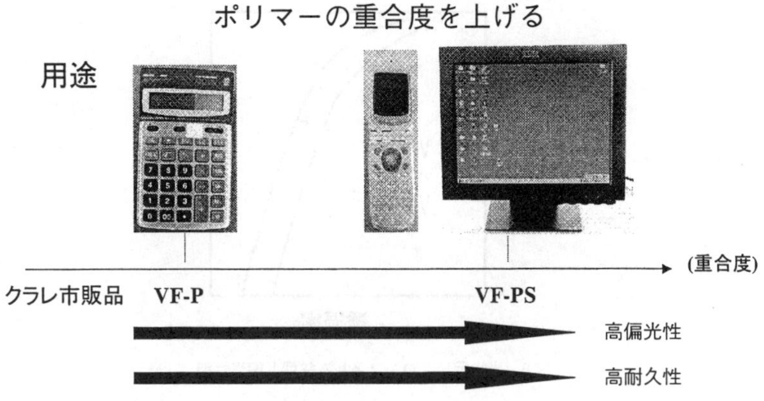

第4章 偏光子フィルム（PVAフィルム）

ポリマーの重合度を上げる

用途

```
クラレ市販品    VF-P                    VF-PS        (重合度)
                ────────►     ◄────────              高偏光性
                ────────►     ◄────────              高耐久性
```

図7　PVA重合度と性能の関係

　光学用クラレビニロンフィルムの各銘柄のPVA構造の特徴としては重合度が主に異なっている。重合度が上がるに従い分子間の絡まり合いが増加し，一軸延伸した際の配向性が向上しやすい（偏光性向上）。また，錯体が動きにくくなるため，熱や水分などの影響を受けにくい（耐久性向上）（図7）。

4　光学用クラレビニロンフィルムの特性

4.1　偏光性能
　光学用クラレビニロンフィルムで偏光フィルムを作製した際の偏光性能の一例を示す。PVAフィルム銘柄を変えることにより偏光性能が著しく向上していることが分かる（図8）。

4.2　耐久性能
　光学用クラレビニロンフィルムで作製した偏光フィルム（素膜）の耐久性能の一例を示す。光学用クラレビニロンフィルムの銘柄を変えることにより耐久性能が著しく向上していることが分かる（図9）。

4.3　延伸条件と偏光性能の関係
　偏光フィルムは一般的に延伸倍率が高いほど偏光性能が高い。しかしながら，高偏光性能を発現するためには，PVAフィルムの物性に応じて，延伸温度等を適切に設定する必要がある。

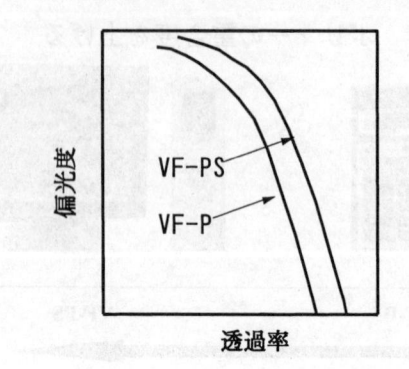

図8 光学用ビニロンフィルム銘柄と偏光性能

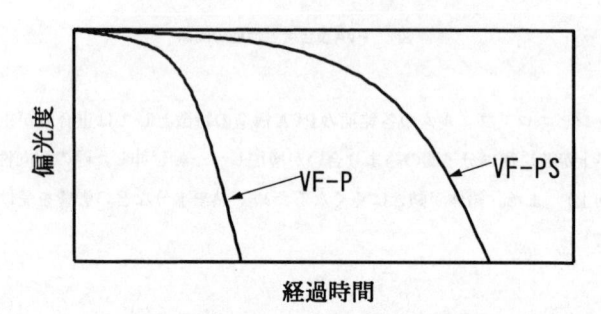

図9 光学用ビニロンフィルム銘柄と耐久性能

延伸温度と延伸倍率（図10），および延伸温度と偏光性能の関係（図11）の一例を示す。延伸温度を上げると延伸倍率は上がる（図10）が，偏光性能は必ずしも上がっていない（図11）。偏光性能の向上には一軸延伸の延伸倍率を上げることが重要ではあるが，光学用クラレビニロンフィルムの銘柄に応じた適切な延伸条件で延伸操作を行うことが高偏光性能の発現には重要と考えられる。

5 ビニロンフィルムの物性

VF-PS銘柄の一般物性を表2に示す。ただし，要求に応じて物性や厚み等の変更は可能である。なお，長さ，幅，厚さなどのフィルムサイズについては，LCDのマザーガラスサイズの拡大（第7世代～）に順次対応予定である。

第4章 偏光子フィルム（PVAフィルム）

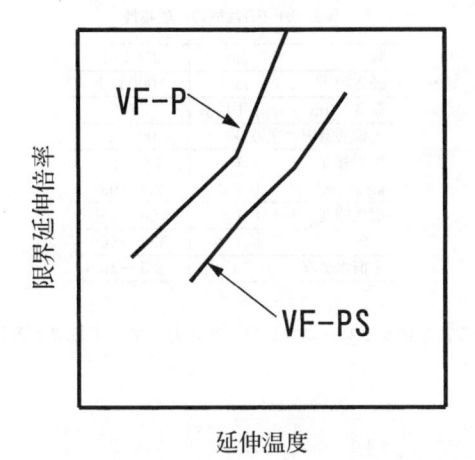

図10 延伸温度と延伸倍率の関係

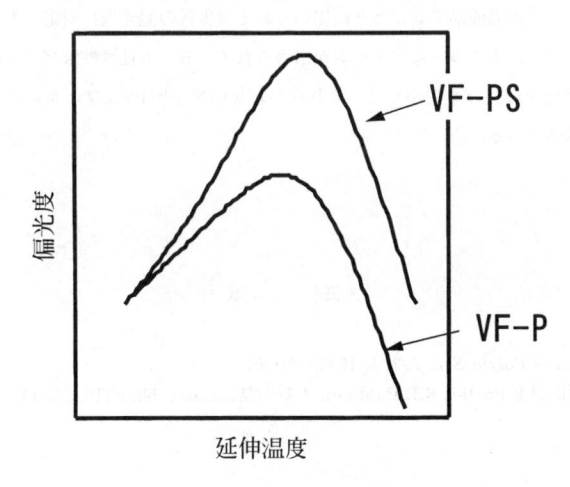

図11 延伸温度と偏光性能の関係

6 開発動向

　大画面液晶テレビの普及が始まり，偏光板として（1）寸法安定性（端部収縮の低減），（2）高偏光性能（高コントラスト），（3）低コスト化（広幅／長尺）などが要求されている。偏光板の

表2 VF-PS銘柄の一般物性

幅	cm	250以上
長さ	m	1000以上
厚さ μm	平均値	75
光線透過率（全波長）%		90以上
引張強度	タテ	7.0～9.0
kg／cm²	ヨコ	7.0～9.0
引張伸度	タテ	360～480
%	ヨコ	380～500
平衡水分率	%	9.5～10.5

原料として用いられる光学用クラレビニロンフィルムとして，当社でも各課題に応じた対応を進めている。

7 おわりに

当社の偏光フィルム用ポリビニルアルコールフィルムの紹介と今後の開発方針について述べた。これからは，大画面液晶テレビなどに用いられる次世代の偏光板に対応した，様々な要求物性を満たすポリビニルアルコールフィルムが求められている。当社は酢酸ビニル原料からフィルム製膜まで一貫製造の強みを生かして，それらの新しい光学用PVAフィルムニーズに応えるべく研究開発を進めている。

文　　献

1) M.M.Zwick, *J.Polym.Sci.*, **A-1**, 4, 1642（1966）
2) R.E.Rundle, J.F.Foster, R.R.Baldwin, *J.Am.Chem.Soc.*, 66, 2116（1944）

第3編　光学補償・位相差フィルム

第1章　広帯域位相差フィルム
―― λ/4波長板「ピュアエース®WR」の開発 ――

内山昭彦*1，谷田部俊明*2

1 はじめに

　FPDの中核の座を確保し，いまやCRTの代替までを視野に入れたLCDの発展は，LCDの表示モードの改良と表示に関与する光学フィルムの発展につれて拡大してきたといえる。TNモードによる小型モノクロセグメント表示から開始されたLCDの発展は，STNモードによる高Duty，高精細な大型カラーLCDへと発展し，今やLTpS-TFTを用いたフルカラーの高容量，高精細の表示にまで到達した。さらに，40インチ級のTV用途の試作がaSi-TFTによって実現され，40インチ以上のサイズを実現したPDPの牙城に迫るまでに至っている。
　LCDは，ごく初期の動的散乱モードを除けば全ての表示方式で偏光を用いた表示が利用されており偏光板が必ず使用されている。また，表示モードに応じた形で表示品位を向上させる目的で各種の光学フィルムが開発され利用されている。ここでは，LCDに従来利用されてきた各種の光学フィルムの概説と，複屈折の波長分散が従来の高分子フィルムとは全く逆の特性を有するピュアエース®WRの特性について説明する。

2 従来の光学フィルム[1,2)]

　LCDには光学フィルムとして2枚の偏光板がクロスニコルの形で用いられている。LCDはスイッチングによってクロスニコルに配置された偏光板の直線偏光の透過と遮断を制御することによって表示する機能を有している。偏光板以外の光学フィルムがLCDに用いられたのはSTNモードの出現によってである。LCDが楕円偏光を生じさせるSTNは必然的にON/OFF状態で色がつくという問題を有している。この色を消色させて黒と白を表示させるために，初期にはダブルセル方式と言う同じ構成のSTNセルを重ねる位相差補償方式が用いられたが，同様の補償を簡便に1枚の高分子フィルムで実現する方式が主流となった。STN-LCDで生ずる光の位相差を補

---

*1 Akihiko Uchiyama　帝人㈱　新事業開発グループ　エレクトロニクス材料研究所
　　　　　　　　　　グループリーダー

*2 Toshiaki Yatabe　帝人㈱　新事業開発グループ　エレクトロニクス材料研究所　所長

償するために，一軸延伸された光学的に一軸異方性を有するポリカーボネートフィルムからなる光学フィルムが用いられた。ポリカーボネートの持つ屈折率の波長分散がSTNに用いられる液晶の波長分散に近似していたこともポリカーボネートが用いられた理由のひとつである。LCDに用いられる光学フィルムが今でも位相差フィルムとか光学補償フィルムと呼ばれる所以は，最初に用いられた形態がLCDによる光の位相差のずれによって生ずる楕円偏光を光学フィルムの逆位相差によって補償し，直線偏光に変換することにより，LCDの着色を解消するという位相差補償の目的で使用されたからである。その後，光学フィルムは高分子フィルムの3次元の屈折率を制御することによって種々の光学異方フィルムとしてLCDに利用されてきた。また特殊な光学異方性を有する分子を高分子フィルム上に配向塗布することによって厚さ方向の屈折率を制御した特殊なフィルムもTFT-TNの視野角拡大用途に用いられるようになっている[4,5]。このようにLCD用の光学フィルムは，STN-LCDの色補償に始まってSTN以外のLCDの視野角拡大やコントラスト向上に種々の工夫とともにその適用が拡大されてきた。

3　ピュアエース®WRの開発

前述したようにLCDには様々な光学フィルムが使用されてその発展を支えてきた。反射型の白黒表示のTNから発展したLCDも大型の高精細なカラー表示が実現されるに及んで，大型では透過型カラーLCD，モバイルでは半透過反射型や反射型のカラーLCDが実用化されてきていた。特に反射型LCDはLCD本来の優位性である低消費電力が期待されモバイル機器への適用が期待されていた。しかるに従来のクロスニコル偏光板を用いる表示モードでは，反射型カラーLCDに十分なコントラストを有する光の有効利用が困難であり，1枚偏光板方式の表示モードが提案されていた[3]。このLCDはLCDの前面にλ/4波長板と偏光板を組み合わせた広帯域の円偏光板が利用され，LCDセル内の特殊な散乱反射層とともに反射モードながら従来対比で大幅に改善されたコントラストを実現できるものであった。

図1に1枚偏光板方式反射LCDの白黒表示原理を示す。

我々は，この反射モードで使用される広帯域の円偏光板に着目した。LCD本来の低消費電力が実現され，明るいところでなら補助光源無しでLCDの表示を確認することができる夢のディスプレイの必須部材であると確信したからである。当時の反射型ディスプレイの広帯域円偏光板には，広帯域性を確保するためにポリカーボネートやシクロオレフィンポリマーフィルムからなるλ/2波長板とλ/4波長板を特定の角度で偏光板に貼り合わせた2枚の異なった波長板の積層フィルムから作製されていた。また，複屈折波長分散の異なる2枚の高分子フィルムの積層体でもその広帯域性の実現が確認されていた。

第1章　広帯域位相差フィルム

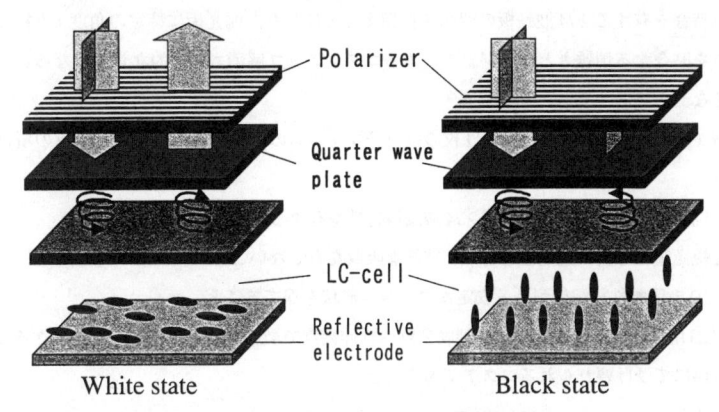

図1　1枚偏光板方式反射LCDの白黒表示原理

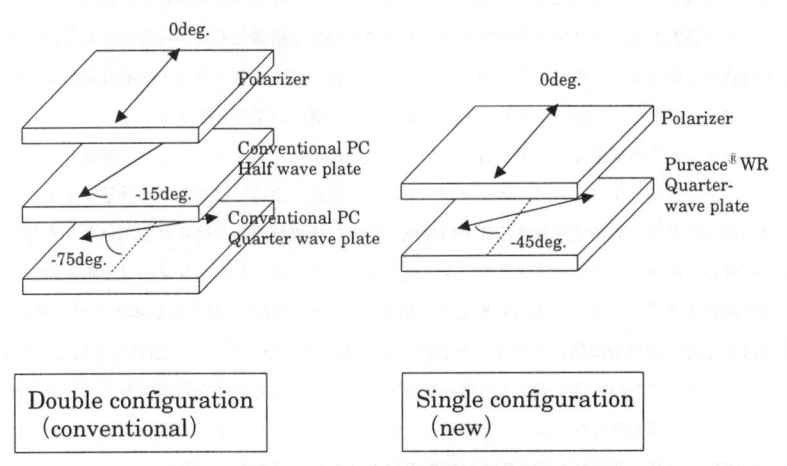

図2　2層貼合方式と1層貼合方式円偏光板の構成の違い

　図2に2層貼合広帯域円偏光板と1層貼合広帯域円偏光板の構造例を示す。
　一般に，ポリマーフィルムは光の波長が短波長になるほど屈折率は大きくなり，複屈折も同じ依存性を示すと考えられていた。広帯域のλ/4波長板は光の波長が長波長になるほど位相差が大きくなる特性が要求される。このために，従来の物理光学の知見であったλ/2波長板とλ/4波長板を特定の角度で偏光板に貼り合わせた円偏光板がLCD用途に新規開発され，広帯域円偏光板として応用された訳である。しかし，反射型カラーLCDの用途はモバイル機器であり，より薄く軽いLCDが求められているため，我々は1枚の高分子フィルムで従来の波長分散と全く逆の

95

ディスプレイ用光学フィルム

波長分散特性を有する λ/4 波長板の開発を目指すことにした。偏光板に特定の角度で2枚の光学フィルムを貼合する煩雑さと，材料ロスによるコストアップ解消も付帯的な効果となることも開発の大きな支えであった。

広帯域 λ/4 波長板の特性を有する1枚の高分子フィルムの開発目標としては，以下の項目が挙げられる。

① 可視光領域で理想的な広帯域 λ/4 波長板特性を有すること
② 可視光領域で高い透明性を有し，特異な吸収を有しないこと
③ LCDの信頼性試験に耐える安定なフィルム形状を保てること
④ LCD用途光学フィルムの既存製膜装置や延伸装置で製膜と位相差特性制御ができること
⑤ 市場にて受け要れられるコストであること

などである。

これらの目標をクリアすることを目標にしてピュアエース®WRの開発は開始された。高分子フィルムの光学異方性は，ポリマーの材料となるモノマーの分子構造とそれから形成されるポリマーの分子構造およびポリマー構造にその源を発している。我々は，保有する分子機能発現のためのコアテクノロジーを生かして逆波長分散を実現するポリマー構造の探索を粘り強く行った。

高分子フィルムを形成するモノマー分子や分子構造の最適化シミュレーションを繰返した。また半合成高分子であるセルロースアセテートが，その分子構造によっては通常の高分子フィルムとは正反対の複屈折波長分散特性を有することの発見，および機構解明から得られた知見などを基本に探索を継続し，新規なモノマー合成と重合を繰返し実施した。得られたポリマーフィルムの波長分散特性を測定することにより，ある特殊な分子構造とポリマー構造を有する基本ポリマー骨格が，従来とは全く逆の波長分散特性を示すことが確認できるに至った。これらの知見を元に，前記①，②，③，④，そして⑤の特性を満足させ得る高分子フィルムとして特殊な新規共重合ポリカーボネートフィルムが最適な特性を示すことが確認できた。このようにして通常の高分子フィルムとは全く逆の複屈折の波長分散特性を示す新規材料を実現させることができた[6~8]。

図3に分子設計により作製可能なフィルム，ピュアエース®WRと通常のポリカーボネートフィルム（一般PC）の波長分散特性を示す。

図3に示すように，分子設計された高分子構造からなる高分子フィルムを1枚だけ使用することによって，世界で初めて複屈折の波長分散特性が逆分散を示す高分子フィルム材料が誕生した。また，ポリマーの分子構造を制御することによって，その波長分散特性を自由に広い範囲で制御できることも図3に示したとおりである。我々はこのフィルムをWide-band Retardation Filmsと呼ぶこととし，その頭文字からWRFという一般呼称を提案しディスプレイの国際学会であるIDWやSID等においてその成果を発表してきた。ピュアエース®WRは目的とした広帯域の円偏

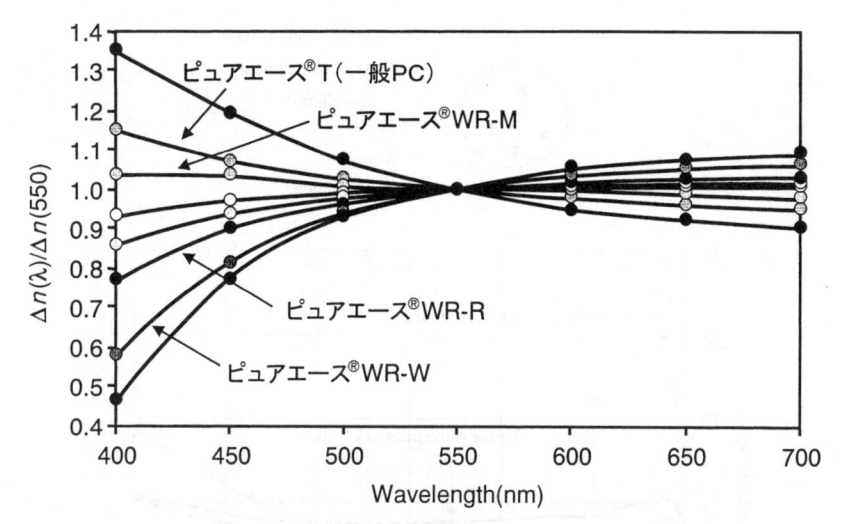

図3 ピュアエース®WRを含む各種高分子フィルムの波長分散

光板材料として反射型LCD，半透過反射型LCDに着実に採用されて市場は拡大している。また，フルカラーOLEDのコントラスト向上のための反射防止円偏光板としても採用されている。このように一般的なLCD表示体のみならず，OLED,プロジェクターのPCS用の$\lambda/2$波長板やCCDのローパスフィルターなどへの新規な応用がその広帯域性を利点として積極的に検討されている。ピュアエース®WRは基本ポリマー骨格がポリカーボネート構造であるために基本的にガラス転移温度が高いことが特徴であり，信頼性に優れている。外部応力による光学ひずみの受けやすさを示す光学弾性係数も通常のポリカーボネートの半分程度に低減されている。また，複屈折の波長分散制御が自由にできることを利点とし，前述した中小型のLCDのみならず，今後大きな市場になることが期待されているCRT代替を目指す薄型LCD-TV用途の大型VA-LCDのA-plateやC-plate等の光学補償フィルムへの応用が検討されている。現在，これらの製品は$\lambda/2$波長板と$\lambda/4$波長板の特性を有するWRFとして帝人化成㈱TF事業部からピュアエース®WRと言う商品名で販売されている。

4 ピュアエース®WRの特性

4.1 反射特性

広帯域円偏光板としての特性を比較するために，ピュアエース®WRとポリカーボネート1枚

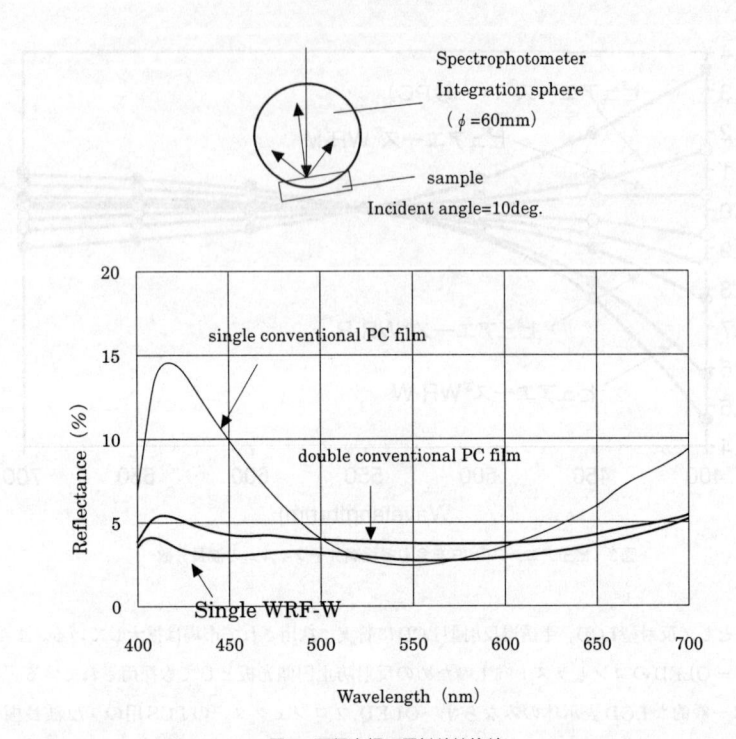

図4 円偏光板の反射特性比較

構成（λ/4波長板）と2枚構成（λ/2波長板とλ/4波長板）からなる円偏光板を，Alの反射板に貼り合わしして反射率を5度正反射の積分球測定で測定した結果を，図4に示す。ピュアエース®WRが最も低い広帯域な反射防止特性を有する円偏光板であることがわかる。

4.2 反射光の角度依存性

図5に2枚構成ポリカーボネート円偏光板の反射率の角度依存性の測定システムを，図6に構成とシミュレーション結果を示す。また，図7にシミュレーションと実測の対応を示す。シミュレーション結果も測定結果も，ピュアエース®WRの反射率が2枚構成円偏光板より低く抑えられていることを示していることがわかる。これは2枚構成では斜め入射光に対する光学軸のずれが1枚構成よりも大きいことに起因していると考えられる。

第1章 広帯域位相差フィルム

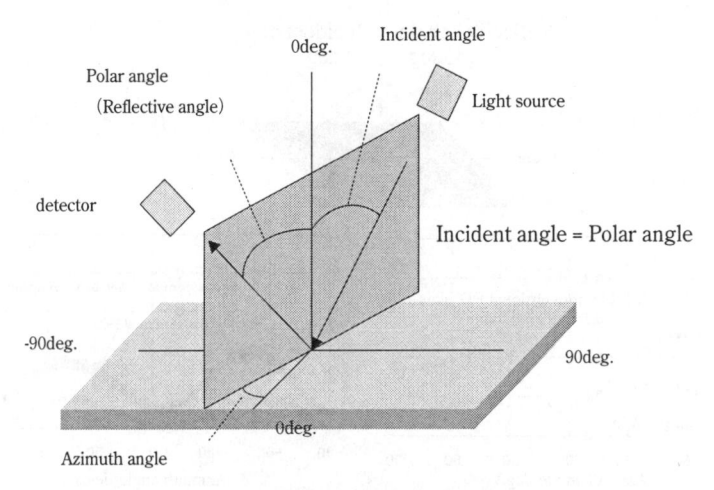

図5 円偏光板の視覚特性評価用光学系

3D refractive index of retardation films

$n_x > n_y = n_z$

Single WRF-W

Double PC

Double a-polyolefin

図6 円偏光板反射視野角特性のシミュレーション結果

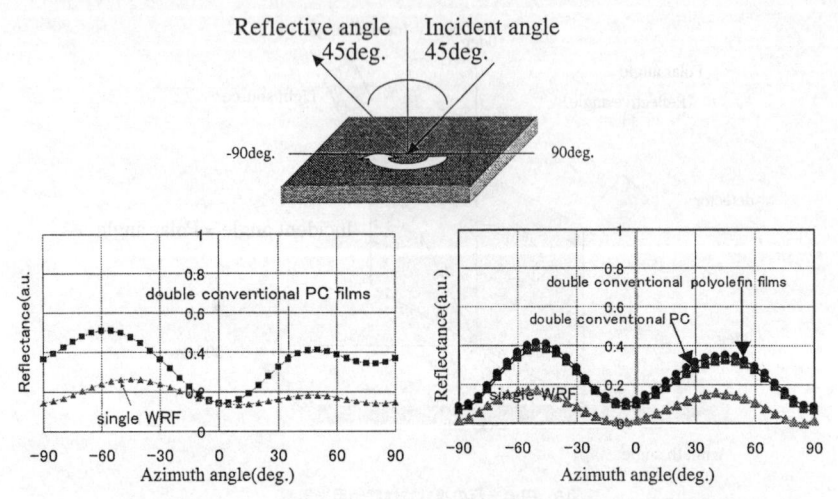

図7 円偏光板反射視野角特性の実測(左)とシミュレーション(右)の対応

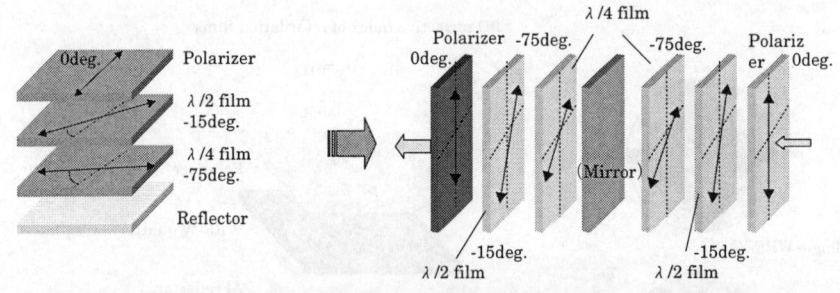

図8 2枚構成広帯域λ/4板の反射特性評価用構成図

4.3 2枚構成円偏光板における逆分散の効果について

ピュアエース®WRは1枚でも十分な広帯域性を有しているが,さらなる広帯域性が求められた場合を想定して,2枚構成での広帯域性を検討した。反射測定での表面反射の影響を削除するために,図8のような鏡で折り返した構成を使用して透過にて反射特性を評価することにした。図9に測定結果を示す。いずれの場合も2枚構成のシクロオレフィン(a-polyolefin)円偏光板より2枚構成のピュアエース®WR-Rの反射率が全ての波長領域で低い反射率を示す優れた広帯域円偏光板であることがわかる。

第1章 広帯域位相差フィルム

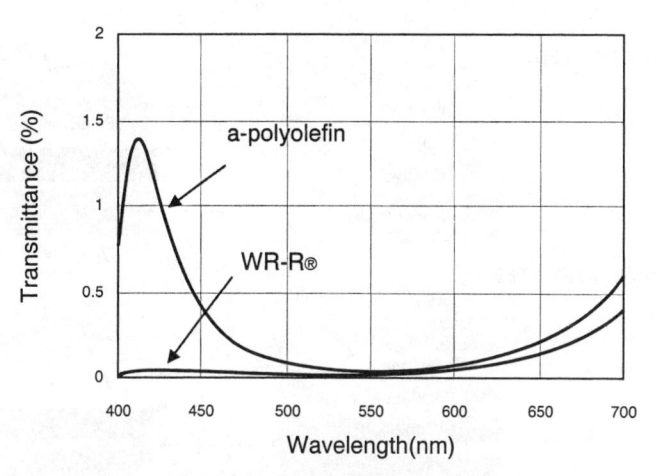

図9 2枚構成広帯域λ/4板の測定結果

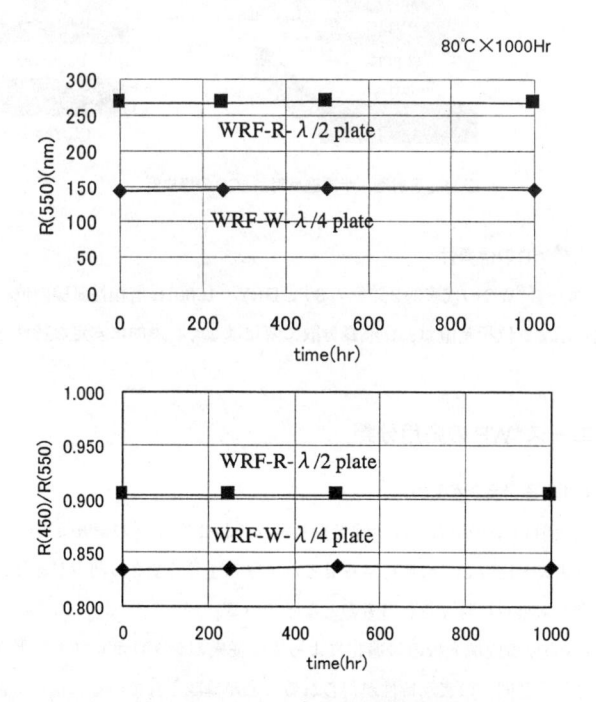

図10 ピュアエース®WRの耐熱試験結果

(1) 反射型TFT（TFD）

Polarizer
λ/2 plate
λ/4 plate
LC cell

Polarizer
LC cell

厚み減少:20～80μm

(2) 半透過反射型TFT（TFD）

Polarizer
λ/2 plate
λ/4 plate
LC cell
λ/4 plate
λ/2 plate
Polarizer

Polarizer
LC cell
Polarizer

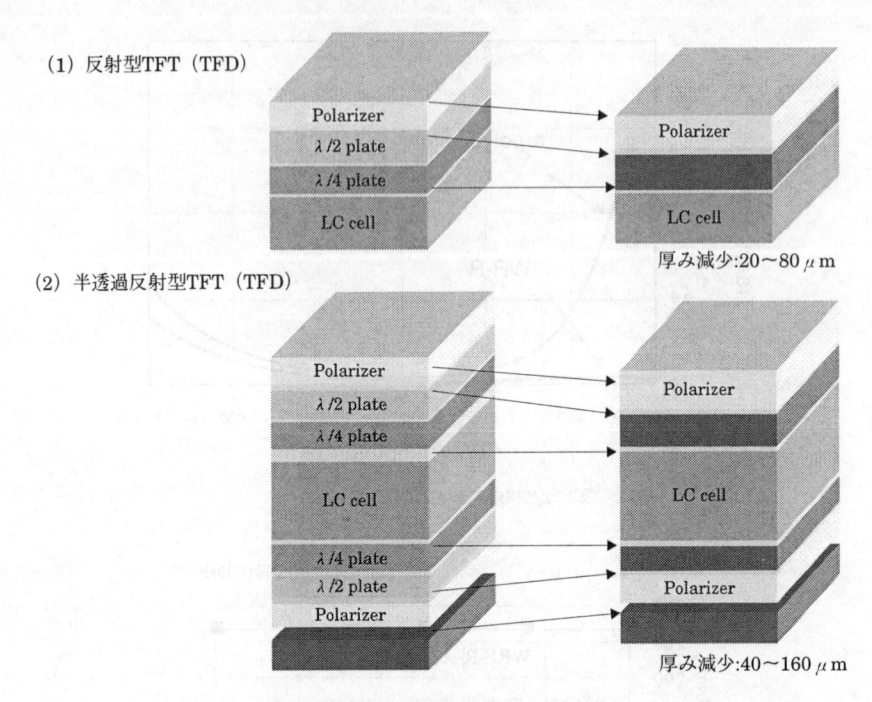

厚み減少:40～160μm

図11 反射型，半透過反射型LCDの構成例

4.4 ピュアエース®WRの信頼性

図10にピュアエース®WRの代表的2銘柄の80℃DRY 1000Hr信頼性試験の位相差値および波長分散の変化を示す。位相差値および波長分散に変化はなく，熱的に安定な特性を有していることが示される。

5 ピュアエース®WRの応用分野

5.1 反射型および半透過反射型LCD

反射型，半透過反射LCDの場合には，偏光板と組み合わせて図11の構成で用いられる。図11に示すように2枚構成と比較して層数を減らせるため厚みを薄くできる利点があり，昨今のモバイル機器の薄型化への要求に答えられるものとなっている。

また，LCDに適合する円偏光板の最適化によって，従来のシクロオレフィンポリマーフィルムの2枚構成とほとんど同一の表示特性が得られることが確認されている。さらに先述したように視野角特性においては1枚構成のほうが優れている場合がある。昨今の携帯電話にも視野角が

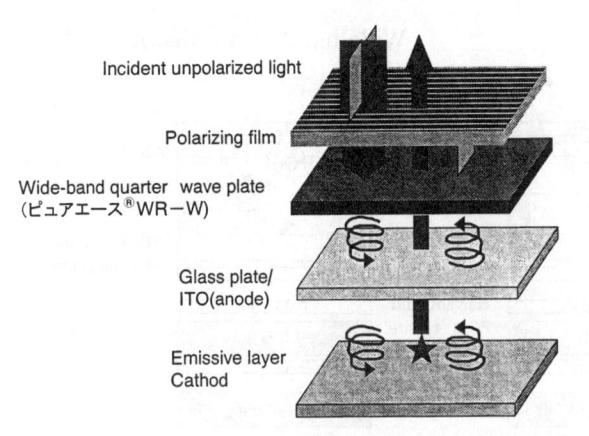

第1章　広帯域位相差フィルム

図12　OLEDへのピュアエース®WR応用例

強く要求されるケースが増えており，VAモードLCDのモバイル用途への拡大につれて本構成は注目を集めている。

5.2 OLED

OLEDは発光ディスプレイであるために明るい場所でのコントラストを確保するためにフルカラーOLEDの前面に反射防止の目的で広帯域の円偏光板が使用される。モノクロOLEDの場合には発光波長に適合した円偏光板が用いられる。図12にピュアエース®WRの構成例を示す。この反射防止原理は反射型LCDの黒表示の場合とほとんど同一である。OLEDの薄葉デバイスである特徴を生かしたままコントラストの確保が可能となっている。

5.3 タッチパネル

タッチパネルには単純な反射防止の円偏光板と広帯域λ/4波長板に透明導電膜を直接形成する二通りの応用が考えられる。従来のLCDの上に載せる偏光板外のタッチパネル構成よりも偏光板内（インナタッチパネル構成と言われる）タイプは視認性とコントラストの点で優れている。図13にタッチパネルへの応用例を示す。

5.4 パソコンモニターおよび大型TV用途VA-LCD

今まで述べてきたように従来のピュアエース®WRの用途は，ほとんどの応用分野がモバイル用途の中小型LCDが中心であり，高精細化やいっそうの色再現性の実現とともに小型軽量化が大きな使命であった。大型用途ではLCDは，現時点で20インチサイズ位までがパソコンモニタ

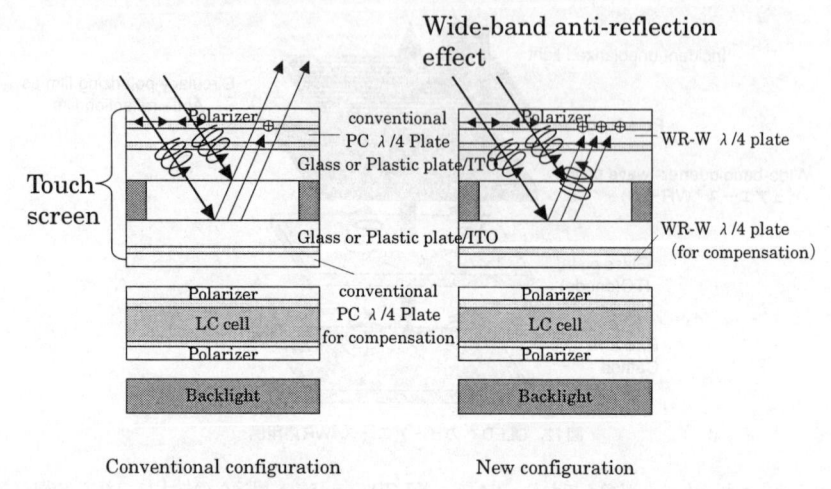

図13 ピュアエース®WRのタッチパネルへの応用

　一の主流を占めている。パソコンモニターサイズ位まででは TFT-TN モードに視野角拡大フィルムを付与する方法が主流であったが，CRT代替を目指す LCD-TV 用途では 50 インチ級のサイズまでが試作されており，この分野で既に先行する PDP の大型化と表示特性を凌駕していく必要がある。LCD-TV 用途においては動画対応特性，視野角特性，色再現性や輝度やコントラストなどが，パソコン用途よりもより厳しく要求されるために，LCD の表示モードの変更が行われている。VA (Vertical Alignment) モードや IPS (In-Plain Switching) モードが LCD-TV の主力となろうとしており，それぞれの方式に適合する新しい光学フィルムの開発が進められている。

　大型 LCD には上記に述べた観点から従来の TFT-TN モードの LCD から TFT-VA モードや IPS モードと言われる LCD が用いられようとしている。TFT-VA モードにも光学補償の方法に種々の方法が考えられているが，光学的一軸異方性を有する高分子フィルムを用いる A-plate と二軸延伸されて3次元屈折率を制御した Negative-C-plate を用いる方法が一般的である。液晶分子が垂直配向する VA モードでは黒の色とカラーシフトの抑制を光学フィルムに負うためアンパン型形状の屈折率楕円体 (Negative-C-plate) を有する補償フィルムが必須である。また，A-plate は高視野角領域でのカラーシフトの抑制のために用いられる。

　IPS モードにおいては，偏光板のクロスニコル配置における軸角度の視野角によるズレを補償する目的で3次元屈折率を制御した Positive-C-plate が用いられようとしている。IPS モードは液晶分子が面内配向しているために光学補償フィルムはラグビーボールを立てた形状を持つ屈折率楕円体 (Positive-C-plate) を有する補償フィルムが用いられる。Positive-C-plate は Z 板と呼ばれる

第1章　広帯域位相差フィルム

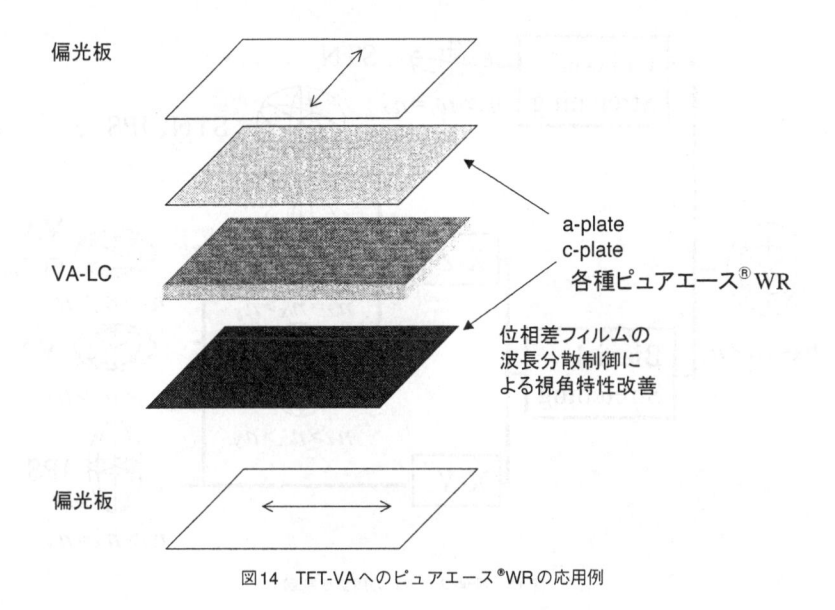

図中ラベル：
偏光板
VA-LC
a-plate
c-plate
各種ピュアエース®WR
位相差フィルムの波長分散制御による視角特性改善
偏光板

図14　TFT-VAへのピュアエース®WRの応用例

場合もあるが，$n_z > n_x = n_y$ や $n_x > n_z > n_y$ という屈折率の相関を持つ厚み方向の屈折率を制御した光学補償フィルムである。

パソコンのモニター用途よりも輝度と色再現性がより厳しく求められるLCD-TV用途においては，大画面におけるフィルムの特性均一性とともに精密に制御された3次元屈折率特性と波長分散特性が求められている。ピュアエース®WRは波長分散制御と3次元屈折率制御を同時に制御可能であるので，その特徴を活かしたA-plateやC-plateのTFT-VAモードへの応用が検討されている。

図14にTFT-VAへのピュアエース®WRの応用構成を示すとともに光学フィルムの3次元屈折率の制御された屈折率楕円体の模式図を種々の応用対象とともに図15に示す。

5.5　その他の応用

ピュアエース®WRの今までにない特性の優位性を生かした応用展開が各所で検討されている。プロジェクターのPCS（偏光変換素子）用途，CCDのモアレ解消用途や光学ピックアップなどである。ピュアエース®WRの潜在的なポテンシャルを引き出した種々の応用展開は，その有用性を生かした実用化を目指して開始されたばかりである。表1には現在応用されている各種の光学フィルムの3次元屈折率の相関を示す。ここでは，フィルムの流れ方向の屈折率を n_x，幅方向

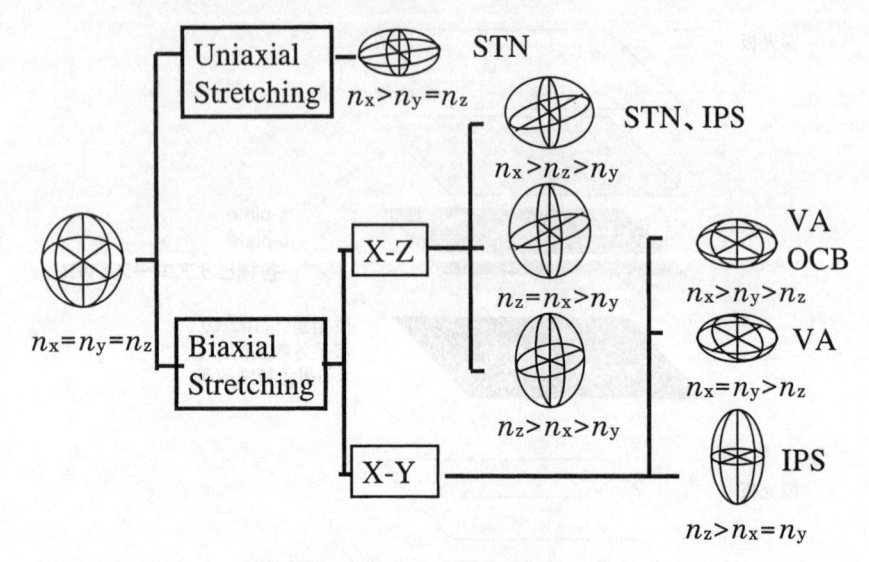

図15 延伸フィルムの屈折率制御

表1 光学フィルムの屈折率の関係

光学フィルムの種類	呼称	屈折率	N_z係数
光学等方フィルム		$n_x = n_y = n_z$	—
一軸延伸フィルム	A-plate	$n_x > n_y = n_z$	1
		$n_y > n_x = n_z$	1.3
二軸延伸フィルム (異方分子塗工)	C-plate	$n_x = n_y > n_z$	>1
		$n_x > n_y > n_z$	
二軸延伸緩和フィルム	Z板	$n_x > n_z > n_y$	<1
光学機能分子塗工 (一部の機能が工業化)	任意	任意	任意

の屈折率をn_y, 厚み方向の屈折率をn_zとしている。フィルムの厚みをdとした時に,

○ 面内リターデーションは $R_e = (n_x - n_y) * d$の絶対値で表される。

○ 厚み方向のリターデーションは $R_{th} = ((n_x + n_y)/2 - n_z) * d$の絶対値を用いる方法か, $N_z = (n_x - n_z)/(n_x - n_y)$ の係数によって, n_x, n_y, n_zの相関が比較できる。

また, 最近のLCD構成の光学設計においては, 従来は擬似光学等方体として扱われてきた偏光板の保護フィルムであるTAC（トリアセチルセルロース）フィルムの3次元屈折率も考慮したシミュレーションが必要であり, TACに新しい光学機能を付与させたり, TACをダイレクトに高分子光学機能フィルムで代替する試みも開始されている。

6 おわりに

以上述べてきたように，ピュアエース®WRは世界で初めて実用化された複屈折波長分散が通常の高分子材料とは全く逆の特性を有する光学フィルムである。当初の開発目的は反射型LCDへの応用を考えていたが，その潜在的ポテンシャルを生かしてLCDの各種モードへの採用検討やLCD以外の応用分野への展開が進められてきた。一部の応用では標準的な仕様で使用され始めている。

今後のLCDの発展はFPDの中核として中小型から大型のCRT代替用途まで，さらに機能の高い各種の光学フィルムが使用されることによってその展開が加速されるものと考えられる。ピュアエース®WRは，分子設計により波長分散および3次元屈折率の制御可能範囲を自由に変えることができること，およびLCDの信頼性試験に耐えられる，優れた特性安定性を有しており，今後は光学フィルムの中心材料としてその応用範囲を拡大していくものと考えている。

末筆ながら本材料は応用されるLCDメーカーの評価や種々の材料メーカーの助言をいただきながら最終商品としての仕上げがなされた。開発段階にて助言頂いた関係各位に厚く御礼申し上げたいと思う。今後とも顧客ニーズに合致した表示体用途の光学フィルムを，タイムリーに市場展開して行きたいと考えている。

文　献

1) 光学用透明樹脂，技術情報協会，p127（2001）
2) 内田龍男，内池平樹監修，フラットパネルディスプレイ大事典，工業調査会，p152（2001）
3) 月刊ディスプレイ，テクノタイムズ社，反射型LCDと要素技術，1999年6月号
4) H. Mori, Y. Itoh, Y. Nishiura, T. Nakamura, Y. Shinagawa, *Jpn. J. Appl. Phys.*, **36**, 143（1997）
5) Y. Kumagai, T. Uesaka, A. Masaki, K. Suzuki, T. Toyooka, Y. Kobori, IDW'00 proceedings, p309（2000）
6) A. Uchiyama, T. Yatabe, IDW'00 proceedings, p407（2000）
7) A. Uchiyama, T. Yatabe, SID 01 DIGEST, p566（2001）
8) A. Uchiyama, Y. Ono, Y. Ikeda, I. Kawada, T. Yatabe, IDW'01 proceedings, p493（2001）
9) Y. Ono, Y. Ikeda, A. Uchiyama, T. Yatabe, IDW'02 proceedings, p525（2002）

第2章　ノルボルネン系樹脂フィルム
―ARTON FILMの特性―

熊澤英明*

1　はじめに

　フラットパネルディスプレイは，液晶ディスプレイを中心として，モニター，TVなどで急速に普及しつつある。なかでも液晶TVはデジタル家電の代表として，これまでのブラウン管を置き換える存在として急拡大が見込まれる商品である。液晶ディスプレイには高速応答性に加えて，画面の大型化が進むに従って，より広視野角で高精細な表示品位が求められている。特にVA，TNなどの液晶モードでは視野角向上のために位相差フィルムが必須となっている。
　携帯電話，PDAなど中小型液晶パネルにおいて，日本国内ではカラー表示が常識であり，海外でもカラー化は予想以上の速度で進んでいる。液晶モードは，小さな画面でも高精細で早い動きを表示できる特性が求められているため，STNモードからTFTモードへシフトしている。戸外で使用することが多いこれらモバイル液晶装置は省消費電力，戸外など明るい環境下での見易さが重視されることから，反射モードでも使用できることが重要で，やはり位相差フィルムが必要となる。
　位相差フィルムとしては，従来STN液晶の補償にポリカーボネート（PC）が使用されてきたが，液晶の主役がTFTとなり，高透明性，位相差安定性，低波長分散性に優れるノルボルネン系フィルムが広く使用されている。

2　ARTONの特長

　ARTONは脂環構造であるノルボルネン骨格を主鎖とし，側鎖に極性基を有する樹脂である。主鎖の脂環構造から，非晶性，低複屈折性，高耐熱性，低吸水性，また，側鎖の極性基からは密着性，接着性，転写性が付与されている。ARTONの構造を図1に示す。また，他の透明樹脂と比較したARTONの特性を表1に示す。PMMAと

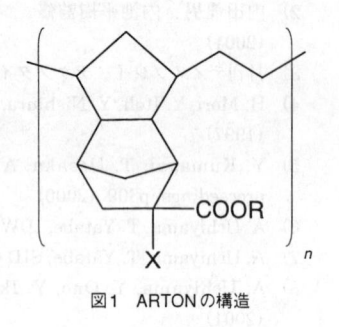

図1　ARTONの構造

---

*　Hideaki Kumazawa　JSR㈱　アートン部　課長

第2章 ノルボルネン系樹脂フィルム

表1 ARTONの特性

項目	単位	ARTON	PC	PMMA
比重	—	1.08	1.19	1.19
屈折率	—	1.51	1.58	1.49
飽和吸水率	%	0.4	0.4	2.0
光弾性係数	$\times 10^{-12} Pa^{-1}$	4.1	90	20
全光線透過率	%	93	90	93
ガラス転移温度	℃	169	150	92

表2 ARTON FILMの特性

物性項目	単位	Rタイプ		Gタイプ	
肉厚	μm	50	70	100	188
全光線透過率	%	>93	>93	>93	>93
ヘイズ	%	<0.2	<0.4	<0.6	<0.8
レターデーション	nm	5	7	4	7
ガラス転移温度	℃	118	118	169	169

同等の透明性でPC以上の耐熱性を持つ,耐熱透明樹脂であることがわかる。

ARTONは熱可塑性樹脂であることから,樹脂の成形法として汎用的に用いられる射出成形はもちろんのこと,押出成形,プレス成形など溶融して成形する方法,また低沸点溶媒に容易に溶解する性質から溶剤キャスト法によるフィルム製膜など幅広い加工方法により成形することが可能である。

ARTONは光弾性係数が小さいため,固体状態の時に外力や熱応力を受けても複屈折の発現が極めて小さく,光学物性が変化しない特性を持っている透明樹脂である。また,粘着・接着性が良好であることから他部材との二次加工性に優れる。

3 ARTON FILM

3.1 ARTON FILMの特性

ARTONの優れた透明性,光学特性を生かして,光学フィルムとしての応用が進んでいる。特に,耐熱性を生かしたタッチパネルの基板フィルム,位相差の安定性を生かした位相差フィルムの用途を中心に,各種機能性フィルムのベースフィルムとしての用途開発が進んでいる。ARTON FILMの特性を表2に示す。また,波長別光線透過率を図2に示す。

ARTON FILMには2種類あり,100μm,188μmのGタイプが主に基板フィルム,位相差フィルムとして使用されている。また,新たに薄膜位相差フィルム用に開発されたRタイプは50μm,70μmがラインアップされている。

ディスプレイ用光学フィルム

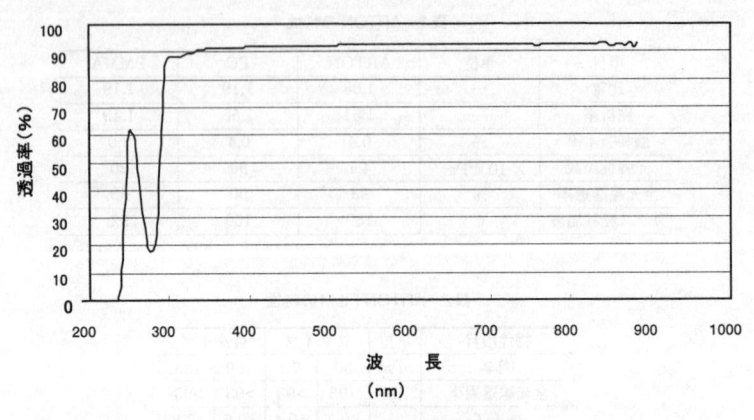

図2 ARTON FILM波長別光線透過

3.2 ARTON FILMの特長
3.2.1 優れた外観特性
　光学フィルムとして用いられる場合，外観特性が重視されるためARTON FILMは溶剤キャスト法で製膜されている。溶剤キャスト法は樹脂を溶剤に一旦溶かして製膜する方法であり，押出などの加熱溶融による成形加工と比べて，製膜時の粘度が格段に小さい。従ってダイラインなどスジの原因となる細かな肉厚ムラが防止し易いだけではなく，帯状のムラの原因となり易いフ

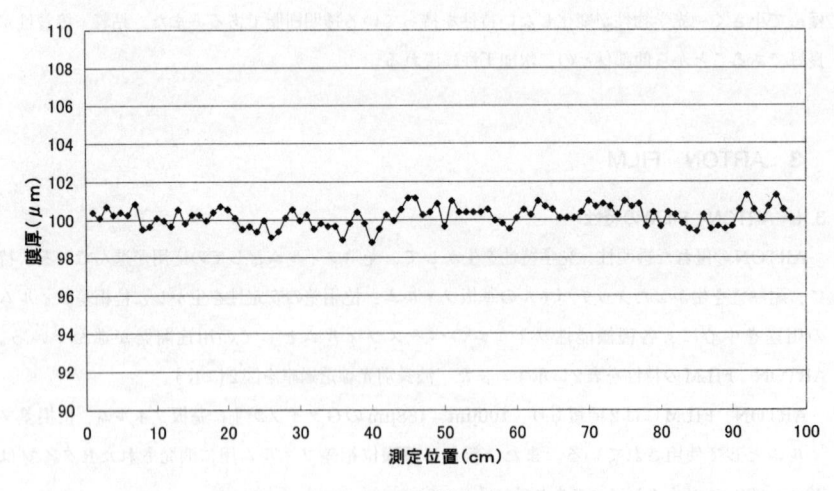

図3 ARTON FILM膜厚分布（100ミクロン）

第2章 ノルボルネン系樹脂フィルム

ィルム表面のなだらかな凹凸も，ドープ粘度が小さいことによって自己平滑化することが容易にでき，均一な外観表面を持つフィルムの製膜ができる。また，粘度が低いことはファインフィルターを用いることができる利点もあり，細かな異物まで除去することが可能である。

従って，特に大型の液晶ディスプレイで重視されるフィルム外観において，スジ・色ムラなどの原因となるダイラインや帯状ムラ，また，輝点，黒点など点状欠陥の原因となる焼け，異物，フィッシュアイなどを防止した，極めて均一で表面外観に優れた性能を発揮している。

3.2.2 肉厚分布，表面平滑性

アートンフィルムは溶剤キャスト法で製膜しているため，安定して均一な膜厚を得ることができる。図3に示すように±1ミクロンの範囲に膜厚分布を制御することができる。

表面粗さは，Raは0.01以下，Rzで0.1以下であり，非常に平滑な表面特性を持つ。

3.2.3 位相差発現性

ARTON FILMは位相差の無い光学的に等方性のフィルムであるが，ガラス転移温度付近で延伸することによって分子配向させ位相差を付与することが可能である。ARTONの光弾性係数が小さい特長から，一旦付与された位相差は外力・熱応力を受けても通常の使用温度ではほとんど変化せず，安定した特性を示す。

位相差は複屈折率と肉厚の積で表されるが，携帯電話・PDAなどのモバイル機器では軽量・薄型が好まれることから，よりフィルムを薄膜化することが求められている。そこで従来から使用されているGタイプに加えて，薄膜化しても必要な位相差が発現するRタイプが開発されている（図4）。

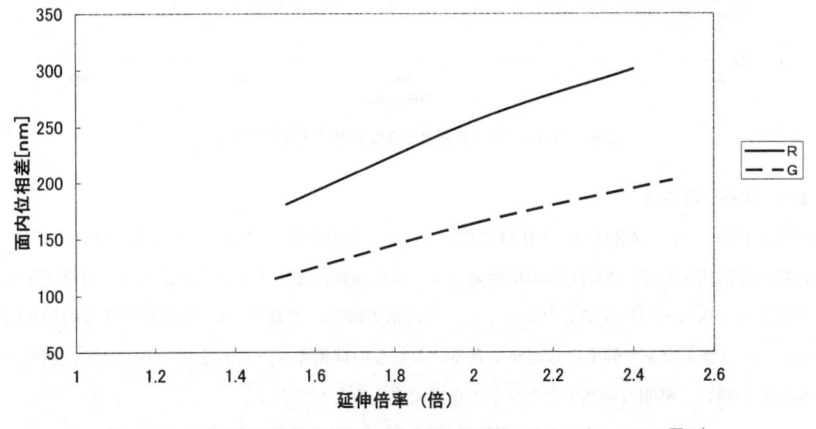

図4 フィルムの位相差発現性比較（自由端一軸延伸，$T_g+10℃$，50μm厚み）

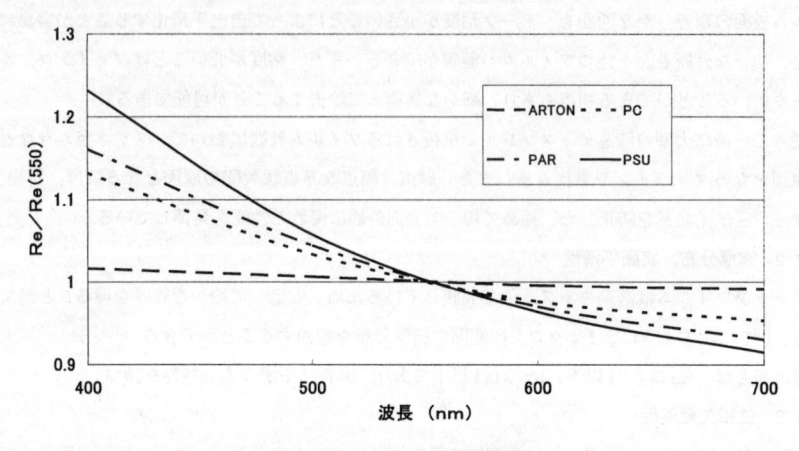

図5 各種フィルムの波長分散特性

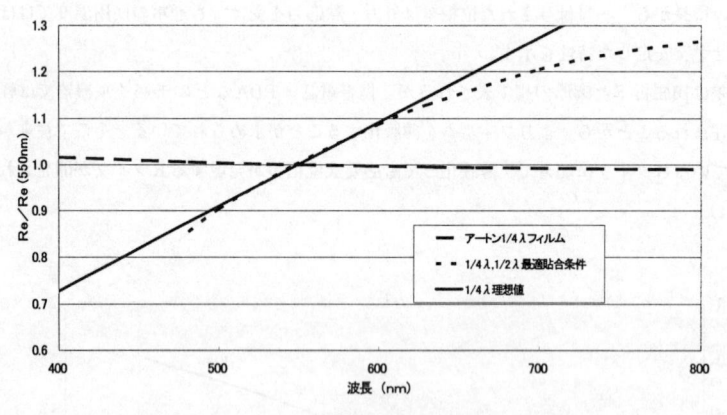

図6 1/4λ＋1/2λの最適貼合位相差フィルムの特性

3.2.4 波長分散特性

図5に示すように，ARTON FILMは他のフィルムと比較して波長分散が小さい傾向を示す。この特性を活用すれば，ARTONの位相差フィルムを複数枚使用することによって，可視光領域で波長分散をほぼゼロにすることができる。その結果幅広い波長で1/4λを実現できる円偏光板（図6）や，1/2λ板を作製することができる。これらの位相差フィルムを用いることで，色付きや色ムラの無い，鮮明な液晶ディスプレイを達成することができる。

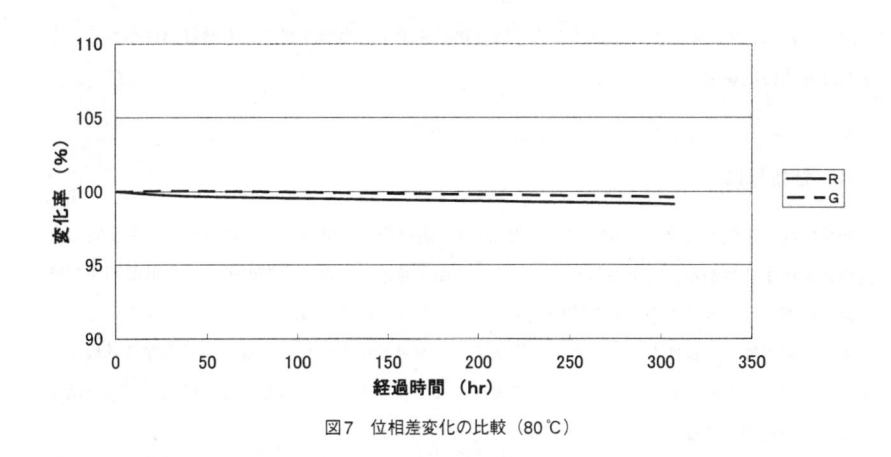

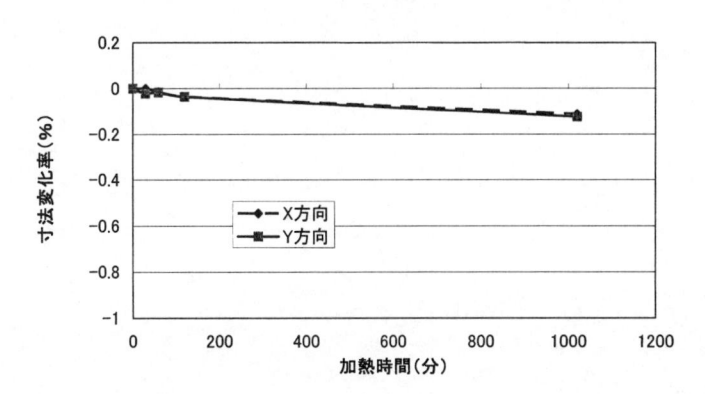

第2章　ノルボルネン系樹脂フィルム

図7　位相差変化の比較（80℃）

図8　ARTON FILMの加熱による寸法変化率（120℃加熱，100μm厚み）

3.2.5　耐久性

　延伸することで一旦付与されたARTON FILMの位相差は実使用温度ではもちろんのこと，高温下でも緩和することなく，一定値を保持できる（図7）。光弾性係数が小さいことから外力に対する応力，熱応力による位相差変化も小さい。

3.2.6　熱収縮特性

　液晶ディスプレイの場合，他のフィルムやガラスと貼り合わせて使用される。モバイル機器では高温の条件に耐えることが求められ，また大型画面の場合には膨張収縮の絶対量が大きくなることからフィルムの熱収縮特性が重要となる。ARTON FILMのGタイプはガラス転移温度が高いことから，高温下でも寸法変化率が小さい特長を持つ。

図8にアートンフィルムの加熱による寸法変化率を示す。高温環境下でも熱収縮は小さく，安定した寸法特性を示す。

4 おわりに

光学特性，耐熱性に優れたARTON FILMは，耐熱環境下での寸法変化に対しても安定した位相差を示す特性から，大型液晶パネルから，高耐久を求められる小型のモバイル液晶パネルまで幅広い液晶パネルに対応できる位相差フィルムとして使用される。

また，接着性・密着性などの優れた二次加工性や耐熱性を生かして，薄膜加工を伴う基板フィルムや多層化した高機能フィルムなど，さまざまなフラットパネルにおいて，幅広い用途で活用することが可能である。

第4編　輝度向上フィルム

第1章　集光フィルム・プリズムシート
──下向きプリズムシート "ダイヤアート®" の展開──

濱田雅郎*

1　はじめに

ノートパソコンやPCモニター, 携帯電話, カーナビ, TV, デジカメ, ゲーム機といった液晶表示機器においては, 小型の一部に反射型液晶が採用されているのを除けば透過型液晶が採用されており, 液晶を背面から照らすバックライトは欠かせない部品になっている。

三菱レイヨンでは, このバックライト部材のうち導光板用のアクリライト®, 同じく射出成形用材料のアクリペット®と共に, 下向きプリズムシート "ダイヤアート®" を販売している。

以下, 下向きプリズムシート "ダイヤアート®" の特徴について説明を行う。

2　バックライト

液晶ディスプレイは, 自発光型ではないのでほとんどの場合, その背後にバックライトが設置されている。

バックライトは, 光源を液晶パネルの直下に設置する直下型バックライトと導光体を使用するエッジライト型バックライトの2種類に大別できる。直下型バックライトは設置する光源の数を増加させればさせるだけ明るくできるというメリットがあるが, ランプ輝度や色温度のばらつきの影響を受けやすいという問題や本数を増やすと消費電力が大きくなるという問題もかかえている。しかし, 高輝度が要求される場合には, これに勝る方法が無く, 大型の液晶TV等に広く用いられている。

バックライトの光源としては, 携帯電話等の小型液晶ではLED (発光ダイオード) が採用されており, 今後, 中型以上のパネルに進出していくものと考えているが, 現状では, 中大型のバックライトの光源は冷陰極管が圧倒的な比率を占めている。

導光体は, この線状の光源からの光を, 面状に分配する機能を持った部材である。導光体は, モニター等に採用されている厚さが均一な導光体とノートPC等に採用されているくさび形導光

---

*　Masao Hamada　三菱レイヨン㈱　情報材料事業部　情報材料生産技術部　課長

ディスプレイ用光学フィルム

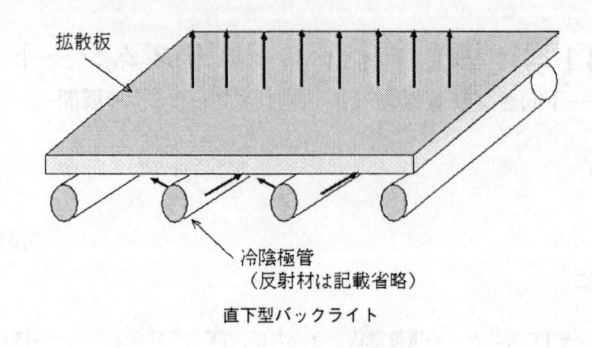

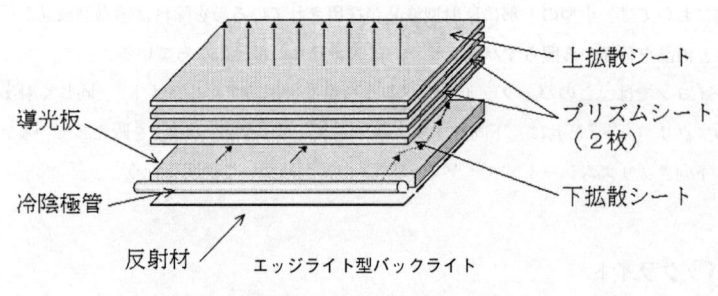

図1 直下型とエッジライト型バックライト

体に大別できる。前者は，当社のアクリライト®N865のような厚さが均一な透明樹脂板が採用されており，明るさの均一性を確保するため，表面に反射または遮光印刷を施して使用されるケースが多い。

このタイプは，厚さがあるため入光部に複数の冷陰極管を配置できるので輝度が要求されるモニターに広く採用されているが，半面，重量軽減が難しいという問題がある。

直下型及び均一な肉厚の導光体を採用したバックライトにおいては，上向きのプリズムシートが組み合わされ輝度向上が図られているケースが多い。

一方，くさび形導光体はその形状から，当社のアクリル成形材料アクリペット®等の成形材料で射出成形される。このタイプはくさび形状により効果的に肉厚が薄くできるため（薄い方で0.6mm程度）軽量性が要求されるノートパソコンに使用されることが多い。ダイヤアート®はこのくさび形の導光体との組み合わせを主ターゲットにした商品である。

図2に用途と分類を類別した。

118

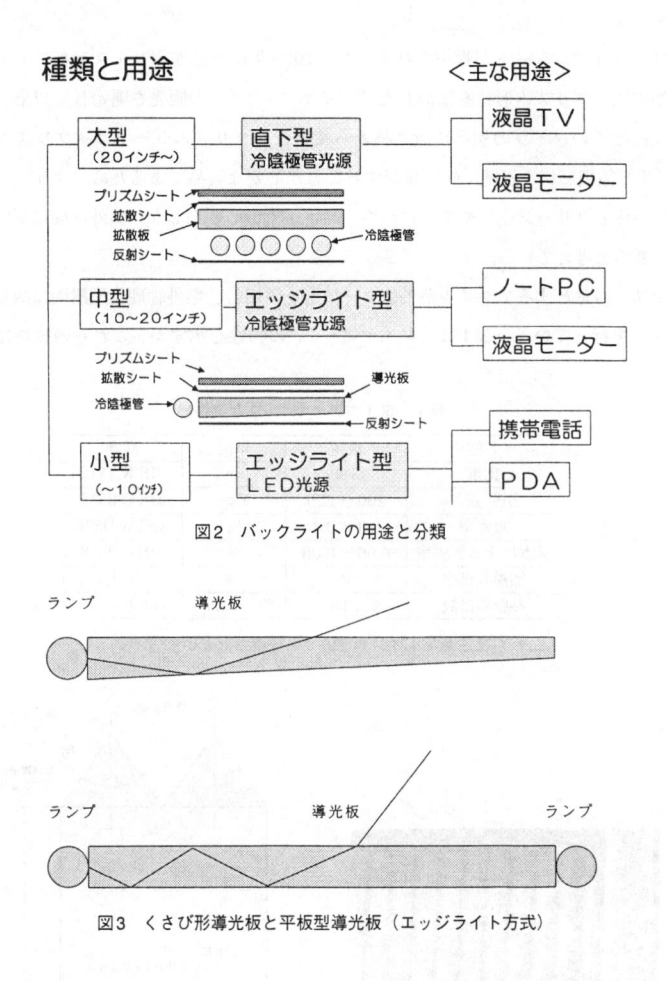

第1章 集光フィルム・プリズムシート

図2 バックライトの用途と分類

図3 くさび形導光板と平板型導光板（エッジライト方式）

3 プリズムシート

3.1 プリズムシートの種類と製造方法

　プリズムシートには，3M社のBEF®に代表される上向きに設置する頂角90°のプリズムシートと，当社が販売するダイヤアート®のような下向き設置プリズムシートの2種類に大別される。この上向きプリズムと下向きプリズムの差はその頂角にある。頂角による差違に関しては，3.2節で説明を行う。

　プリズムシートの構成部材に関しては，以前は熱可塑性樹脂シートにプリズム形状を熱転写し

たタイプのプリズムシートが販売されていた。1992年に当社がポリエステルフィルム上に紫外線硬化型樹脂でプリズム形状を賦形した"ダイヤアート®"の販売を開始して以来，プリズムシートは，ほぼこのタイプの製品に置き換わってきた。プリズムシートは，プリズムのピッチが50μm以下と微細形状を正確に転写賦形することが必要な製品であるため，クリーンルームに設置し設備自体もクリーン化しやすく，かつ，高い圧力を必要としない紫外線硬化型樹脂方式が評価されたものと考えている。

当社では，得意とするアクリル系モノマー技術を活用し，紫外線硬化型樹脂に関しては社内で開発，生産を行っている。表1に，ダイヤアート®の物性を示すが，これらの物性はベースとな

表1 ダイヤアート®の主な物性値

名称	数値	単位	備考
比重	1.4	—	JIS K 7112
引張強さ	200〜220	Mpa	JIS C 2318
吸水率	0.3〜0.4	%	ASTM D570
吸水による膨張率	0.06〜0.08	%	JIS C 2318
加熱収縮率	2	%	同上
熱膨張計数	3×10^{-5}	Cm/cm/°	55℃以下

これらは三菱レイヨン測定値で保証値ではない。

写真1 ダイヤアート®の電子顕微鏡写真（M165）

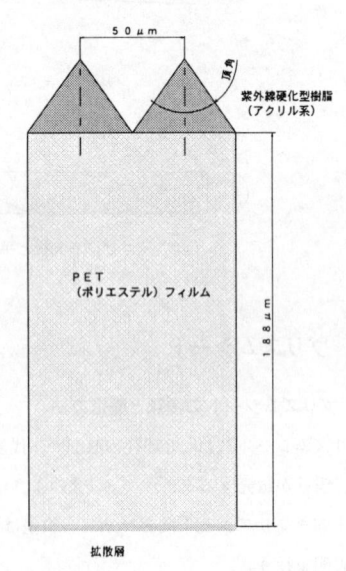

図4 ダイヤアート® M268系の部材構成

第1章　集光フィルム・プリズムシート

るポリエステルフィルムの物性に依存している。ベースとなるポリエステルフィルムは、プリズム層を除いた厚みが188，125μmのものを主に採用している。これらのフィルムは、光学用途に開発した製品であるが、上に配置される拡散フィルム、液晶との密着を防止するためヘイズ加工を標準的に施している。

3.2　プリズムシートの輝度向上原理

　プリズムシートは、導光体から出る光が液晶方向に向くように光の角度を変える役割を持っている。
　下向きプリズムの輝度向上原理を図5に示すが、導光体から出射する光をプリズム斜面により液晶パネル方向に反射する機能により、液晶の方向に光を向かわせることで、輝度向上を実現している。言い換えれば、下向きプリズムはバックライトの出射面の上に、微細な鏡の列を敷き詰めたようなもので、導光体から斜めに出てくる光を反射して液晶パネル方向に曲げているわけである。
　この導光体から出射する光を法線方向に反射する構成に関しては、日本、アメリカ等の主要国で当社が特許を獲得している。
　一方、上向きプリズムは、プリズムからの出射光を下拡散シートで法線方向に変角してプリズムシートに導光し、プリズム斜面から光が出射するときに屈折の原理で法線方向に変曲することで光を液晶方向に向けている。

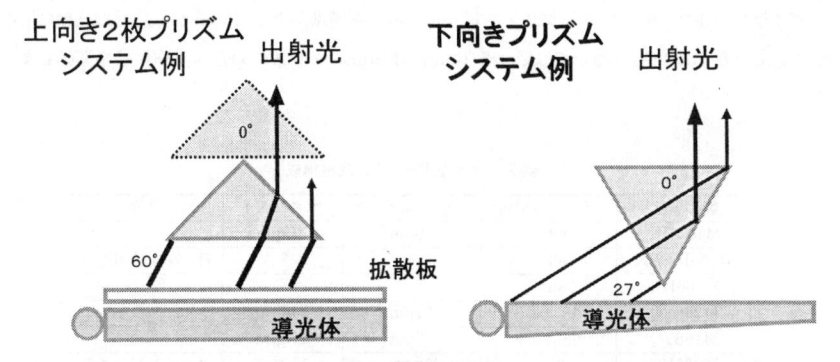

図5　輝度向上原理
（2枚プリズムの点線は直行するプリズムを表す。）

3.3 ダイヤアート®の特徴

3.3.1 ダイヤアート®使用のバックライトの長所

① 高輝度である。

2000〜4000cd／m² (片側1灯 くさび形導光体) と高輝度なバックライトが実現可能である (上向きプリズム2枚仕様のバックライトに対して、最大1.40倍程度の輝度向上が可能である)。

② 軽量、低コスト化に貢献できる。

上向き2枚のプリズム使用のシステムに対し、プリズム1枚、拡散シート1枚の計2枚が削減可能である。

③ 高い光制御性

光出射方向を法線方向以外に調整することが可能である。

3.3.2 ダイヤアート®使用のバックライトの短所

① 品位欠陥が視認されやすい。

鏡の原理を使っているため、導光体、プリズムの欠陥が視認されやすい。

② 組み合わす導光板を選ぶ。

ダイヤアート®の特長を生かせる導光体が必要である。

③ バックライトの品位調整が難しい。

3.4 ダイヤアート®の種類

ダイヤアート®の種類は表2の通りである。

ダイヤアート®に関しては、プリズムピッチ50μmを標準品としているが、最近の高精細液晶に対応し一部の頂角品に関してはピッチ30μm、18μmのプリズムの量産試作供給を開始している。

表2 ダイヤアート®の品種構成

製品名称	プリズム頂角	プリズムピッチ	厚さ ※1	備考
M163HK	63°	50μm	170μm	
M165H&NK	65°	〃	〃	H、Nは識別記号
M168HK	68°	〃	〃	
M268YQ	68° ※2	57μm	230μm	
M168YQ	68° ※2	57μm	170μm	
M065HT	65°	30μm	110μm	ファインピッチ品
M065HS	65°	18μm	100μm	ファインピッチ品

※1 厚さの公差±5％
※2 当社測定法による

第1章 集光フィルム・プリズムシート

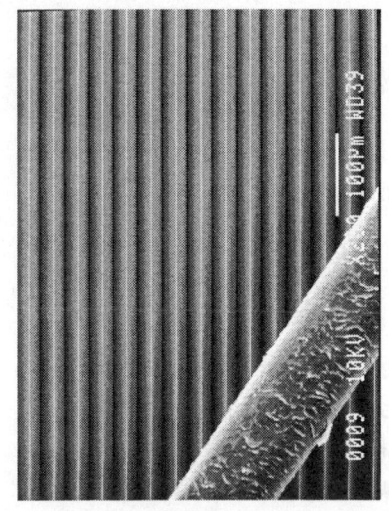

写真2 ピッチ30μmのダイヤアート®　　　写真3 ピッチ18μmのダイヤアート®

　プリズムの厚さに関しても，携帯電話用等に特化し，75μmベースのポリエステルフィルムを採用した薄肉厚タイプを上市している。特に，プリズムピッチ18μmのM065HSはプリズム部の厚さを含めても100μm以下の厚さの製品となっている。

　製品の頭のMはマットタイプを表している。マット加工の程度は，プリズム加工前の測定で，ヘイズ値30％前後である。このマット加工は，液晶パネルガラスとプリズムの密着防止や，視野角の微調整に効果がありユーザーから好評を得ている。このマット加工を施さないタイプも開発している。Sの頭文字で表記しているが，拡散層をなくすことで，10～15％の輝度向上が可能になる。今後，ユーザーの要望に対応して上市していく予定である。

4　ダイヤアート®の特徴と選択

　ダイヤアート®は，導光体の上にプリズム列が線状の光源と概略平行になるように，かつプリズム頂部が導光体の出射面と接するように，設置することで機能を発揮する。
　導光体からの出射光を，プリズム内に取り込みプリズムの斜面で全反射して法線方向に配向することにより輝度向上効果を発現する。このため，輝度向上効果を最大限高めるためには，バックライトからの光は出射ピークとなる角度を測定し，その角度に対応した，その光を反射したときに正面に向くような角度のプリズムを選択する必要がある。例えば，導光体からの出射光のピ

.... 出射機構解析の考え方
——— 出射角度αの光の反射

出射角度 α

プリズム頂角＝90－α

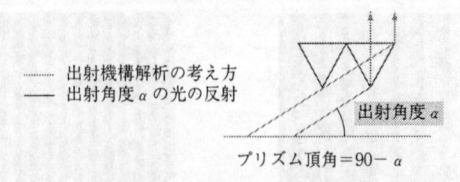

図6　輝度の最適化の方法

ークの方向が導光体から27°の方向に出ているとしたら，90°－27°＝63°であるので，63°の頂角のプリズムを選択する。

　実際には，組み合わせる拡散シート等の影響を確認するため，バックライトに構成部材をセットし輝度分布を測定してプリズムの角度を最適化することが望ましい。

　また，最近発表したYタイプのプリズムは，導光体から出射される光には，ピーク輝度方向を中心に輝度分布を持つことに着目し，反射した光が集光するようにプリズム形状を計算，最適化したもので，効率を従来のプリズムに対して最大30％程度向上できる性能を持っている。

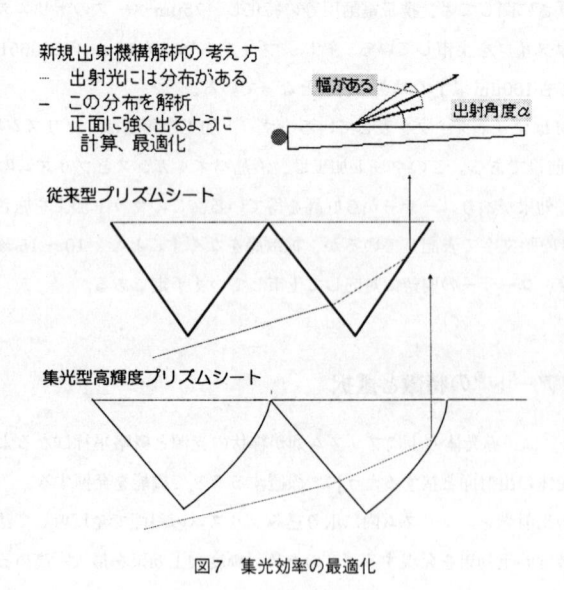

新規出射機構解析の考え方
－ 出射光には分布がある
－ この分布を解析
　正面に強く出るように
　計算，最適化

幅がある

出射角度 α

従来型プリズムシート

集光型高輝度プリズムシート

図7　集光効率の最適化

5 ダイヤアート®用導光体の選択

ダイヤアート®は光源の配置された方向に垂直な方向の光を制御する機能を持っているが，光源と水平方向の光を集光する機能はない。このため，輝度向上をより効果的に行うには導光体に光源と水平方向の光に対する集光機能を持たせる必要がある。

具体的には，導光体のプリズムと接しない面に鈍角プリズム形状を配し，光源と水平方向の光を集光させる方法が有効である。このプリズム加工に関しては，液晶とのモアレを防止するため，100μm以下のピッチの加工であることが望ましく，成形のために，鈍角なプリズム形状や，正弦波形状のプリズム溝加工を射出成形金型に対して平面切削加工で実施する。当社では，プリズム導光体の特許を保有すると共に，導光体の設計に関しても知見を蓄積してきており，当社の成形材料であるアクリペット®を使用した，プリズム導光体に関しても販売を開始している。

6 ダイヤアート®を使用したバックライトの性能例

図9にダイヤアート®M165と当社設計のくさび形導光体を使用したバックライトの出射光分布の測定例を示す。

輝度に関しては，BEF－Ⅱ 2枚重ねのバックライトシステムと比較している。

図10に同じくさび形の導光体にダイヤアート®M165と集光機能を付与したM268YタイプをM適用した場合の輝度分布の例を示す。

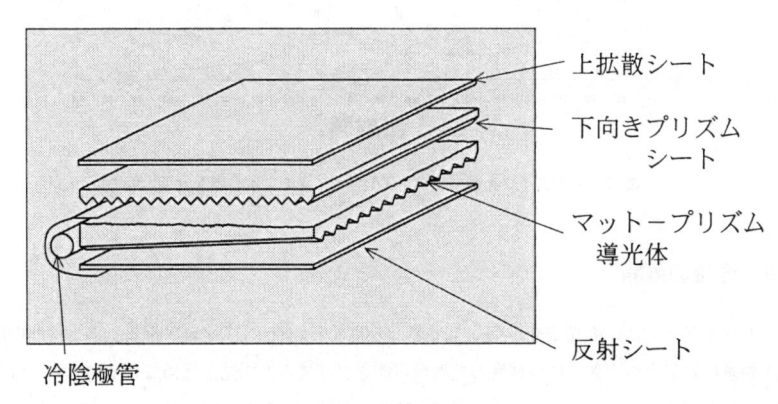

図8 プリズム導光体使用例

ディスプレイ用光学フィルム

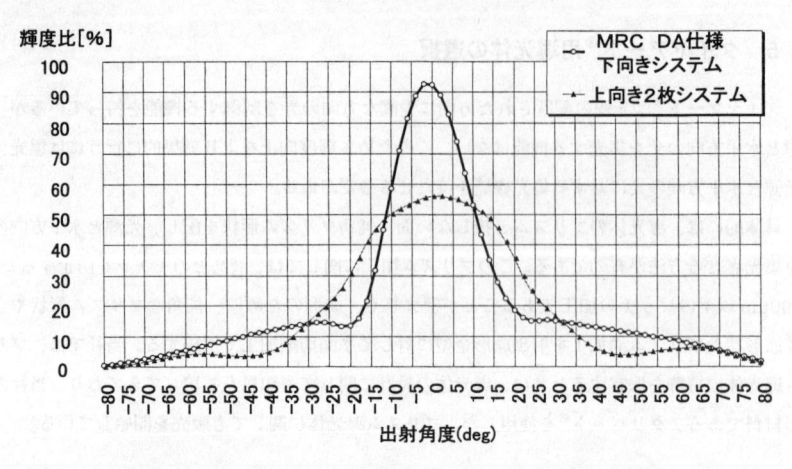

図9 2枚重ねのプリズムを使用したバックライトとの輝度分布比較

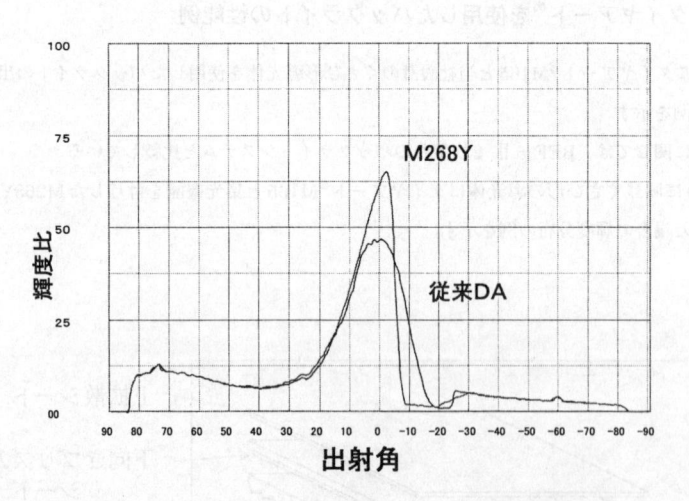

図10 通常タイプを使用したシステムとYタイプとの輝度分布比較

7 今後の展開

三菱レイヨンでは，集光性を付与したYタイプのダイヤアート®に引き続き，ユーザーの輝度向上要求に対応すべくさらに高輝度の発現が可能なプリズムの開発を進めている。また，液晶の高精細化に対応したファインピッチタイプの開発も継続し，上市を図っていく予定である。

第1章 集光フィルム・プリズムシート

8 おわりに

当社では,導光体からプリズムシートまでを一貫して設計,製作,供給できる体制を整え,より多くのバックライトシステムへ下向きプリズムが適用できるよう準備していく所存である。

第2章 バックライト用サーキュラープリズムシート

幕田 功[*1], 篠原正幸[*2]

1 はじめに

近年, 携帯電話の高機能化は目ざましく, JAVAチップ, CCDカメラ, LEDライト等新たな部品が付加され, ゲームや写真撮影, 動画配信に対応できるようになった。これに伴い, 各部品の低消費電力の要求が厳しくなると同時に, 表示装置の高画質化の要求がますます強くなってきている。

現在, 携帯電話の表示装置としては主に液晶ディスプレイ（以下LCD）が使われている。そして, LCDの照明部品であるバックライトの「消費電力, 輝度」が携帯電話本体の長時間動作化, 高画質化の性能に大きな影響を及ぼしている。例えば, 日本国内における折り畳み型携帯電話を例にとると, 大画面化に伴いバックライトの光源である白色の発光ダイオード（以下LED）を4〜5個も使用しており, キー操作時の消費電力の半分程度がバックライトに使用される場合もある。このように消費電力を増加させても輝度を上げるのは, LCDの高コントラスト化や色数増加などの高画質化を行っても, バックライトの輝度が低く画面が暗いとその効果が発揮できないためである。

われわれはこれらを改善することを目的として, 高効率で低消費電力が達成できるベクター放射結合型LEDバックライト[1]を提案・開発してきた。ここでは, 従来のバックライト方式の概要およびベクター放射結合型LEDバックライト方式, 更なる高輝度化を実現するサーキュラープリズムシートを採用したベクター放射結合型LEDバックライト方式の性能を紹介する。

2 従来のLEDバックライト

従来の一般的なLEDバックライトの構成を図1に示す。導光板端部にLEDを離散的に配置し, 下面に反射シート, 上面に拡散シート, プリズムシートを配置して光を取り出すように構成されている。

---

*1 Isao Makuta オムロン㈱ セミコンダクタ事業部 B-MLA統括部 主事
*2 Masayuki Shinohara オムロン㈱ セミコンダクタ事業部 B-MLA統括部 主事

第2章　バックライト用サーキュラープリズムシート

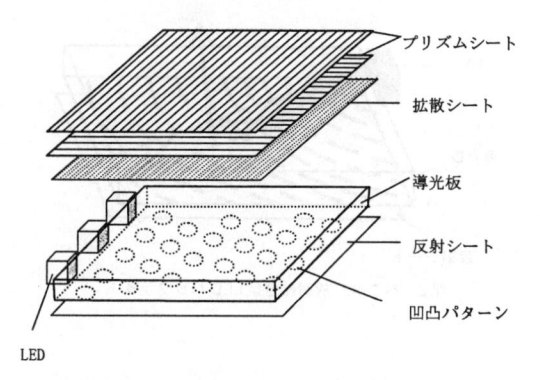

図1　従来方式のバックライト構造

　LEDからの光は端面から導光板へ入射され，導光板の上下面で全反射を繰り返しながら広がってゆく。導光板の下面（もしくは両面）に表面がざらついている凹凸パターンが形成されているので，パターンに当たった光はいろいろな方向に拡散し，一部の光が導光板から出射することになる。導光板から出射された光は拡散シートとプリズムシートにより垂直方向に集光されている。一般的に，この拡散の度合を調整して，導光板面内への広がり方や出射光量の面内分布を制御している。

　バックライトとして高輝度化と低消費電力化を同時に達成するには，光の利用効率を上げる必要がある。つまり，導光板から光を取り出す出射効率の向上と利用されない方向への光が漏れないよう光の指向性を制御することが重要となる。

　しかしながら，拡散を用いた従来の方式では，均一性，出射効率および指向性プロファイルの解析的な光学設計や最適化が難しいという課題がある。これは導光板内の光が分岐，偏向を繰り返しながら導光して導光経路が級数的に増加・複雑化するためで，理論構築が難しいことによる。このため，バックライトの光学設計は，カットアンドトライ的な設計手法に頼っているのが現状である。

　このため，より高輝度なバックライトが必要とされる場合にはLEDの個数を増やしており，消費電力を増加させることで対応している。

3　ベクター放射結合型LEDバックライト

3.1　構成と原理

　ベクター放射結合方式では，導光板内の光を光源から放射状かつ直線的に導光させて，導光板

ディスプレイ用光学フィルム

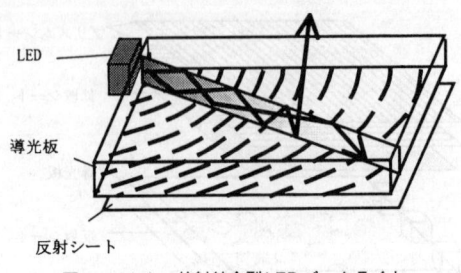

図2 ベクター放射結合型LEDバックライト

内部の任意の点での導光量と導光方向を確定させた。これにより，解析的な光学設計が可能になり，均一性，出射効率，出射光の指向性プロファイルなどの最適化が容易になった。

図2にベクター放射結合型LEDバックライトの基本構造と導光イメージを示す。光源としてのLEDを一箇所に配置し，凹凸パターンとして図3に示すような表面が滑らか，かつ，一方向に一様で長い形状として，長手方向を光源に対してほぼ垂直に導光板表面（下面）に配置する。導光する光は，パターンに当たっても横方向には偏向せず，LEDを中心として直線的かつ放射状に広がってゆくことになる。

導光板からの出射光の指向性は，パターンの湾曲化と断面の形状で制御する。以下，図3のような中心角がγの円弧状になったパターン形状を考える。パターンに入射した光は，その表面への入射角ψが臨界角より大きい場合（図3（b））は全反射して導光板上面から出射される。一方，臨界角より小さい場合（図3（c））は透過して導光板下面方向に出射されるが，大半の光は同一パターンの後部から再入射して導光することになる。再入射する光は，パターンから出たとき屈折により広がるが再入射時にコリメートされるため，導光方向としてほとんど変わらない。これに対し，図3（b）の反射する光は中心角γに対応した角度で広がったまま出射される。よって，図3（a）ϕ_θ方向の出射光指向性は中心角γのみで制御することができることになる。一方，ϕ_r方向の指向性はパターンのz, r平面での断面形状のみで制御が可能であり，2次元的な幾何光学で設計ができることになる。

バックライトとしての均一性は，導光方向の単位長さあたりの出射効率である放射損失係数を導入することで最適化できる。導光経路がLEDを中心とした放射状かつ直線状となっているため，導光経路ごとに独立した設計として取り扱う。

各直線上で輝度分布が一様となる放射損失係数αは，LEDからの距離rを用いて，

$$\alpha(r) = \frac{2r}{L^2 - r^2} \qquad L：定数 \qquad (1)$$

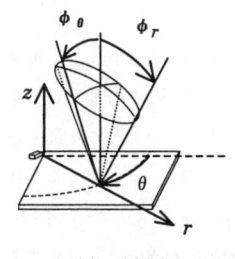

第2章 バックライト用サーキュラープリズムシート

(a) 座標系

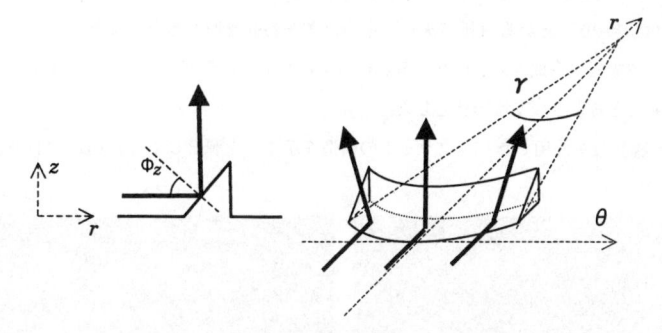

(b) 導光板からの出射（パターンの反射）

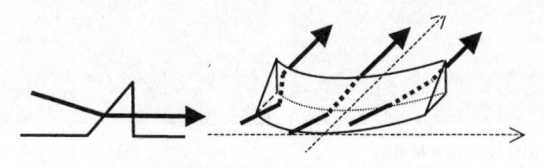

(c) 導光板への再入射（パターンで透過）

図3 パターンによる光の偏向

と表される[1]。この放射損失係数αは，パターンの配置密度で制御することができ，パターン断面形状に依存する最大値α_{max}まで自由に設定できる。(1) 式でのα (r) 分布がα_{max}を超えない範囲で最も高い分布になるようLの値を定めたとき，出射効率が最大となる。つまりこの時のパターン密度の分布が使用するパターン断面形状に対する最適解となる。

バックライトとしては一般的に長方形の発光領域が必要であり，LEDを中心として放射状に分かれた導光経路ごとに導光距離が異なる。したがって，面全体を均一にするためには，導光経路ごとに放射損失係数の分布を求めることになる。

3.2 バックライトの作製と評価

　導光板として厚み0.8mm，発光領域30mm×40mm，光源として白色LED1個を用いるバックライトを作製した結果を紹介する。パターンの作製には，半導体プロセスを用いてレジスト原盤を作製し[2]，電鋳による複製でニッケル合金の型を作製する方法を採用した。このニッケル合金の型を成形用の金型に装着し，射出成形法により導光板を作製した。また，成形材質としては比較的転写性の良いCOP（シクロオレフィンポリマー）を用いた。

　写真1に射出成形法で作製した導光板のパターン写真を示す。各パターンは，写真1（a）のようにLED部分を中心として同心円状かつ離散的に配置し，各々のパターンが写真1（b）に示すように中心角 $\gamma \fallingdotseq 20°$ となる円弧パターンをつなぎ合わせた形とした。また，パターン断面は凹形状として導光板に形成され，図3で示したパターン部での全反射とパターン後部から導光板へ光が再入射できるようなV字形状とした。

　図4にこの導光板を使用したバックライトの構造を示す。光源として白色LED（日亜化学工業

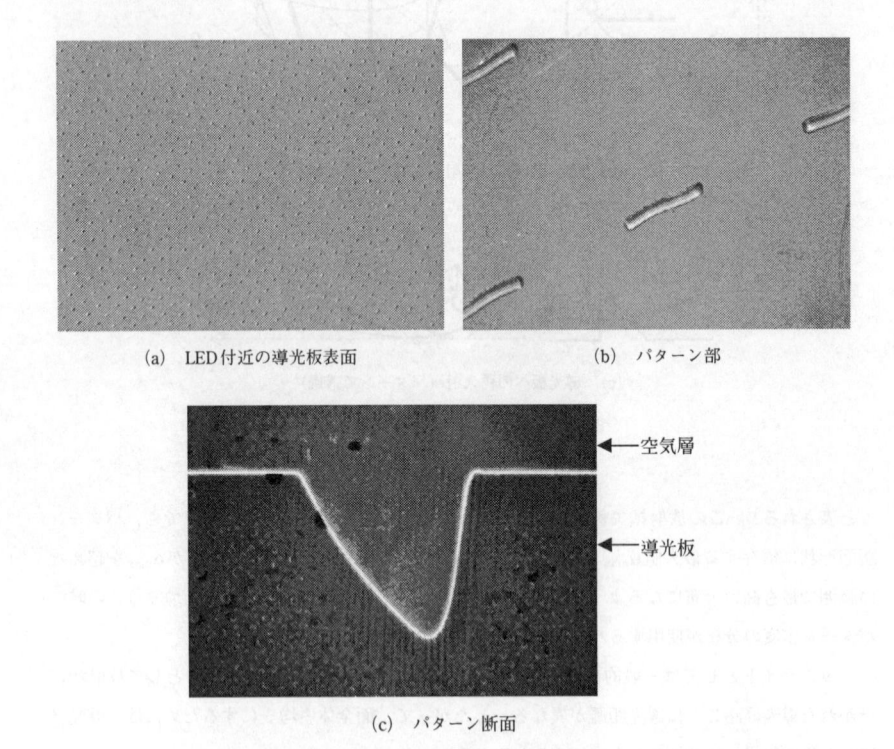

　　（a）　LED付近の導光板表面　　　　　　　　（b）　パターン部

　　　　　　　　　　　（c）　パターン断面

　　　　　　　写真1　導光板のパターン

第2章 バックライト用サーキュラープリズムシート

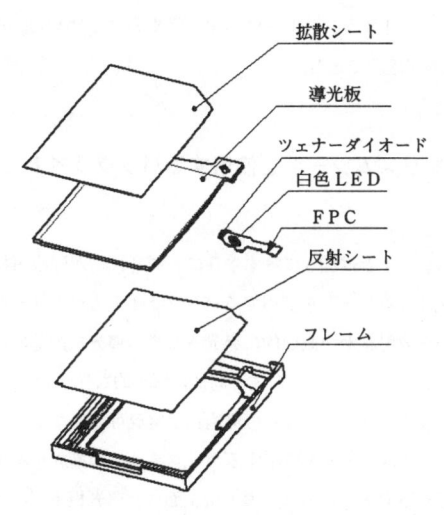

図4 バックライト構造図

製 NACW215）1個を使用し，導光板にはコーナー部分にLEDを挿入できるように角穴を配置する構造を採った。また，導光板の上部にはヘイズ35％程度の拡散シート，下部には鏡面タイプの反射シートを配置し，導光板と各シートを固定させるためにフレームを設けた。

　LEDに順方向電流30mA流したときの発光写真を写真2に示す。輝度の均一性としては，発光領域を9分割して輝度測定を行い，最大輝度と最小輝度の比として81％となった。また，このときの発光領域中央部の輝度としては2000 cd/m^2，消費電流に対する輝度として換算すると

写真2 バックライト発光写真

67cd/m^2/mA が得られた。プリズムシートを使用する従来方式では44cd/m^2/mA 程度であり，従来方式比で約1.5倍の効率が確認できた。

4 サーキュラープリズムシートを使用するバックライト

4.1 構成と原理

サーキュラープリズムシートとは図5に示すように，プリズムが同心円状に配置されたシートである。サーキュラープリズムシートを使用するバックライトもベクター放射結合方式であるため導光板内の光を光源から放射状かつ直線的に導光させて，導光板内部の任意の点での導光量と導光方向を確定させられる。したがって，前述と同様に解析的な光学設計が可能になり，均一性，出射効率，出射光の指向性プロファイルなどの最適化が実現可能となる。

図6にサーキュラープリズムシートを使用するバックライトの構成を示す。サーキュラープリズムシートをプリズム面が下向きになるよう導光板上面に，導光板下面には反射シートを配置する。導光板中を導光している光は，導光板のパターンで臨界角よりも小さくなり，導光板上面から斜め方向に出射する。この出射した光を下面プリズムで全反射させて，バックライトとしての垂直方向に偏向させる。このとき，光は導光板からLEDを中心に放射状に出射する。導光板上でこの出射方向に合わせるためLEDを中心とした同心円状のプリズムシートを配置することで，導光板表面から出射するほぼ全ての光が垂直方向となる。

導光板から斜め方向に出射する光は，その広がりが小さくなるようにパターンの形状を制御することができる。その結果，垂直方向へ出射される光の割合が増加するので高輝度化が実現できる。

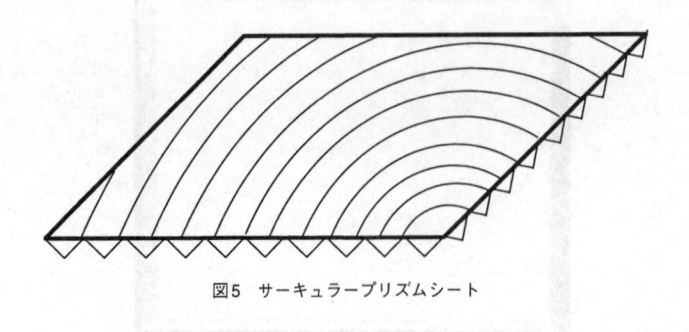

図5 サーキュラープリズムシート

第2章 バックライト用サーキュラープリズムシート

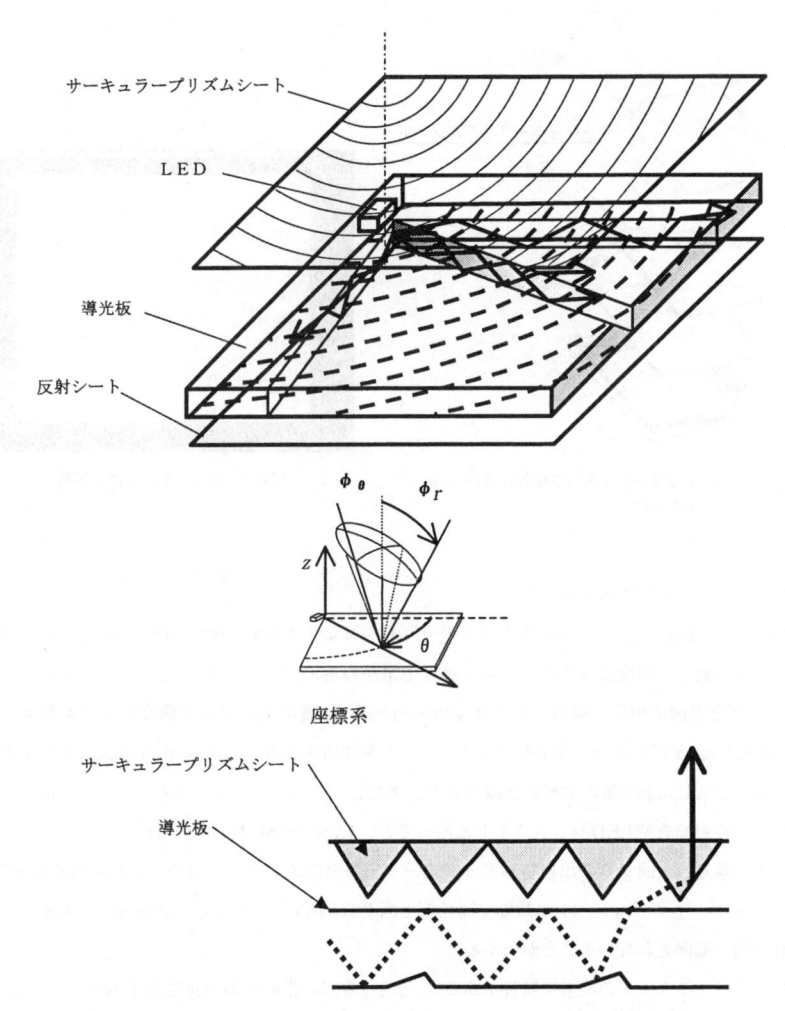

図6 サーキュラープリズムシートを使用するバックライトの基本構造と導光イメージ

4.2 サーキュラープリズムシートを使用するバックライトの作製と評価

　導光板として厚み0.8mm,発光領域30mm×40mm,光源として白色LED1個,サーキュラープリズムシートとして厚み0.16mmでプリズムのピッチが約30μmを用いるバックライトを作製した。パターンの作製と成形材質はサーキュラープリズムシートを使用しないベクター放射結合型LEDバックライトと同様である。図7のように導光板上面にサーキュラープリズムシート

135

ディスプレイ用光学フィルム

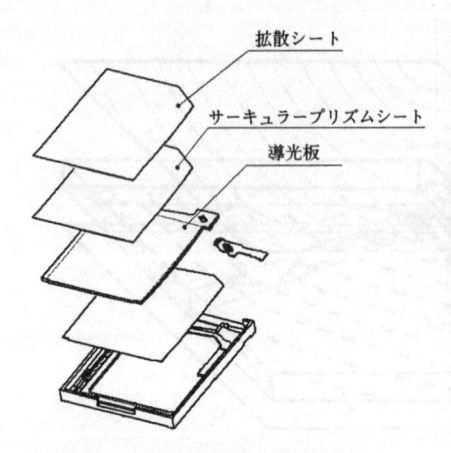

図7 サーキュラープリズムを使用するバックライトの構成

写真3 バックライト発光写真

と拡散シートを配置する構成とした。

LEDに順方向電流30mA流したときの発光写真を写真3に示す。輝度の均一性としては，発光領域を9分割して輝度測定を行い，最大輝度と最小輝度の比として75％となった。また，このときの発光領域中央部の輝度としては4000 cd/m^2，消費電流に対する輝度として換算すると117cd/m^2/mAが得られた。従来のプリズムシートを使用する方式では44cd/m^2/mA程度であるので，従来方式比で約3倍の効率が確認できた。また，サーキュラープリズムシートを使用しないベクター放射結合型LEDバックライトと比べても，1.7倍の効率が実現できた。

図8に導光板上面からの出射特性とサーキュラープリズムシート上面からの出射特性を示す。サーキュラープリズムシートの効果で導光板上面から約63°方向にピークを持つ出射光がほぼ垂直方向に偏向されていることがわかる。

図9にバックライトの出射光特性であるϕ_rとϕ_θ方向の指向性の測定結果を示す。ϕ_r方向の指向性半値全幅は25°，ϕ_θ方向は20°となった。

5 おわりに

モバイル機器のLCD用照明として，光源にLEDを用いたベクター放射結合型LEDバックライトを開発した。本方式の採用で，高輝度かつ低消費電力なバックライトが実現でき，導光板の均一性，出射効率，出射光の指向性などの設計最適化が可能となった。さらに，サーキュラープ

第2章 バックライト用サーキュラープリズムシート

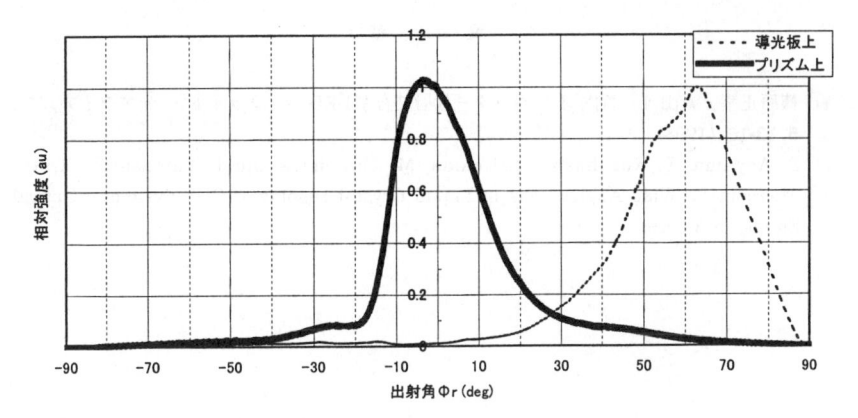

図8 導光板上とサーキュラープリズムシート上面の出射特性

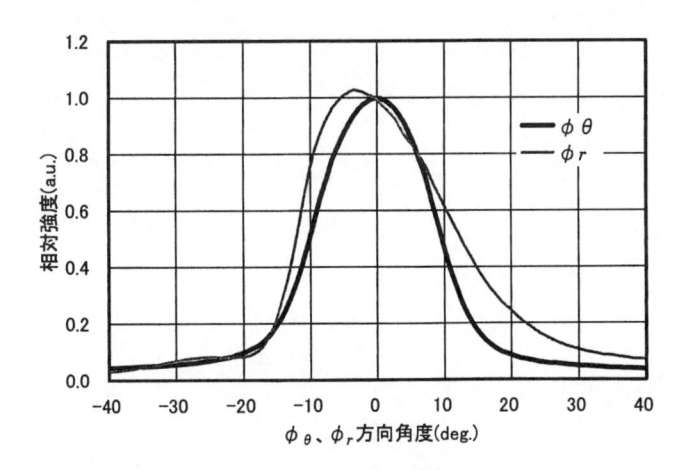

図9 バックライト指向性

リズムシートを使用するバックライトで紹介したようにシート類を追加・変更することで，より高輝度化へも実現可能であることを見出した。今後は，バックライトの厚みを減少させるためサーキュラープリズムシートと拡散シートを一体化するなどを検討し，市場要求に対応していきたいと考えている。

文　献

1) 篠原正幸,青山茂,竹内司,"ベクター放射結合型LEDバックライト",光アライアンス, **5**, 13-16 (1998)
2) S. Aoyama, T. Kurahashi, D. Uchida, M. Shinohara and T. Yamashita, "Giant Microoptics: Wide Applications in Liquid Crystal Display (LCD) Systems", Optical Society of Americ

第5編　バックライト用光学フィルム・シート

第1章　バックライト用導光板

1　導光板用PMMA材料

恩田智士*

1.1　はじめに

　コンピュータ等のディスプレイは，薄型化，軽量化のため，従来のCRT（ブラウン管）からLCD（Liquid Crystal Display, 液晶ディスプレイ）にシフトしてきた。初期のLCDでは光源を外光に頼る反射方式も採用されていたが，多くはバックライト方式が採用されて現在に至っている。

　近年ではLCD以外にもPDP, EL, OLED, FED等，別方式の自発光式ディスプレイも提案され，大型テレビ用途や携帯電話用途などで一部実用化されてきているが，大多数のディスプレイでは現在もLCDが使用されている。

　LCDは上述のように自発光型ディスプレイではないため，暗所での視認性を確保するために別途光源が必要になる。光源の方式としてはLCD背面に光源を持つバックライト方式とLCD前面に光源を持つフロントライト方式があるが，ごく一部のLCDを除いてバックライト方式が採用されている。

　バックライトの光源としては，LED, EL, 冷陰極管，熱陰極管，ハロゲンランプ等があり，これらの光源を使用したバックライトは，その発光形態や，輝度，寿命により用途別棲み分けが

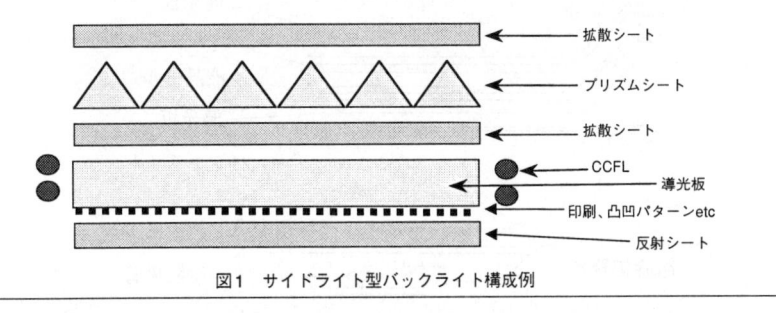

図1　サイドライト型バックライト構成例

---

*　Satoshi Onda　三菱レイヨン㈱　東京技術・情報センター　樹脂開発センター（登戸）
　副主任研究員

ディスプレイ用光学フィルム

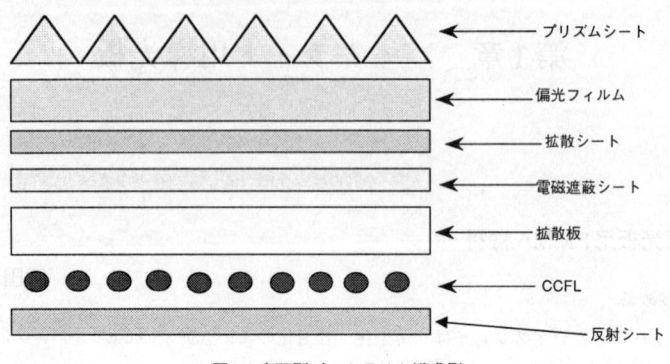

図2 直下型バックライト構成例

(上から) プリズムシート／偏光フィルム／拡散シート／電磁遮蔽シート／拡散板／CCFL／反射シート

できている。

　また，バックライト方式の中でも液晶の背面に光源を配列した直下型バックライト方式と液晶の背面に導光板を配置し導光板の端面（エッジ）より入射した光を液晶面に均等に出射させるサイドライト型バックライト方式とに大別される。

　近年の液晶テレビでは直下型方式も採用されているが，PCモニター，ノート型PC，カーナビゲーションをはじめとする大多数のLCDでは薄型化，低消費電力，輝度分布等の総合評価から

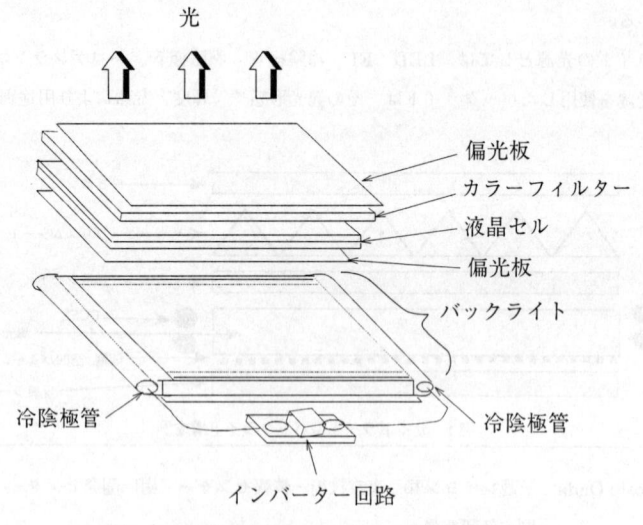

図3 LCDの構造模式図（サイドライト型バックライト）

光／偏光板／カラーフィルター／液晶セル／偏光板／バックライト／冷陰極管／冷陰極管／インバーター回路

第1章 バックライト用導光板

サイドライト型が採用されており,サイドライト型バックライトで必須部品となる導光板には多くの場合PMMAが使用される。

図3にサイドライト型バックライトを使用したLCDの構造例を記す。各種光学フィルムなどを含むバックライトユニットの上に偏光板,液晶セル,カラーフィルターなどを配置することによって液晶ディスプレイが構成される。

図3に示したサイドライト型バックライトは,平板状導光板の両端に冷陰極管を配した形状となっており,主にPCモニター用途などで採用されている形式である。一方,ノート型PCのように軽量・薄型化を特に要求される分野では導光板形状を板状からくさび形と呼ばれる形状として冷陰極管を片側のみに配置した形状となる。

表1にバックライト用導光板の素材別比較を示した。

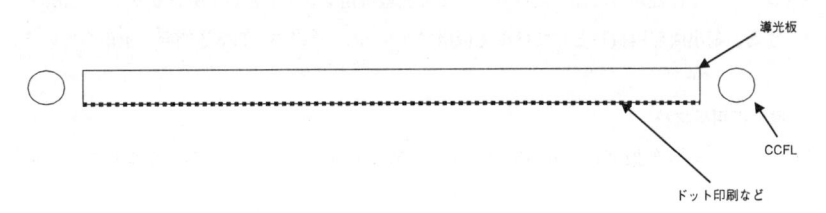

図4 平板型導光板例

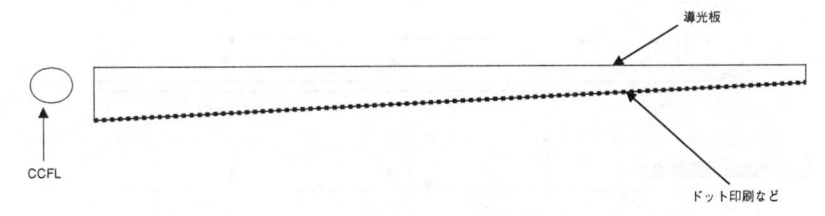

図5 くさび形導光板例

表1 導光板の形態

	板材料からの加工	射出成形による加工	
材料	アクリル樹脂板	アクリル樹脂成形材料	
形状	平板	平板	くさび形
板厚	1.5〜10mm	〜8mm	〜3mm
サイズ(一般的な適用サイズ)	〜22インチ	〜17インチ	〜15インチ
ロット	小ロット対応可	大ロット(金型負担大きい)	
印刷	必要(裏面を粗面化すれば省略可能)	必要(裏面に凹凸形状などを付与すれば省略可能)	

ディスプレイ用光学フィルム

導光板には下記の性能が要求され,それら特性を満足する素材としてPMMA（アクリル樹脂）が広く使用されている。
①透明性が高く異物を含まない。
②板厚精度,面精度が高い。
③機械加工性や印刷性に優れている。
さらに,バックライトとして要求される性能は下記の通りである。
①輝度分布が均一であり高輝度である。
②軽量である。
③－30℃～70℃の環境試験に耐えられる。
④安価である。
　三菱レイヨンでは板からの加工用材料として導光板専用グレードとしてアクリライト®N865があり,また,射出成形用材料としては導光板用アクリペット®VH5,TF8を開発,上市している。

1.2 導光板用板材料

三菱レイヨンの導光板グレードのアクリル板材料であるアクリライト®N865はアクリル板内

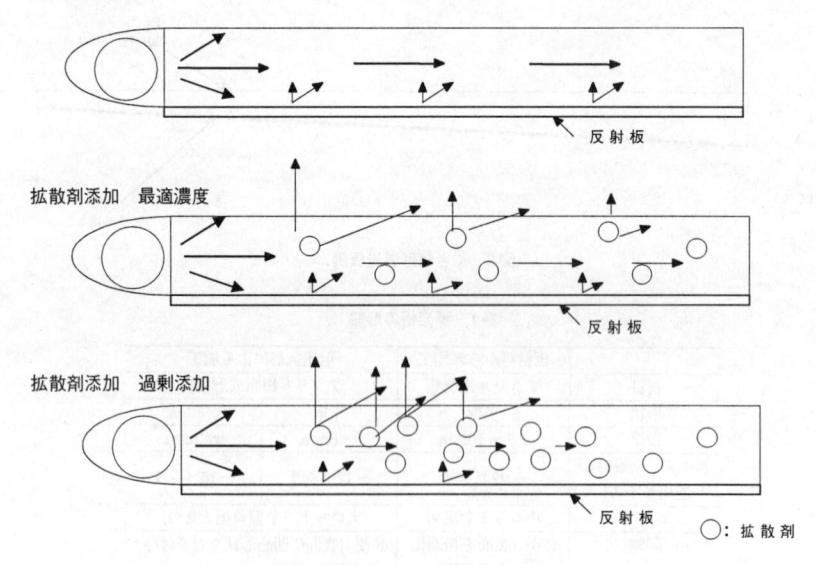

図6　微粒子入り導光板のイメージ図

144

第1章 バックライト用導光板

部に最適化された種類及び量の光拡散粒子を添加することにより，光拡散粒子を添加していない導光板と比較して導光板表面に出射する光量が多くなり，結果として高輝度のバックライトを作製することができる。イメージ図を図6に，輝度測定結果例を図7に示す。

アクリライト®N865を使用する場合には，図6に示したように光の出射効率が拡散粒子無しの場合と異なるため，導光板裏面のドット印刷パターンに関しても拡散粒子無しの場合とは異なるパターンとなるが，適した印刷パターンとすることによって図7に示したように，拡散剤無しのアクリル板（アクリライト®＃001）を使用した場合よりも高輝度が得られる。

この他アクリライト®N865の特徴としては下記のような特徴がある。

①アクリライト®N865は，光源ランプの光を効率的に面光源とするために開発した特殊な透明アクリル樹脂板である。

②導光板用途において輝点不良問題となる異物やキズがない。

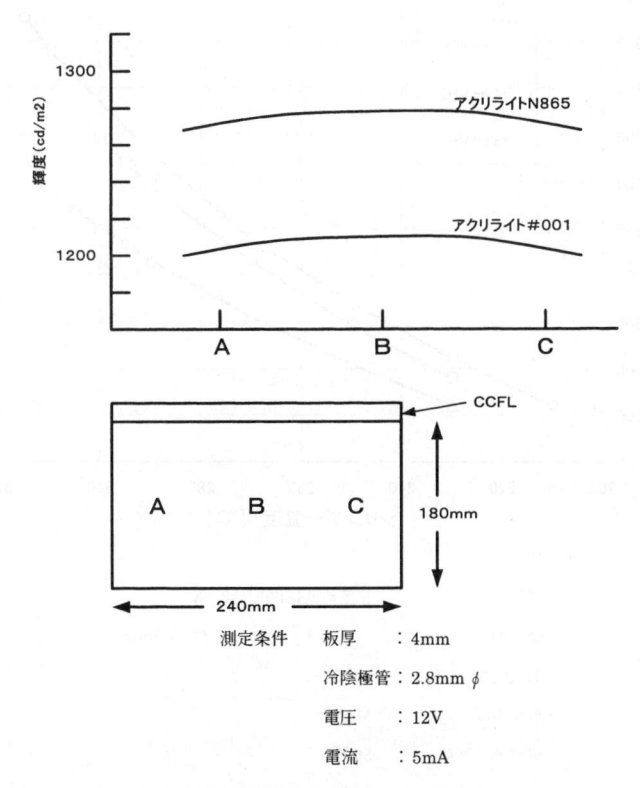

測定条件　板厚　　：4mm
　　　　　冷陰極管：2.8mm ϕ
　　　　　電圧　　：12V
　　　　　電流　　：5mA

図7　板材料導光板（印刷品）の輝度比較

ディスプレイ用光学フィルム

表2

項目	試料	アクリライト®L N865-6mm	アクリライト®E ♯001-6mm
製法		連続キャスト法	押出し法
荷重たわみ温度 JIS-K7207A法		100℃	90℃

③板厚精度に優れており,安定した品質を確保することができる。

④重ね切りや研磨加工特性に優れている。

⑤耐熱性に優れている(アクリライト®N865は,連続キャストシートであるので,押出製法品に比較して耐熱性に優れている)。

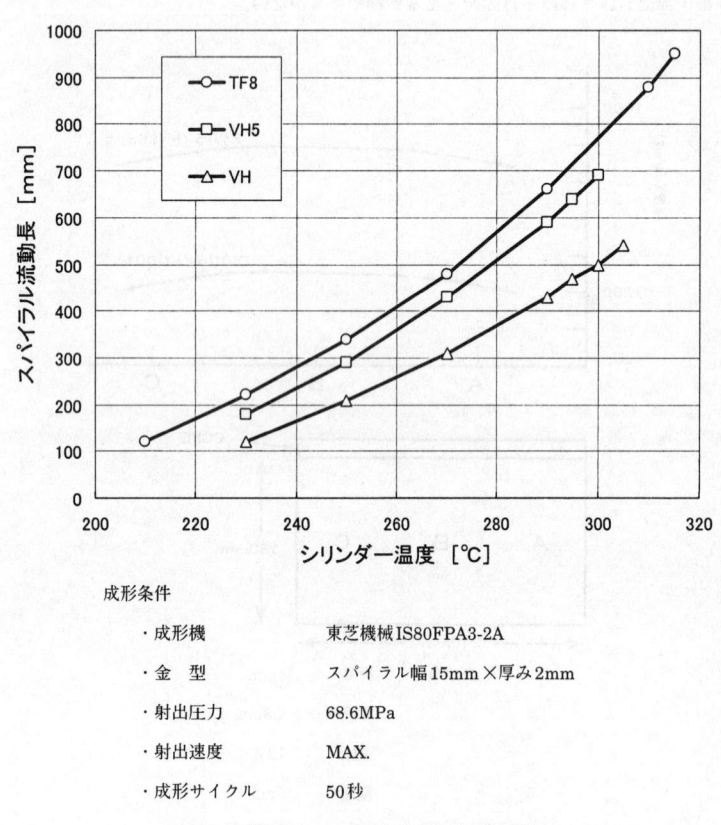

図8 導光板用アクリル樹脂成形材料の成形特性

成形条件
- ・成形機　　　　東芝機械IS80FPA3-2A
- ・金　型　　　　スパイラル幅15mm×厚み2mm
- ・射出圧力　　　68.6MPa
- ・射出速度　　　MAX.
- ・成形サイクル　50秒

第1章 バックライト用導光板

1.3 導光板用成形材料

三菱レイヨンの導光板グレードアクリル成形材料であるアクリペット®VH5, TF8に関しても下記のような特徴がある。

①異物が微量
　連続塊状重合プロセスの採用により, 輝点不良等の原因となる異物が極めて微量。

②高い透明性
　内部損失が非常に小さく, 導光板には最適な素材となっている。

③耐熱性
　導光板に必要とされる耐熱性を有する。

④低温成形性
　低温での成形においても, 薄型で大面積の末端まで十分に圧力がかけられる流動性を有している。

⑤優れた金型面転写性

⑥良好な離型性

1.4 導光板グレード アクリライト®L N865の物性

表3に示す。

表3

板厚：6mm

項　目	試験方法	単　位	N865物性
一般的性質			
比　重	JIS K 7112	—	1.19
吸水率	JIS K 7209	%	0.3
光学的性質			
全光線透過率	JIS K 7361-1	%	93
曇　価	JIS K 7105	%	0.5
機械的性質			
引張強さ	JIS K 7113	MPa	75
引張伸び	JIS K 7113	%	4.5
曲げ強さ	JIS K 7203	MPa	120
曲げ弾性率	JIS K 7203	MPa	3.2×10^3
衝撃強度			
アイゾット衝撃強度	JIS K 7110	kJ/m^2	2.0
ロックウェル硬度	JIS K 7202	Mスケール	100
鉛筆硬度	JIS D 0202	—	2H
熱的性質			
荷重たわみ温度	JIS K 7207 (A法)	℃	100
線膨張係数	JIS K 7197	cm/cm/℃	7×10^{-5}
熱伝導率	—	W/m・K	0.21

(つづく)

ディスプレイ用光学フィルム

電気的性質				
	体積固有抵抗	JIS K 6911	Ω・cm	$>10^{16}$
	表面固有抵抗	JIS K 6911	Ω	$>10^{16}$
	耐電圧	JIS K 6911	kV/mm	20
耐候性		63℃雨なし		
	フェード曝露	1300時間照射後	YI	1.1

上記数値は，代表値であり保証値ではない。

1.5 導光板グレード アクリペット®の物性

表4に示す。

表4

	項目	試験方法	試験条件	単位	VH5 000/001	TF8 000/001
物理的性質	密度	JIS K 7112		g/cm³	1.19	1.19
	全光線透過率	JIS K 7361	3mm	%	93	93
	曇価	JIS K 7136	3mm	%	0.3	0.3
	屈折率	JIS K 7142	nd	—	1.49	1.49
	吸水率	JIS K 7209	24hr	%	0.3	0.3
熱的性質	比熱	JIS K 7123		J(g・℃)	1.5	1.5
	線膨張係数	ASTM D 696		1/℃	6×10^{-5}	6×10^{-5}
	熱伝導率	JIS A 1412		W(m・℃)	0.2	0.2
	荷重たわみ温度（射出）	JIS K 7191	1.8MPa	℃	100	94
	ビカット軟化温度	JIS K 7206	B50	℃	107	101
	メルトフローレート	JIS K 7210	230℃，37.3N	g/10min	5.5	10.0
	スパイラル流動長（厚み2mm）	MRC法	230℃	mm	180	220
			250℃	mm	290	340
機械的性質	引張（降伏）応力	JIS K 7162	1A/5	MPa	61	59
	引張破壊ひずみ	JIS K 7162	1A/5	%	3	3
	引張弾性率	JIS K 7162	1A/1	GPa	3.3	3.3
	曲げ（降伏）応力	JIS K 7171		MPa	125	120
	曲げ弾性率	JIS K 7171		GPa	3.3	3.3
	アイゾット衝撃強さ	JIS K 7110	1A	kJ/m²	2.0	2.0
	シャルピー衝撃強さ	JIS K 7111	1eUノッチなし	kJ/m²	19	19
			1eAVノッチ	kJ/m²	1.3	1.3
	ロックウェル硬度	JIS K 7202	Mスケール	—	101	96
電気的性質	表面抵抗率	ASTM D 696		Ω	$>10^{16}$	$>10^{16}$
	体積抵抗率	JIS K 6911		Ω m	$>10^{13}$	$>10^{13}$
	絶縁破壊強さ	JIS K 6911	4kV/sec	MV/m	20	20
	誘電率	JIS K 6911	60Hz		3.7	3.7
	誘電正接	JIS K 6911	60Hz		0.05	0.05
	耐アーク性	JIS K 6911			痕跡なし	痕跡なし
	成形収縮率	MRC法		%	0.2–0.6	0.2–0.6

数値は，代表値であり保証値ではない。

2 シクロオレフィンポリマー

2.1 シクロオレフィンポリマー

小原禎二[*]

　シクロオレフィンポリマーは，シクロオレフィン類をモノマーとして合成される主鎖に脂環構造を有するポリマーであり，高性能化が著しい光学部品への要求に対応して開発されてきた[1〜3]。日本ゼオンは1991年にシクロオレフィンポリマー「ZEONEX®」の販売を開始し，透明性，低複屈折性，低吸湿性，耐熱性，精密成形性，低不純物性などの特長により光学レンズ，プリズムなどの光学部品；シリンジ，バイアル，光学検査セルなどの医療容器などに広く利用されるようになった。1998年には，シクロオレフィンポリマーの持つ高透明性，低吸水性，精密成形性などの特長を維持し，より汎用性の高い透明樹脂として「ZEONOR®」を開発，上市した。
　ZEONORは，耐熱性は70℃から160℃まで幅広くラインアップを揃え，透明性，低吸水性，精密成形性のほか，低透湿性，低アウトガス性などの特長を活かして，ノートパソコン，携帯電話，カーナビなどの液晶バックライト用導光板，液晶TVのバックライト用拡散板，各種光学フィルムの基材などの液晶ディスプレイ用途；輸液バッグ，プレススルーパッケージ用フィルム，シュリンクフィルムなどの医療・食品用包装フィルム；ウェハーシッパーや工程内キャリアーなどの半導体用容器；食器・哺乳瓶；ランプ用イクステンションリフレクターなどの自動車部品；などに広く展開されてきた。特に液晶ディスプレイ関連部品では軽量化・薄型化に対応した導光板や拡散板，光学フィルムの防湿フィルムなどとして欠かせない材料となっている。本稿ではZEONORのノートパソコン，携帯電話などの導光板用途への展開について紹介する。

2.2 ノートパソコン用導光板

　ノートパソコンの普及およびそのモバイルユースの拡大に伴い，軽量化，薄型化を特長とする製品が増加している。パソコンメーカーのハイエンドモデルや軽量化を特徴として差別化されたノートパソコンの液晶モジュールでは，導光板材料選択において軽量化に有利なZEONORを採用する動きが強まっている。導光板用グレードのZEONOR1060Rの物性を，導光板に使用されているアクリル樹脂（PMMA）およびポリカーボネート（PC）の物性値と比較して表1に示す。

2.2.1 軽量化

　これまで液晶パネルの軽量化を目指して様々な方策が採られてきたが，液晶バックライトに使用する導光板にもより一層の軽量化が求められている。軽量化のためにZEONORの低比重は有利な特長の一つとなっている。一つの例として14.1インチサイズでZEONOR製とPMMA製の

---

　[*] Teiji Kohara　日本ゼオン㈱　総合開発センター　COP研究グループ　グループ長

表1 各種材料物性比較

特性	試験方法	単位	ZEONOR 1060R	PMMA	PC
物理的特性					
比重	ASTM D792	-	1.01	1.19	1.2
吸水率	ASTM D570	%	<0.01	0.3	0.2
光学特性					
全光線透過率	ASTM D1003	%	92	92	89
屈折率	ASTM D542	-	1.53	1.49	1.58
ヘイズ（濁り度）	ASTM D542	-	0.4	0.4	0.8
ΔYI（黄変度）	ASTM D542	-	0.4	0.4	1.1
熱的性質					
ガラス転移温度	DSC	℃	100	100	140
成形収縮率	ASTM D955	%	0.1-0.3	(0.3-0.5)	(0.5-0.7)
メルトフローレート (230℃×3.8kgf)	JIS K6719	g/10min	60	5	27
機械的性質					
引張強度	ASTM D638	MPa	53	73	64
伸び	ASTM D638	%	90	5	70
曲げ強度	ASTM D790	MPa	76	118	93
曲げ弾性率	ASTM D790	MPa	2100	3300	2300
デュポン衝撃強度	ASTM D256	J	26	0.3	27
ロックウェル硬度(R)	ASTM D785	-	55	97	79

導光板の重量を比較すると，その比重差によって16gの軽量化の差が生じる（表2）。数gの軽量化にも凌ぎを削る液晶モジュールでは10g単位の軽量化の意味は大きい。ノートパソコンのモバイルユースは今後も拡大し，軽量化要求も一層高まると予想されるが，軽量化を進める上でのZEONORの有用性はますます高まると予想される。

表2 導光板重量比較

14.1インチ楔形導光板 289×218×(2.0/0.7)mm	
ZEONOR	PMMA
86g	102g

2.2.2 薄型化

軽量化を進めるため導光板の薄型化も進んでいる。ZEONOR1060Rは流動性の高さ，印刷レスV溝タイプの薄型導光板成形時のV溝パターンの転写性の良さなどを特長としている。図1にZEONOR1060Rと導光板用の高流動タイプPMMAのスパイラル流動長を比較して示す。ZEONOR1060Rは流動性が

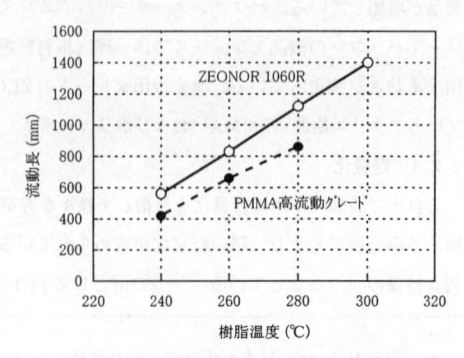

図1 導光板用樹脂のスパイラル流動長

第1章 バックライト用導光板

高く，またPMMAと異なり300℃付近の高温域でも分解することなく成形が可能であるため，さらに高流動となり，薄肉大型導光板の成形にも有利となる。ZEONORでは14.1インチ楔形導光板で厚みを2.0/0.5mmにまで薄型化することで，重量78gのものも成形できるが，PMMAでは成形困難となる。

導光板用樹脂の吸湿性が高いと，薄型導光板では高温・高湿環境化で吸湿による反りや寸法変化を生じ易い。反りや寸法変化はバックライトの輝度分布変化などの光学特性に影響を及ぼすため好ましくない。ZEONOR1060R製とPMMA製導光板の高温・高湿環境試験での反りと寸法変化のデータを図2に示す。14.1インチ楔形導光板でのZEONOR1060R製導光板の反りの大きさは，PMMA製導光板の1/8に抑えられている。また，図3に高温・高湿環境試験前後の導光板によるバックライトユニットの輝度分布の状態を示す。吸湿変形の無いZEONOR導光板では輝度分布の変化が小さいことが分かる。

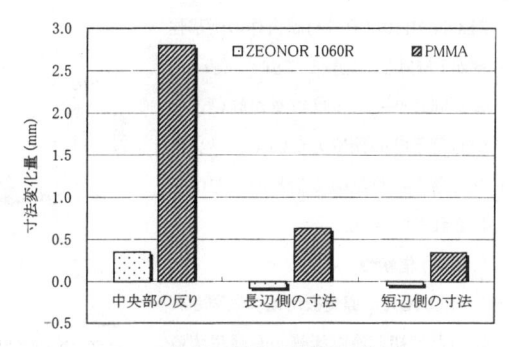

図2　高温高湿試験後の導光板寸法変化
条件：60℃，90％RH，240h
導光板：14.1インチ楔形導光板，印刷レスタイプ，出光面プリズムパターン有り

2.2.3　耐衝撃性

モバイルユースが前提のノートパソコンは落下衝撃等は極めて過酷な条件で試験されている。

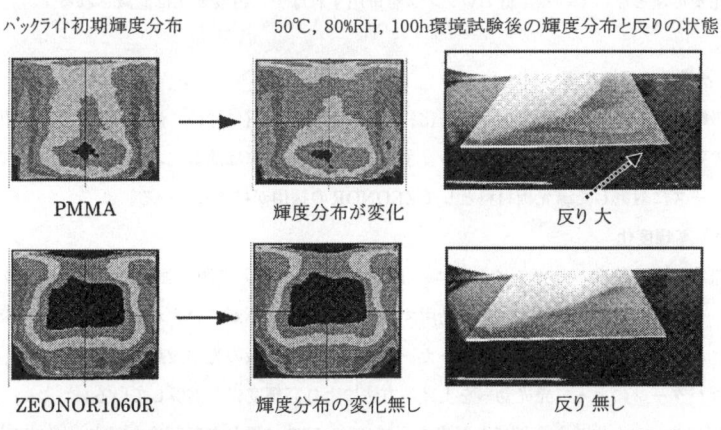

図3　高温・高湿環境試験前後の導光板によるバックライトユニットの輝度分布変化

ディスプレイ用光学フィルム

ZEONOR1060Rは材料自体の衝撃強度がPMMAに比較して強く（表1），また同じサイズでは重量が軽いことから落下時の衝撃力が弱く，パソコンの落下衝撃試験で割れの問題は指摘されていない。

2.2.4 信頼性

ZEONORが導光板用途へ試験され始めた当初，冷陰極管から発生する強い紫外線（UV光）の影響により黄変の指摘があった。紫外線による劣化は導光板のみならずランプリフレクターやシート類にも及び，これらの相乗作用でバックライトユニット全体の品質低下につながっている

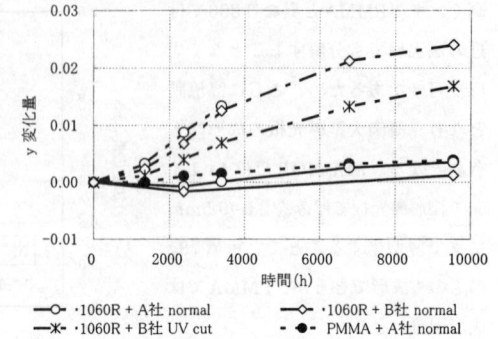

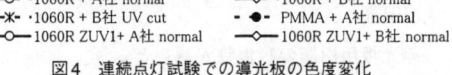

図4 連続点灯試験での導光板の色度変化
導光板のみのy変化量（数値は25point平均値）
導光板：ZEONOR1060R, ZEONOR1060R ZUV1, PMMA
ランプ：A,B2社のノーマルランプ，UVカットランプ
試験温度：室温点灯

ことが分かった。このことから，ランプメーカーでは低UVランプを開発し，冷陰極管からの紫外線照射量は激減された。これによってもZEONOR導光板の黄変はかなり緩和されたが，同時にZEONORの耐紫外線改良を進め，材料自体の信頼性を向上させることにも成功し，耐UVグレードであるZEONOR1060R ZUV1を製品化している。ZEONOR1060R ZUV1製導光板のランプ連続点灯試験での色度変化の様子を図4に示すが，ノーマルランプ点灯条件でPMMAと同等の耐光安定性となっている。低UVランプを併用すれば更に色度変化は低減される。

2.3 携帯電話用導光板

携帯電話の液晶モジュールのカラー化，写真や動画の配信に伴い，表示画面の高輝度化・高精細化の要求がますます強くなっている。また，デザイン的には薄型化の傾向が進んでいる。これらのニーズに対応した導光板材料としてZEONORの採用が拡大している。

2.3.1 高輝度化

携帯電話向け液晶バックライトユニットの輝度向上には，光源の強度アップ（LEDの数を増やす）や効率の良い光学フィルムを使用する等の手法があるが，いずれも大きなコストアップを伴う。そのため液晶バックライトメーカーによっては導光板の光学設計に特徴を持たせ，表面の微細なパターンによって発光効率を上げる方法により高輝度化を実現している。

微細パターンを施した金型での射出成形でZEONORは優れた転写性を示す。図5に表面にミ

第1章　バックライト用導光板

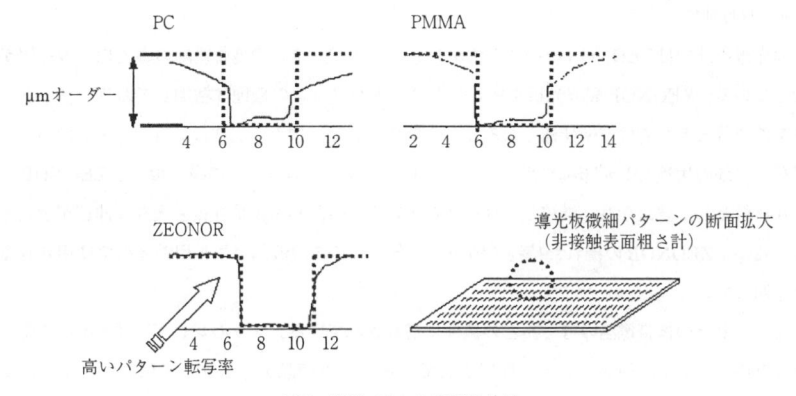

図5　光学パターン転写性比較

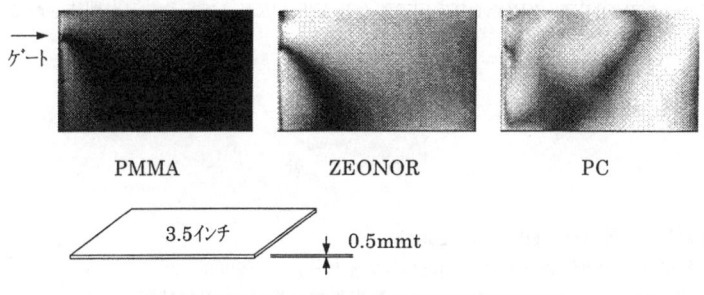

図6　偏光板による携帯電話用導光板の複屈折観察状態

クロンオーダーの微細パターンを有する導光板成形での転写状態を示す。ZEONORがPCやPMMAに比べて良好なパターン転写性を有していることが分かる。他の樹脂では転写できない微細パターンを正確に転写し，設計で狙った通りの輝度が得られるとの評価を受けている。

2.3.2　薄型化

ノートパソコン用途でも述べたが，ゼオノアは他の樹脂に比べ流動性が高いため薄肉成形が容易である。LCDの厚みが薄くなって行くにつれて導光板の厚さも薄型化が求められる。ZEONORでは厚さ0.5mm程度の導光板でも微細なパターンを充分転写して成形することが可能である。また，バックライトユニット全体の薄型化で，光学シートの数を減らす傾向にあるが，図6に示すようにZEONORは複屈折も小さく，PCのように液晶を通して導光板の歪模様が見えるという心配は少ない。

2.4 おわりに

　導光板用途ではZEONORの特長を生かし，ノートパソコンや携帯電話の導光板への採用が拡大している。ZEONOR製導光板を搭載したノートパソコンの機種は増加しており，ノートパソコンの軽量モデルでは標準仕様となることも期待される。また，現在は品質やコストのハードルが高く一部の用途でしか市場に出ていないフロントライトユニットの導光板にもZEONORは好適な材料として認められ，継続して採用されている。液晶パネルは今後も大きな伸びが予測されているが，ZEONORの優れた特性を活かし，各種サイズの液晶パネル用導光板で使用されることを願っている。

　また，最近の携帯電話のほとんどの機種に搭載されているカメラのレンズには光学用樹脂であるZEONEXが圧倒的なシェアで採用されている。また液晶ディスプレイ用光学フィルムでもZEONOR製フィルムをベースとしたものが急拡大している。成長を続けるオプトエレクトロニクス分野の中で，各種光学部品や液晶関連部材に透明性，低吸湿性に優れたシクロオレフィンポリマーであるZEONEX，ZEONORの用途が今後も更に広がって行くことが期待される。

文　　献

1) 小原禎二，高分子，**50**，787（2001）
2) 篠原弘信，次世代高分子設計，p235，アイピーシー（2000）
3) 広瀬敏行，オレフィン系，スチレン系樹脂の高機能化/改質技術，p263，技術情報協会（2000）

第2章　バックライト用反射シート

鈴木基之*

1　はじめに

　光反射シートは，照明機材，サインボード，コピー機，スキャナ，太陽電池などで広く用いられ，ディスプレイ用光学フィルム材料としてもLCD（液晶ディスプレイ）バックライトで「反射シート」として用いられている。

　バックライト内部で光を反射するために用いられる反射部材は，白色樹脂を成型した筐体が兼ねる場合もあるが，反射部材の性能が直接バックライトの輝度に大きく影響するため大部分は特別に光反射性に優れたシート部材を単体で，あるいは基材や表皮材として用いている。

　本稿では，前半で反射シートの基本になる「反射」という現象の理論的側面について概説し，後半で実用特性について考察するとともに今後の展望についてもふれていきたい。

2　LCDバックライト用反射材料の概要

2.1　バックライト反射部材

　LCDセルの背面に置かれるバックライトの使命は，許される大きさ・厚さ・重さと消費電力のなかで，如何に「明るく美しく」パネルを照らして美しい画像を浮かび上がらせるか，にある。

　バックライトの発光光源には面発光体である無機ELシートも使われるが，多くのLCDでは発光効率や演色性の点から冷陰極管（CCFL，以下単に「管」と呼ぶことがある）やチップLEDが広く使われる。これらの光源は線状もしくは点状であるため，バックライトとするためには光束を発光面全体に展開する必要があるが，効率よく，かつ均斉に光束を展開しなければ「明るく，美しい」バックライトを得ることはできない。反射シートも含めてバックライトに用いられる多くの光学部材は，この目的で開発，改良されてきたと言って良い。

　図1は，代表的なバックライト構成を説明する図である。このバックライトは，主にパソコン用モニターで用いられているタイプであり，画面の外側エッジに光源が置かれることから「エッ

＊　Motoyuki Suzuki　東レ㈱　研究・開発企画部　主任部員

ディスプレイ用光学フィルム

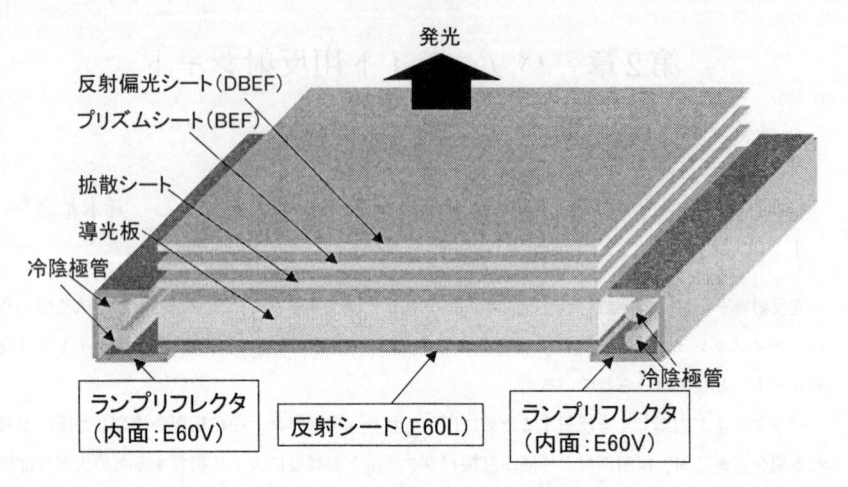

図1 エッジライト型バックライトの構成例

ジライト式」と呼ばれる。この中で，反射シートは発光面から見て最背面に敷かれる光学材料である。

エッジライト式バックライトでは，図1に示したように，「発光面からみて最背面に敷かれる」反射シートの他に，光源である冷陰極管を包むように配される反射部材もある。ここでは，これを慣例に従い「ランプリフレクタ」と呼び，最背面に敷かれる「反射シート」と区別させていただく。ランプリフレクタの役割は，光源から発せられた光束をできるだけ効率よく導光板に導入するためのものであり，一般に導光板の縁を側面から掴むような形状をしている。

さらに大型の液晶テレビなど大型のバックライトでは8本以上の管が必要となり，エッジライト式では発熱や効率，導光板の重量増大などの問題から「直下型」とよばれる構造が多くなっている。代表的な直下型バックライト構成を図2に示す。直下型バックライトにおいても反射シートは，発光面からみて最背面に敷かれるという点では変わりはない。

2.2 反射シート性能の重要性

このようなバックライトではエッジライト型も直下型も，内部で何回も反射を繰り返して均斉度を高めたり輝度を高めたりしている。たとえばプリズムシートは真下から入射する光線はすべて反射し，反射シートに戻すことで指向性を高めて輝度を向上させているため[1]，反射シート性能が優れていなければ効果が十分発揮できないのである。

このように，構造により程度の大小はあるにしても，光源から発せられた光束はバックライト

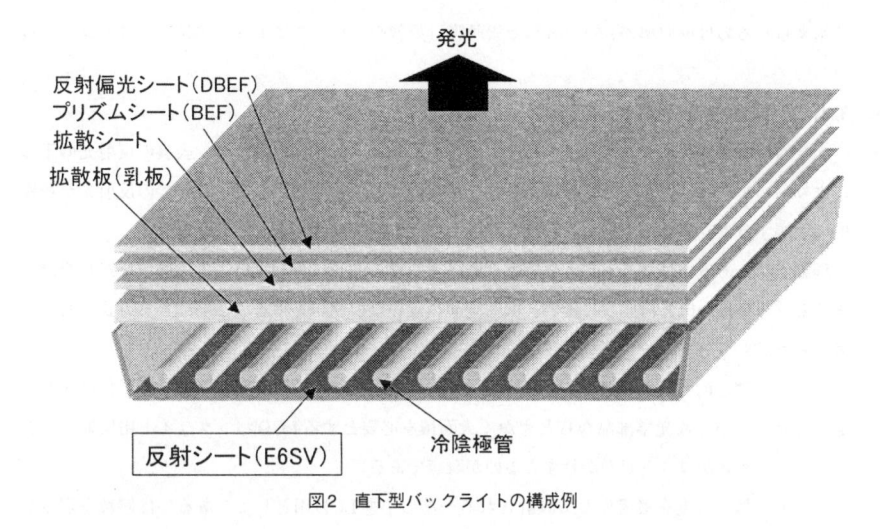

第2章 バックライト用反射シート

図2 直下型バックライトの構成例

内部で何度も反射を繰り返して面状に展開されて均一な面光源が得られているのであって，反射シートでのわずかな光ロスは大きく輝度に影響することになる．

3 反射シートの設計

3.1 反射の原理

3.1.1 金属反射

一般に光を反射するものとして，まず想起されるものは「鏡」であろう．鏡はガラスの裏面にアルミニウム等の金属薄膜を積層し防腐食処理をしたもので，金属反射によって光線を反射する．金属反射は，金属の自由電子によって電磁波である光が進入できず反射されてしまう現象であり，金属種によってその反射率は大きく異なっている．

一般の鏡に使われるアルミニウムの反射率は90～92％であり，電卓や時計などバックライトのない反射型LCD用の反射シートとしては十分な反射率である．このような反射型LCDは，太陽光や室内照明光などの外光を一度だけ反射して観察者の目に届ければよいので数％の反射率の差はあまり大きな意味を持たない．

しかし，アルミニウム金属で「反射されなかった8～10％」は吸収によるものである．したがって「何回も反射を繰り返す」バックライト用反射材料としてはロスが大きすぎる．カラーLCDでは，さらに高い輝度が必要であることも相まって金属反射材料でバックライト材料とし

て耐えられるのは反射率が95～98％の銀薄膜（蒸着やスパッタによって成膜）だけと言って良い。

3.1.2 誘電体多層膜反射

光学的な厚さ（数百ナノメートル）をもつ透明誘電体（絶縁体）薄膜は，表裏の反射光の干渉により，バルクとは異なった光線透過特性を示す。この現象を利用して，各層での反射光が積極的に増幅するようにしたものが誘電体多層膜反射素子（誘電体ミラー）である。

理論上は，あるいはコストさえ許容されればあらゆる波長に対して自由に透過，反射を設計できると言って良いほど自由度に優れ，最も理想に近い反射材料を得ることができる方式であると考えられる。

しかし，理想的な反射特性を得ようとすると10層あるいはそれ以上の精密な多層積層成膜が必要となり，小さな光学部品ならともかく大面積を必要とするLCDバックライト用反射材料としては，いささかコストがかかりすぎるのが難点である。

実用的には，輝度を最優先して設計される一部の小型LCD用として，あるいは層数を限定して反射金属板の補助的な反射率向上層として用いられている。

3.1.3 界面多重反射

光が屈折率の異なる界面に到達すると大部分は透過しながらも一部は反射する。この界面反射は，単位素子の反射率は小さいもののエネルギーロスがないため，幾重にも重ね合わせることで大きな反射率が得られる。快晴の雪原が眩しいほど白く見えるのも同様の原理による。

2つの誘電体の界面でのエネルギー反射率は，界面に対して法線方向から入射する光束に対しては式（1）で示される。空気の屈折率は1.0，一般のプラスチックの屈折率は1.4～1.7なので樹脂と空気の界面での反射率はわずか3～7％程度であることがわかるが，この界面をいくつも重ね合わせると大きな反射率が得られる。

＜式1：垂直入射光の反射率＞

$$r = \left(\frac{|n_1 - n_2|}{n_1 + n_2}\right)^2 \tag{1}$$

ここで，

　　r：反射率

　　n_1：媒体1の屈折率

　　n_2：媒体2の屈折率

界面多重反射による反射材料は，上記した誘電体多層膜と異なり界面が存在しさえすれば効果が発現する。すなわち，それぞれの層の膜厚や屈折率の厳密な制御は必要はないため，低コストで高性能な反射シートを得ることも可能になる。その結果，現在，バックライト用反射材料とし

第2章 バックライト用反射シート

て主流となっている。

また，この方式による反射シートでは，金属反射と異なり「反射できなかった光」は透過していることが多いので，特に重要な部分だけにでももう一枚の反射材料を敷くことでバックライト効率向上が図れる場合もある。

3.2 拡散反射と鏡面反射

一般に「反射」素子といえば「鏡」であり色で言うなら「銀色」となるが，「白」もまた「すべての色の光を混合した色」であるなら，すべての光を反射していることになる。では，この「銀」と「白」の違いは何か。

一言で言えば，その反射光の進行方向の違いということになる（図3）。「鏡」は，ある入射光に対する反射光は一つの方向しかない。一方，白いものは，一つの入射光に対して，反射光は様々な方向へ拡散しながら進行する。つまり白いものを見ている時に目に届いている光は，いろいろな方向から入射した光の反射光を見ていることになる。

上記の「鏡のような反射」を鏡面反射といい，「紙のような反射」を拡散反射と呼ぶ。一般に，鏡面反射は平滑な表面，たとえばガラスの表面，平滑なプラスティック表面，金属表面等で見られる。また拡散反射は微細な凹凸表面や多孔質構造をもつ表面での反射に見られる。

なお，拡散反射という表現は，反射光の進行方向を確率や分布でとらえた方が考えやすい時に用いるマクロな特性である。微細に見ていけば凹凸表面の一部分，あるいは多孔質構造のそれぞれの界面部分における細かい鏡面反射の集合体であって，拡散反射と鏡面反射の間に明確な境界は存在しない（図3）。

反射シートにも鏡面反射シートと拡散反射シート（およびその中間のもの）があり，それぞれ，バックライトの設計に合わせて選択されている。

一般には，拡散反射シートの方が輝度ムラが小さく均斉度の高いバックライトを得ることがで

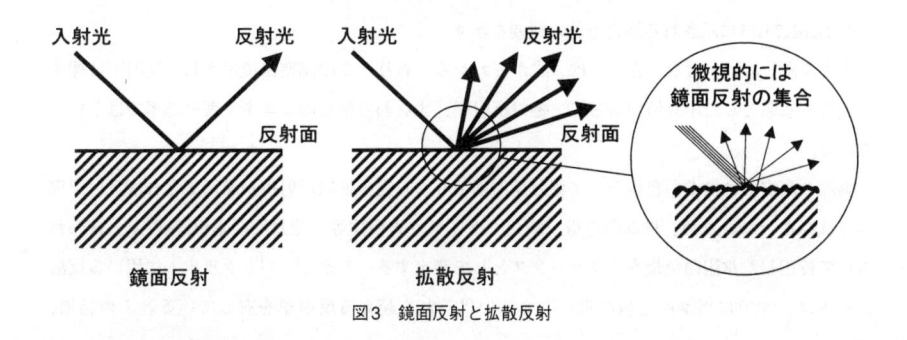

図3 鏡面反射と拡散反射

きると言われている。さらに，大きな画面サイズになると温度，湿度，外部応力，内部応力，加工精度等による寸法変化やバラツキが大きくなるため，これを吸収できる設計が鏡面反射シートでは難しくなるが，拡散反射シートによれば許容される寸法変化に幅を持たせることができるようになる。この結果，事実上，対角6インチ以上のLCDバックライトではほとんどが拡散反射シートとなっている。

一方，出射光を拡散光として扱う必要のないバックライト，つまり視野角は狭くても，あるいは多少の輝度ムラがあってもある特定方向，一般には正面方向の輝度を優先して設計されるバックライトの場合には，幾何光学的な光路追跡によってそれぞれの光学素子を設計した方が高い輝度が得られるようである。

具体的には，消費電力を可能な限り小さくすることが求められるカラー携帯電話用バックライト等がこれに相当し，鏡面反射材料も使われることが多い。同様に，ノートPC用でも視野角や輝度ムラよりもピーク輝度を最優先する場合には，拡散反射材料の中でも鏡面反射成分を増やした方が好ましいようである。しかし視野角の狭さや強い輝度ムラは，本来見えてはいけないバックライトの存在が意識され，ディスプレイ画質としては好ましくない。

拡散性を評価する方法はいくつかあり，正確には変角光度計を用いて3次元的に評価するが，簡易的には光沢度（グロス）である程度の拡散性は判断できる。

光沢度とはJIS-K7105等で定められているとおり，ある決められた角度で入射した光束が反射面で拡散するとき，定められた方向へ反射する光度を測定するものであり，良く用いられるのはGs(60)とも表記される60度鏡面光沢度である。経験的には大型バックライトではGs60が40％より大きいと輝度ムラが生じやすくなるようである。

3.3 反射率測定の問題

ここで，反射シートにとって最重要特性である全光線反射率（単に，「反射率」と呼ぶことも多い）の測定時に生じやすい問題について触れておきたい。図4に，全光線反射率についても定めたJIS-K7105に示される測定方法の概要を示す。

まず注意しなければならないのは，式からわかるとおり，この測定法で示される反射率は標準白色板を基準とした相対値であって，絶対反射率，すなわち絶対的なエネルギー効率ではない点である。

実際の測定では標準白色板として絶対反射率100％の完全拡散反射板が準備できれば良いが現実には存在しないため，標準白色板（酸化マグネシウム粉体等，絶対反射率99％以上と言われる）で校正した常用白色板をリファレンスとして測定する。しかし，バックライトに用いる反射シートは，すでに標準白色板に近い，あるいはそれを超える反射率を有している。この結果，

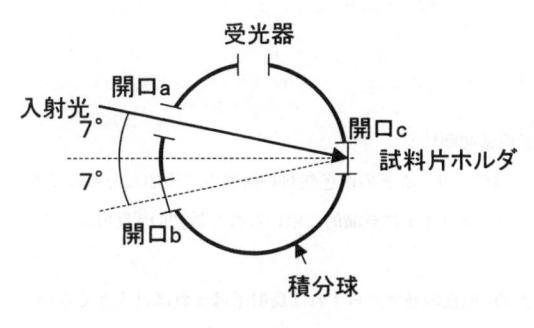

第2章 バックライト用反射シート

$$R = \frac{T_4}{(T_1-k(T_1-T_3)\left(1-\frac{T_4}{T_1}\right)} \times 100$$

ただし，開口面積が十分に小さいときは下記式によっても良い

$$R = \frac{T_4}{T_1} \times 100$$

ここで，

R ：全光線反射率
k ：試験片面積／開口面積
$T_1 \sim T_4$ は，それぞれ下記条件で得られた受光強度

	開口b	開口c
T_1	標準白色板	標準白色板
T_3	ライトトラップ	標準白色板
T_4	標準白色板	試料片

図4 全光線反射率の測定方法（JIS-K7105）

　我々もできるだけ絶対反射率に近い反射率を測定できるように努力しているつもりではあるが，最新の反射シートでは100％を超える反射率となってしまっているが，違和感は拭えない。
　また，もう一点，現実の測定で問題になるのが，上述した拡散性の違いによる誤差をどう処理するか，という問題である。
　完全拡散反射面が実在しない以上，積分球内部での反射を繰り返した後に測定される光量は，最初の反射面，つまりサンプルの反射拡散性で変わってくることが予想されるが，実際に積分球の品質や構造によっては大きな差となってしまう。
　「鏡面」と「白色」のシートを直接比較して，どちらがエネルギー的に優れた反射材料であるのか正確に判定する方法は，筆者の知る限りにおいて存在しない。同様に拡散反射材料どうしの比較であっても，それぞれの拡散性が異なるとおおむね0.5～2％程度の誤差を含んでしまうのが現実である。
　したがって反射シートの性能を議論する際は，同じ測定装置・条件で測定したデータを用いるのはもちろんのこと，厳密にはその拡散性にも注意を払っておく必要がある。一見，反射率の低いシートの方が高い輝度が得られることもある。

4 代表的な反射シート材料

4.1 拡散反射（白色）系
4.1.1 白色ポリエステルフィルム（顔料添加型）

一般の白色ポリエステルフィルムは，酸化チタンなどの白色顔料を樹脂中に添加したものであり，おそらく反射することを目的としてバックライトに意識的に用いられた最初の「反射シート」材料であると思われる。

しかし顔料はごく一部の吸収があるため，現在の基準からすれば反射率はそれほど大きくない。図5に酸化チタン含有ポリエステルフィルムの分光反射特性を示した。

白色ポリエステルフィルムは汎用性のフィルムであり，現在もそれほどの輝度を必要としないモノクロLCDの一部で用いられている。

4.1.2 界面多重反射シート

界面多重反射型の反射シートとして超白色ポリエステルフィルムが代表的である。「超白色フィルム」とは「白色フィルムを超える白さ」をもつという意味で用いている呼称であるが，もは

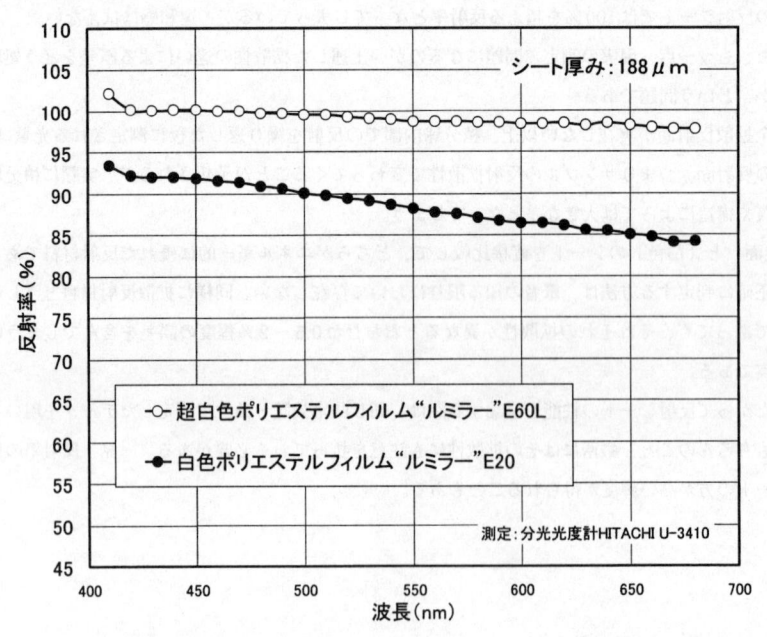

図5 白色ポリエステルフィルム，超白色ポリエステルフィルムの分光反射率（代表値）

第2章　バックライト用反射シート

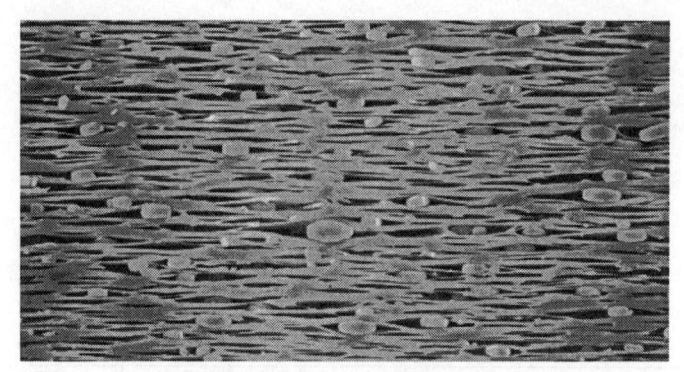

写真1　"ルミラー"E60L断面拡大写真

や反射シートとして世界標準ブランドとなった「E60L」と申し上げた方がよいかも知れない。

E60Lの反射特性を図5にあわせて示している。一般白色ポリエステルフィルムに対して非常に高い反射率を有していることがわかる。

超白色ポリエステルフィルムは、内部に多数の扁平ボイドを形成したポリエステルフィルムであり、扁平ボイドのそれぞれの界面で生じる反射の多重反射によって高い反射率を有する。写真1にE60Lの断面を拡大した写真を示す。写真1からわかる通り、内部に多数のボイド（空洞）が形成され、またボイドは非常に扁平な形状をしているため、全体厚さを大きくすることなく多くの層を形成できていることがわかる。なお、このボイドは、ポリエステルに添加した核剤を起点にフィルムを延伸する際に生じる剥離によって生成させたものであり、写真にもボイド中央に核剤が確認できる。

界面多重反射シートは、内部構造を微細化することで反射率が向上することが期待される。まさしく新しく開発された反射シートであるE6SLは、E60Lを進化させボイドを超微細化したものであり、ボイド核剤を微細化すると延伸剥離が生じにくくなるなどいくつかの困難を克服し、倍以上のボイド高密度化を達成した結果、ほぼ理論限界に近い反射率が得られている。

E6SLの反射率向上はE60Lに対して高々2〜3％ではあるが、これはE60Lシートを約3枚重ねた時の反射率に相当し、その効率向上効果の大きさが理解できる。その結果、バックライト構造によっては10％を大きく超える輝度向上効果も得られる。

界面多重反射型の反射シートとしては、このほか多孔質ポリプロピレンフィルムや微細発泡ポリエステルボードも開発されている。これらの中で当社E6シリーズは二軸延伸ポリエチレンテレフタレートフィルムであるので、バックライト薄型化に貢献する薄膜性と高温になるランプ近傍においても寸法変化の少ない耐熱性を併せ持つという特徴を有している。

表1 東レ「E6」系反射シート一覧

グレード	タイプ	呼称	主な用途
一般反射シート	プレーン	E60L	反射シート一般
	耐UVタイプ	E60V	ランプリフレクタ 直下型（テレビ，モニター）
超高反射シート	プレーン	E6SL	モニター（高輝度）
	耐UVタイプ	E6SV	直下型（テレビ，モニター） ランプリフレクタ（高輝度）

表2 反射シート代表特性値

項目		(単位)	E60L 汎用高反射	E60V 高反射・耐UV	E6SL 超高反射	E6SV 超高反射・耐UV
厚み		μm	188	193	250	255 500（試作品）
光学特性	全光線反射率	％	98	98	101	101
	光学濃度	—	1.3	1.3	1.6	1.6
	光沢度(Gs60)	％	25	21	25	21
熱的特性	熱収縮率[1] (150℃×30分)	％	1.1／0.5	0.7／0.0	1.5／0.5	1.2／0.3
	長期的耐熱性[2]	℃	(105)	(105)	(105)	(105)
耐環境性	耐UV性[3]	—	60	2	60	2
機械物性	破断強度	MPa	95／90	91／82	81／76	79／74
	破断伸度	％	90／60	86／61	90／64	86／75

・いずれも代表値であり，保障値ではない。（　）は推定値。
(1)：値は，シート長手方向／幅方向で示している，他も同様
(2)：伸度半減期が10万時間を超える温度を予測
(3)：アイスーパーUVテスター（岩崎電気製）にて3000J／cm^{2}照射時のΔYI（黄色度の変化）

表1，表2にE6系シリーズ材料の一覧および特性を示したので参考にされたい。E6S系は，反射率と厚み以外は，E60系と同じ特性を持たせてあり，これまでE60Lで蓄積された膨大なバックライト設計ノウハウを活かしたまま高輝度化することができる。

4.2 鏡面反射系

4.2.1 金属薄膜

鏡面反射材料で，最もポピュラーなものは銀（Ag）薄膜フィルムである。前述したように銀は金属の中でもっとも吸収が少なく反射材料として優れている。通常，銀薄膜はスパッタによってポリエステルフィルム上に形成される。

金属薄膜型の反射材料の特徴は，その薄さにある。金属は表面で反射するため理論的には厚さ

第2章　バックライト用反射シート

10nm程度で最大反射率に達する。現実にはハンドリングのための基材や防腐食性のために表面処理等が必要なため数十μmの厚さが必要になるがそれでも十分に薄い。

4.2.2　誘電体多層膜

厳密な意味での誘電体薄膜反射材料はバックライト用として実用化されていないと思われるが，ポリエステル薄膜多層積層タイプの反射シートは誘電体多層膜と考えても良いであろう。ほとんど損失のない非常に高い反射性を有し，Ag薄膜フィルムに対して10％程度輝度が向上する場合もあると言われる。

高い輝度が要求される携帯電話用カラーLCD等で採用例が見られる。

4.3　中間（マット）系

鏡面反射に近い反射を得つつも，すこしマイルドな指向性をもたせたい時には，マット系の反射シートが用いられる。一般に，コーティングやサンドブラスト等の方法によって表面を粗面化（マット化）したポリエステルフィルムに銀，アルミ等の金属薄膜を設けたものが多い。また鏡面反射シートの反射面に拡散フィルムと同様のコーティングを施すことでも類似の効果が得られる。

身近なところでは，電卓や時計で用いられるセグメント表示型全反射型液晶ディスプレイで偏光フィルムと貼合されて用いられる反射フィルムがある。これは表面を粗面化したポリエステルフィルムにアルミニウムを蒸着したものが多く用いられる。また反射シートではないが，液晶セル内の電極を反射板として用いる反射電極にも同様のものが多い。

5　主な用途での実用特性と今後の展望

5.1　携帯電話用

携帯電話をはじめとする小型携帯機器では薄いバックライトが求められ，1μmでも薄い部材が求められる。一方，1台あたりの面積は小さいため，比較的，面積単価の高い部材でも採用することができる場合がある。したがって高輝度化が求められるTFTカラー用バックライトでは，銀薄膜フィルム，薄膜積層フィルムが多く用いられている。

今後，携帯電話は情報容量の増大とモバイルテレビ・ビデオ機能搭載など高精細化と高色純度化が進むためバックライトはますます高輝度化が求められて行くことになろう。したがって反射シートに対しても，ますます薄膜化と高反射率化が求められていくことになろう。

5.2 ノートPC用

バッテリ駆動が前提となるため低消費電力化が求められ、同時に軽量化、低コスト化、高画質化も進めなければならないノートPC用バックライトは、ある意味もっとも技術的に難しいバックライトと言えるが、どちらかと言えば、限られた消費電力のなかで正面輝度を向上させることが優先されるようである。その結果、導光板への機能統合が進むものと見られている。しかし携帯電話のように画面が小さくないことから、各材料の寸法変化や収率を想定して設計する必要があり反射シートは拡散反射材料が適している。

またランプリフレクタでは厚さがより重要な性能であるため薄膜化が容易な銀薄膜フィルムが用いられることが多い。

ノートPC用バックライトは小型化・薄型化のため自由空間は限界まで詰められ光源の直近に各種材料が配されるため反射シートでは反射性、拡散性とともに厚さと耐熱寸法安定性、ここではとりわけ高温と低温の温度差がある環境でも平坦性を失わず均斉度を維持できる特性が重要である。

5.3 PCモニタ用

構造的にはノートPCと同様のエッジライト型が多いものの、外部電源駆動が前提となるPCモニタでは、ノートPCと比較すると視野角や均斉度といった画質の優先度が高くなっている。近年はPCモニタにも映像表示性能が求められるため、なおさらその傾向が強い。

その結果、均斉度の点から反射シートに拡散反射材料を用いることはもちろんのこと、ランプリフレクタでも拡散反射材料が多く採用される。このランプリフレクタ用の反射材料に求められる特性では、反射性能の他、形状保持性、ランプ直近に配されることから耐熱性およびヒートサイクル耐性、耐UV(紫外線)性が重要な特性になる。

耐UV特性を向上した反射シートとしてE60V、E6SVがある。図6に示すようにプレーンタイプに対して圧倒的な耐UV性を示し、ランプリフレクタ材料としても安心して使用できる。

5.4 大型液晶テレビ用

大型液晶テレビの多くは大画面・高輝度化に対応して、おおむね20インチ以上のサイズでは直下型バックライトとなっている。直下型バックライトでは、冷陰極管の像が見えることによる輝度ムラ(通称「管ムラ」)を防止することが必要であるため強拡散性の拡散板(乳板)が用いられるが、原理上、拡散性が強くなるほど反射成分が増えるためバックライトユニット内部での繰り返し反射回数が増える。したがって、高輝度で、かつ輝度ムラのない高品位なバックライトを得るためには、反射シートの反射率が輝度に大きく影響するものと考えられる。

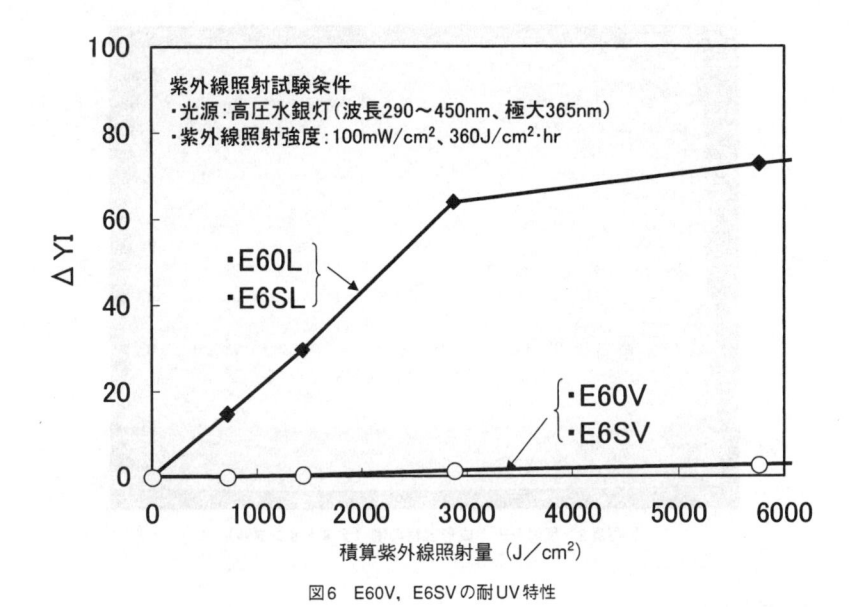

第2章 バックライト用反射シート

図6 E60V、E6SVの耐UV特性

　なお，拡散板の善し悪しを「透過率」で判断している場合があるが，これは本質を見誤る危険がある。重要なのは「吸収がない」ことであって，反射によって透過率が下がっているのであれば反射材料との組み合わせで十分に輝度を高めることもできる場合もあろう。

　同時に反射シートは光源の直近に配されるため耐UV特性と，局部的な温度差がある環境に耐える耐熱寸法安定性が必要となっている。E6SVはこれらの特性を満たした反射シートである。

　さらに30〜40インチ以上の大型になると，作業性の点から反射シートの自己支持性が必要になってくることがある。反射シートに自己支持性を付与するには，金属板など強度のある材料と貼合する方法と，材料自体の厚さを厚くする方法がある。

　また，直下型バックライトでは管と管の間を凸形状としたり，逆に管が配される位置を凹形状にするなど，反射面を立体的に成形することで均斉度や輝度を向上させる技術も開発されている。これに対応し，薄くて機械強度の強いポリエステルフィルムを直接，精度良く安定した形状に賦形する技術が開発された。写真2にプロトタイプの例を示す。この方法によれば小ロットであっても低コストな成形反射部材が得られると期待される。

167

ディスプレイ用光学フィルム

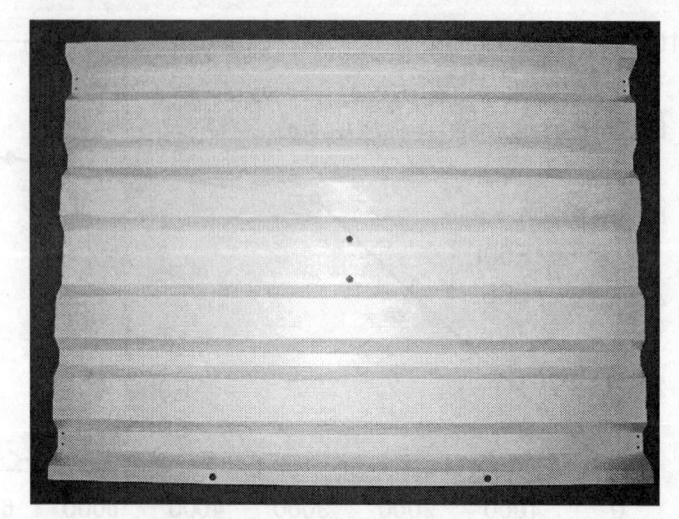

写真2　反射シート成形部材の例（テストサンプル）

6　おわりに

　LCDは今後，テレビを中心とした大型ディスプレイを中心に成長していくものと考えられる。このため，家庭用として許容されるプライスの実現や，PDP，FED，有機ELといった他方式ディスプレイとの競合の中で，バックライトも信頼性の確保と低コスト化が重要になってくるため，ある意味では，よりシンプルな材料が求められていくと考えられる。

　以上述べてきたように，反射シートには反射性能はもちろんのこと，熱による寸法変化に対する安定性と，使用部位によっては耐紫外線性が重要な特性となっている。これらの点からPETフィルムが本質的に有する特性は反射シート素材として最適であると考えられる。

　今後とも，このベーシックでありながらも高機能な材料であるPETフィルム反射シートの，性能と使いやすさの向上に努めることによって，文字通り，裏方中の裏方として微力ながらLCDの発展に寄与していきたい。

文　献

1)　3M社「BEF」カタログ

第6編　プラスチックLCD用フィルム基板

第1章 プラスチックLCD用フィルム基板
──ポリカーボネートフィルム系を中心として──

城　尚志*

1　はじめに

「軽い・薄い・丈夫」を合言葉に各種ディスプレイに使われているガラス基板を，プラスチックをベースとするフィルム基板で置き換えようとする試みは，1981年の液晶ディスプレイ（LCD）への適用の発表に端を発する[1]。当初，ポリエチレンテレフタレート（PET）の2軸延伸フィルムがベースフィルムとして使われていたが，その後ポリカーボネート（PC），ポリアリレート（PAR），ポリスルホン（PES）など光学等方性フィルムが主として検討され，PCならびにPESをベースフィルムとしたLCD用のフィルム基板は上市されている。プラスチックLCDはページャー（ポケベル），PHS，携帯電話や腕時計に搭載された実績を持つが，カラー化やアクティブ駆動化に対応すべく基板特性の向上が各所で図られている。

我々は，PETフィルム上にITO薄膜が形成可能であることを示して以来[2]，ベースフィルムをポリナフタレンテレフタレート（PEN），PCに拡大しつつその応用につき探索してきた。面発熱体用基板，電磁シールド用フィルム，分散型無機エレクトロルミネッセンス用基板等とともに，抵抗膜式タッチパネル用基板，液晶セル用基板を有望な応用展開先として位置付け，ELECLEAR®を上市した。本稿ではこれまでの開発の経緯を振り返りポリカーボネート系フィルムをベースとするディスプレイ用フィルム基板の設計指針，さらには最近開発に成功した新規なフィルム基板の紹介をする。

2　フィルム基板の設計

ディスプレイ用基板として要求されることを一言で表すならば，ガラス基板により近い特性を有するということになる。一般にプラスチックフィルムはガラスに比較して耐溶剤性，ガスバリアー性，表面硬度が劣る。そこで透明なプラスチックフィルム上にコーティング層を形成，さら

---

*　Takashi Shiro　帝人㈱　新事業開発グループ　エレクトロニクス材料研究所　研究グループリーダー

ディスプレイ用光学フィルム

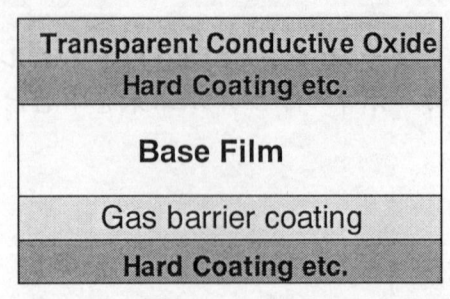

```
┌─────────────────────────────────┐
│  Transparent Conductive Oxide   │
├─────────────────────────────────┤
│      Hard Coating etc.          │
├─────────────────────────────────┤
│                                 │
│         Base Film               │
│                                 │
├─────────────────────────────────┤
│      Gas barrier coating        │
├─────────────────────────────────┤
│      Hard Coating etc.          │
└─────────────────────────────────┘
```

図1 ディスプレイ用フィルム基板の代表的な構成

に透明導電膜を積層することでフィルム基板と成し上記欠点を補っている。図1にフィルム基板の構成例を示す。それぞれ要求仕様を満たすべく最適材料，加工方法が検討されている。

2.1 ベースフィルム

ベースフィルムの開発については，特に耐熱性，透明性，光学等方性などに着目しなければならない。

耐熱性は，LCDのセル化プロセスにて適用される温度に耐えるということに言い換えられる。セル化には配向膜焼成，シールキュアー，モジュール化には異方性導電膜（ACF）等を用いた回路基板の熱圧着といった高温プロセスがあるが，近年プラスチックLCD用に設計された材料の提案もあり低温化が図られ約130℃でのセル化，モジュール化が可能になってきた。但し，画像品位の高品質なLCDを作ろうとすると依然高温処理材料が望ましく，150℃以上の耐熱性を求められる。さらにTFT-LCD用には，有機TFT用を除き250℃以上の耐熱性が要求される。耐熱性に関してはベースフィルムのガラス転移点（T_g）が指標となるが，常温からプロセス温度領域において寸法変化が少ないことも重視されている。すなわち残留内部歪もしくは硬化収縮などに起因する熱収縮率が小さいこと，さらには線膨張係数がガラスに近いことが望まれている。今後の革新的な諸材料，プロセスの出現によりセル化プロセス温度の低下すなわちベースフィルムへの耐熱要求温度の低下も有りうる。

150℃以上の耐熱性の要求に応える場合，ポリマーはPAR，PESや共重合PCなどのいわゆるエンジニアリングプラスチックが対象となる。一般にガラス転移点が高いポリマーのフィルムの伸度は低下する，脆くなる傾向があるため，セル化プロセスにおいてハンドリングに注意を要す。

光学特性でいえば反射型ディスプレイの下部基板の場合を除き，通常は無色で可視光領域の透過率が高いこと，ヘーズが低いことが最低必須要件となる。さらに偏光板を用いる表示方式をと

第1章 プラスチックLCD用フィルム基板

る場合，LCD用フィルム基板は偏光板の内側に配置されるためベースフィルムの位相差Reは極力小さいことが望まれる。

$$Re = (n_x - n_y) \times d = f \times \Delta nD \times d$$

n_x, n_y：それぞれベースフィルムのx軸方向，y軸方向の屈折率

d：フィルム厚み (nm)，　　f：配向分布関数，　　ΔnD：固有複屈折率

よって，ポリマーとしては固有複屈折率，光学弾性係数が小さいものが望ましいが，一方，ベースフィルムの製膜時に可能な限りポリマー配向，残留内部歪を少なくすることによっても位相差を少なくできる。すなわち配向，残留応力を下げるべく製膜方法や条件が選ばれる。代表的な製膜工法としては熱可塑性ポリマーでは溶融キャスト法と溶液キャスト法があるが，位相差の観点からは溶液キャスト法が有利である。溶融キャスト法では製膜後工程で熱処理を十分に行うことにより配向緩和させ，位相差の低減が図られる。熱硬化型のような架橋樹脂ではモノマーキャスト法などが用いられるが，位相差は一般に小さいものが得やすい。

ディスプレイの画像異常につながるばかりでなく，ガスバリア層や耐溶剤層のコーティング異常の原因となるため，ベースフィルムの外観欠点，すなわち異物あるいはゲルなどの点状欠点，塗工筋などの筋状欠点に対して極めて厳しい規格が要求されるようになってきた。図2に示した溶液キャスト法では，ドープのファインフィルタリング等を駆使することにより外観欠点の少な

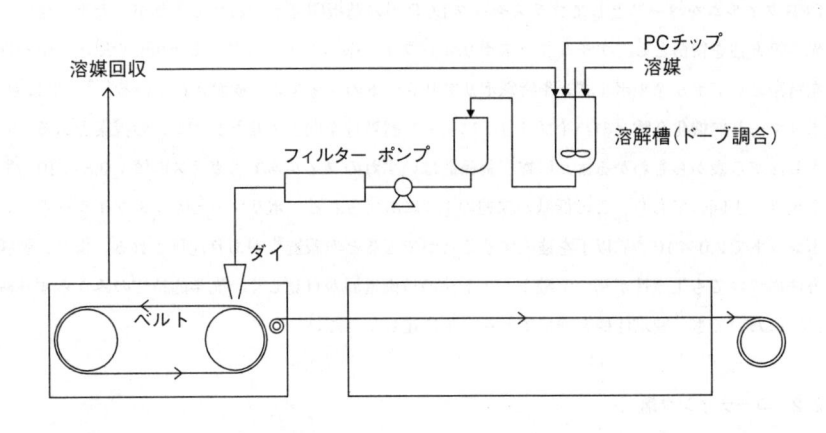

図2　溶液キャスト製膜法

表1 主な光学プラスチックフィルムの特性 (100μm厚)[3]

	PC	PAR	PES	APO-1	APO-2	Appear 3000[*4]	AryLite[*5]
製膜方法	Solvent C.[*1]	Solvent C.	Melt C.[*2]	Solvent C.	Melt C.	–	–
比重	1.19	1.20	1.37	1.08	1.02	1.16	1.22
引張弾性率 (GPa)	2.2	–	12	2.9	2.4	1.9	2.9
引張強度 (MPa)	81	83	74	74	61	50	100
引張伸度 (%)	160	50	12	16	20	10	17
アイゾット衝撃強さ (kJ/m)	75-100	–	–	4-6	2.3	–	–
吸水率 (%)	0.2	0.4	2.0	0.4	0.01	0.03	0.4
ガラス転移温度 (℃)	155	215	223	171	140	330	325
線膨張係数 (/℃)	7.0×10^{-5}	6.1×10^{-5}	5.4×10^{-5}	6.2×10^{-5}	7.0×10^{-5}	7.4×10^{-5}	5.3×10^{-5}
屈折率	1.59	1.60	1.65	1.51	1.53	1.52	1.64
全光線透過率 (%)	90	90	88	92	92	92	90
ヘイズ (%)	0.5	0.5	0.4				
位相差 (nm)	<10	<10	<10	<5	<5	<10	<10
光学弾性係数 (/Pa)	72×10^{-12}	–	69×10^{-12}	4.1×10^{-12}	6.5×10^{-12}	–	–

*1：溶液キャスト法　*2：溶融キャスト法　*3：モノマーキャスト法　*4：ポリノルボルネン
*5：特殊ポリアリレート

いベースフィルムが得やすい。

表1に主な光学プラスチックフィルムの特性を示した。先に述べたように，主にPC，PAR，PESフィルムをベースとしてプラスチックLCD用の基板開発が行われてきたが，近年，優れた光学等方性を特徴としてアモルファスポリオレフィン系のフィルムが，また300℃以上の耐熱性を特徴としてポリノルボルネンや特殊ポリアリレートのフィルムが検討されている[4,5]。他にも，ポリマーと無機化合物とのハイブリッドによって耐熱性を向上させたフィルムの提案もある。しかしながら表からもわかるように線膨張係数はいずれのフィルムでもガラスの値：0.8×10^{-5}/℃を大きく上回っており，この低減が課題の1つにあげられる。ポリマーとガラスフィラーのコンポジットで2.0×10^{-5}/℃以下を達成することができるとの報告[6]があり注目される。また，製膜方法についても生産性が高い溶融キャスト法の技術進展が目覚しく，光学的特性のみならず外観品質においても，要求仕様を満足するレベルに達してきた。

2.2 コーティング層

ベースフィルム自体は水蒸気/酸素ガスバリアー性，耐溶剤性，表面硬度が不十分であるためにフィルム片面あるいは両面にコーティングが施される。ベースフィルムの素材，狙うべき特性に応じてコーティング剤，コーティング工法が選択されるが，さらに積層される透明導電膜との密着性も考慮に入れなければならない。コーティング層を如何にうまく設計できるかがフィルム

第1章 プラスチックLCD用フィルム基板

基板の重要な開発ポイントの1つである。

　水蒸気/酸素ガスバリアー性が不十分な場合，プラスチックLCD内への水，空気の侵入により，駆動電圧の変動，駆動電流の増大，気泡による表示欠点；Black Spotの発生を引き起こす。従って，フィルム基板に要求される水蒸気/酸素ガスバリアー性はLCDパネルの耐久信頼性と密接な関係がある。水蒸気/酸素ガスバリアー性の測定は，Modern Controls., Inc.（MOCON社）製の等圧法による測定装置，Permatran-W®とOx-Tran®が用いられ，一般的に本測定値により比較評価されることが多い。LCDパネルの耐久性の他，サイズ，液晶等材料に依存するが，一般的には水蒸気透過率は$1.0g/m^2/day$以下，酸素透過率は$0.5cc/m^2/day$以下が求められる。但し，LCDの高品位化ならびに耐久性仕様が厳しくなるにつれ，より低い値が要求される傾向にある。図3に各種ベースフィルムの水蒸気透過率の温度依存性を示した。厚さ100μmのPCフィルムやPESフィルムの水蒸気透過率は常温領域で$10g/m^2/day$（40℃-100％RH）をはるかに超え，最も良好な値を示したアモルファスポリオレフィンでも$1g/m^2/day$（40℃-100％RH）を超える。酸素透過率についてはいずれも$100cc/m^2/day$（40℃-90％RH）を超える値を示し，共に要求値を満たすことができない。そこで水蒸気/酸素ガスバリアーコーティングが施される。材料としてはポリビニルアルコール，エチレンビニルアルコール共重合体，ポリアクリロニトリル，塩化

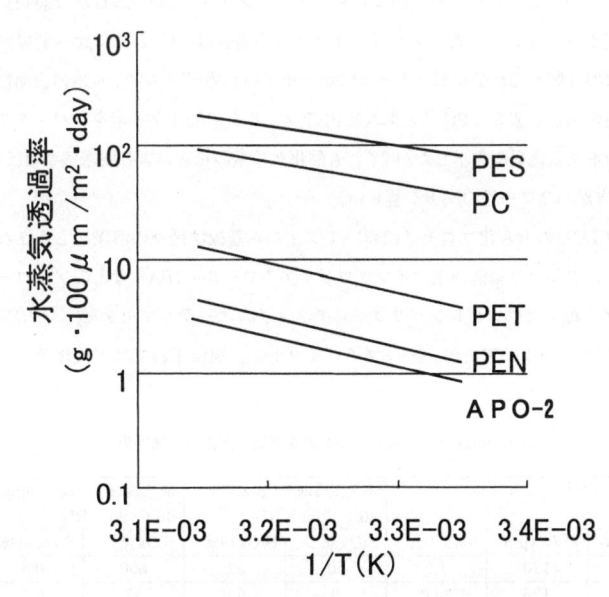

図3　プラスチックフィルム（厚さ：100μm）の水蒸気透過率
　　　測定条件：MOCON社 Permatran-W® 40℃-100％RH

表2 各種高分子材料の水蒸気/酸素ガス透過率[7]

高分子材料	酸素透過率 @25℃ dry (cc・25μm/m²/day)	水蒸気透過率 @25℃ 90%RH (g・μm/m²/day)
ポリビニルアルコール	0.06	1,000
エチレンビニルアルコール共重合体	0.30	40
ポリ塩化ビニリデン	1.60	0.1
ポリアクリロニトリル	15.00	18
ポリアミド6	18.00	40
高密度ポリエチレン	1800.00	0.6
ポリテトラフルオロエチレン	7500.00	1

ビニリデン-アクリル酸メチル共重合体などの高分子系材料(表2)と酸化ケイ素や酸化アルミニウムなどの無機系材料がある。高分子バリアー層はそのバリアー性が温度や湿度の影響を受けやすいために要求特性に応じて便宜無機バリアー層と組み合わせて用いられる。無機バリアー層の形成方法には真空蒸着法,スパッタリング法,気相析出法(CVD)がある。製膜した膜にピンホールやクラックが少なく連続性を保持していることと,膜が緻密であることがバリアー性能に重要であり,このことから真空蒸着法よりも,スパッタリング法やCVD法で製膜した方が高いバリアー性能が得やすい。また,スパッタリング法の場合は,CVD法に比べ製膜の方向性が強く,突起形状の「影」の部分がピンホールになりやすいためベースフィルムの表面性をコントロールする必要がある。表3にPCフィルムとPETフィルムに酸化ケイ素をスパッタリング法で製膜した場合の水蒸気透過率を示した。いずれも酸化ケイ素の積層により要求値をほぼ満たすが,PCフィルムの方がバリアー性の向上が著しい。

プラスチックLCDのセル化プロセスにおいてフィルム基板は種々の溶剤にさらされる。例えば,洗浄工程ではアルカリ系洗浄剤やイソプロピルアルコール(IPA)などのアルコール,配向膜コーティング工程ではプロピレングリコールモノメチルエーテルアセテート(PGMEA),メチルn-メチルピロリドン(NMP)やγ-ブチロラクトン,現像工程では水酸化テトラメチルア

表3 SiOx/ベースフィルムの水蒸気/酸素ガス透過率

ベースフィルム			水蒸気透過率 (g/m²/day) 40℃-100%RH		酸素透過率 (cc/m²/day) 40℃-90%RH	
フィルム	厚み (μm)	RMS (nm)	SiOx無し	SiOx積層	SiOx無し	SiOx積層
PC	120	1.2	50	0.3	500	0.8
PET	125	25.0	9	0.8	17	0.7

SiOx膜厚:40nm, Roll to Roll DC magnetron reactive sputter, B-doped silicon target

第1章　プラスチックLCD用フィルム基板

ンモニウム（TMAH）や水酸化カリウム水溶液、エッチング工程では塩酸水溶液やシュウ酸（Oxalic Acid）などが使われる。ベースフィルムや水蒸気/酸素ガスバリアー層をこれらの溶剤から保護するために耐溶剤層が設けられる。この耐溶剤層にはハードコート性、シールや透明導電膜との密着性、配向膜材料や偏光板粘着剤との親和性も兼ね合わせた設計とすることによりフィルム基板の構成の簡素化が図られる。耐溶剤層の材料としては、紫外線硬化樹脂または熱硬化性樹脂が用いられ、膜厚精度ならびに表面平坦化に有利な塗工法が採用されている。PCフィルムは耐溶剤性に乏しく、アルコール系以外の有機溶剤によって白化などソルベントアタックを受けるが、耐溶剤層により改善される。但し、ケトン系溶剤にフィルムを浸漬する場合には、塗工されていないエッジ部分にマイクロクラックが発生しており代替溶剤を使うことが望ましい。

2.3　透明導電層

透明導電膜の材料としては、透明性が高く、導電性が優れ、かつパターニング性が良好なことから Indium Tin Oxide（ITO）が主に用いられている。フィルム上へのITOの製膜方法はガラス基板と本質的な差は無く、インジウム・錫合金ターゲットを用いる反応性スパッタリング法か、ITOターゲットを用いるスパッタリング法等がある。ガラス基板の場合はインラインスパッタ装置が多く使われ、300℃前後の基板温度下でガラス上に製膜されたITOは 1.3×10^{-4} Ω・cm程度の比抵抗であり膜厚を250nm以上とすることによりシート抵抗5Ω/㎡が得られる。フィルム基板の場合は生産性、コストの点から巻き取り式スパッタリング装置が多く使われる。プラスチックフィルムはガラスと比較するとその性質は大きく異なり（表4）、線膨張係数、脱ガス等を考慮したうえで製膜条件を決定していかなければならない。プラスチックフィルムの特性を理解した製膜方法が確立していない場合には、比抵抗や光学特性の最適化以前に膜剥離、クラック等のトラブルが発生する。一般にプラスチックフィルムから放出される不純物ガスの影響を極力さ

表4　ITO特性の基板依存性[8]

ITO特性	ガラス基板	フィルム基板
ITO接着性	良好	悪い/接着層形成要
ITO製膜安定性	比較的安定 高温基板温度が可能	基板脱ガスなど不安定 高分子材料に依存
ITO結晶性	結晶質	非晶、非晶/結晶混在、結晶質に分かれる
ITO特性安定性	安定	製膜条件に依存 結晶質が安定
フレキシビリティー	無し	ITO内部応力に依存 基板厚みに依存
比抵抗	良好	ガラス基板には及ばない

177

けるため室温で製膜され，その結果得られる比抵抗は5〜7×10⁻⁴Ω・cmに留まる[9]。また，基板のフレキシビリティー，寸法変化のためITO膜にクラックが入るため膜厚を上げることに制約がある。全光透過率を85％以上とすることをも考え合わせると通常膜厚は100〜150nmが選択されるため，得られる最も低いシート抵抗値は30〜40Ω/㎡となる。また，ITO膜の結晶性を適度に制御することが，ITO膜の機械的安定性，環境耐久性を確保するために必要である。現在，小型サイズのTNやSTN液晶用には200Ω/㎡，中型サイズ以上のSTN液晶用には40Ω/㎡が採用されているが，今後フィルムLCDの表示容量が増大すればさらに低抵抗のフィルム基板が必要になる。より比抵抗の低い透明導電膜を得るために，例えばイオンプレイティング法を用いたITO膜の製膜の検討や，Indium Zinc Oxide（IZO）等ITO以外の酸化物導電材料，誘電体／Ag合金／誘電体構成などの検討が進められておりその動向が期待される。

また，一般にベースフィルム上の酸化物導電材料の接着力は，ガラス上の場合ほど強固にならず，接着力を向上させるプライマーのようなコーティング層を設けることが必要である。

3 新規開発LCD用フィルム基板"SS120-B30"

前節で述べたようにフィルム基板の開発は，ポリマーの設計／重合からベースフィルムの製膜，各種塗工，透明導電膜の製膜まで個々の技術と連携しながら全体最適化を図りながら進められる。我々はPET，PENならびにPCの重合ならびに製膜に関する生産技術と，長年にわたる研究開発活動により蓄積した湿式塗工，真空製膜の技術を強みとし，ディスプレイ用のフィルム基板の開発を進めてきた。既に上市したPCベースのLCD用フィルム基板（ELECLEAR®HA120-B60）に加え，光学等方性が不要な電気泳動型ディスプレイ（EPD）やコレステリック液晶向けにPETフィルムベースで，要求特性が厳しいハイエンドユースのSTN，OLEDやアクティブ素子用向けに特殊PC系フィルムベースのフィルム基板を開発した。

表5に，最近開発に成功した新規フィルム基板：SS120-B30の主な特性を生産販売中のHA120-B60と比較して示した。向上した主なポイントを以下にあげた。

① 耐熱性
② 光学等方性
③ 水蒸気/酸素ガスバリアー性

SS120-B30に採用したポリマーは，共重合PCであり，ガラス転移点が，通常のPCより60℃ほど高く215℃である。溶液キャスト製膜方法の最適化とあいまって，180℃下2時間の熱処理後の熱収縮率は0.01％程度，これ以降繰り返し熱処理を行った場合の熱収縮率は0.005％以下[11]になる。また，その収縮はフィルムの方向性に依存せず，高温プロセスを経てもその寸法

第1章 プラスチックLCD用フィルム基板

表5 ELECLEAR®の主な特性 [10]

	単位	SS120-B30	HA120-B60	備考
総厚み	μm	125	125	
ガラス転移点（T_g）	℃	215	155	DSC法
線膨張係数	ppm/℃	70	70	
熱収縮率	%	0.01 [*1]	0.05 [*2]	*1:180℃ 2hrs, *2:130℃ 2hrs
吸水率	%	0.3	0.4	
吸水膨張率	ppm/RH%	5	—	@24℃
ヤング率	GPa	2.8	2.2	
破断伸度	%	13	170	
全光透過率	%	87	87	積分球法
ヘーズ	%	0.8	0.8	積分球法
位相差	nm	1	10	測定波長550nm
酸素透過率	cc/m²/day	0.5	0.5	MOCON社 Ox-tran® （40℃-90％RH）
水蒸気透過率	g/m²/day	0.05	5	MOCON社 Perma-tran® （40℃-100％RH）
表面平滑性（Rms）	nm	3	1	AFM法（10μmスキャン）
表面硬度	—	2H	B	鉛筆硬度
シート抵抗値	Ω/㎡	30	40	4端子法

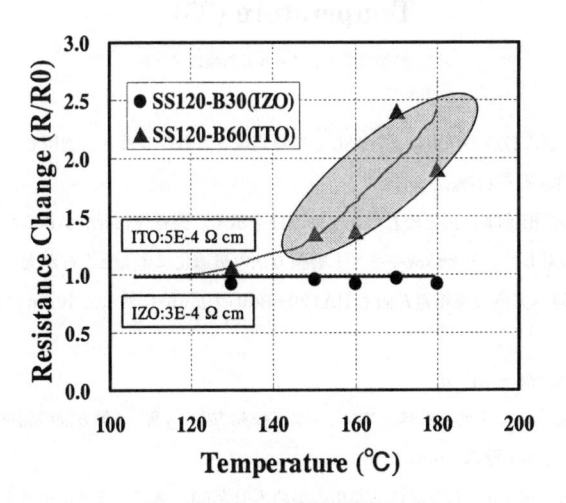

図4 熱処理による表面抵抗値の変化

は安定している。透明導電膜の熱安定性も重要である。ITOをスパッタしたSS120-B60とIZOをスパッタしたSS120-B30について，図4に熱処理による抵抗値の変化を，図5にベンド発生量を示した。ITOの場合，150℃付近からアモルファスから結晶への相転移が起こるため[12]，マイクロクラックの発生による抵抗値の上昇，ベンドの増大が顕著となるのに対して，IZOの場合は，180℃付近まで抵抗値，ベンド量ともほぼ安定していることがわかる。以上のように共重合

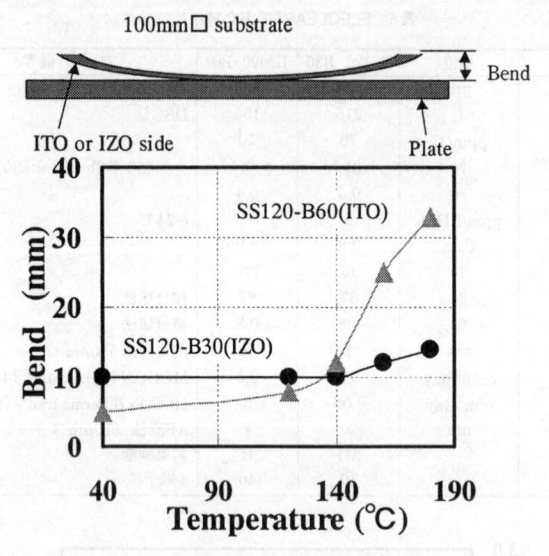

図5 熱処理によるフィルム基板のベンド

PCフィルムならびにIZOの採用により180℃の熱処理を含むプロセスに適用しても実質上特性変化のない耐熱性が得られた。

SS120-B30の位相差は1nmと優れた光学等方性を示す。固有複屈折が小さくなるような構造の共重合PCを設計したことと溶液キャスト製膜方法の最適化によるところが大きい。また、いわゆるフィルム厚み方向の位相差K値もHA120-B60の95nmに対して40nmとおよそ半減した。

$$K=\{(n_x+n_y)/2-n_z\}\times d$$

n_x, n_y, n_z：それぞれベースフィルムのx軸方向, y軸, z軸方向の屈折率
d：フィルム厚み（nm）

これにより図6に示すようにフィルム基板の斜め入射光60°までならば位相差が15nmを超えない。

水蒸気バリアー性は、2桁改善し0.05g/m^2/day（測定条件：40℃100％RH）である。バリアー層製膜条件の最適化と、バリアー層の下地の表面性を制御し大幅な改善を実現した。これは塗工基板での測定値であり透明導電膜自体も水蒸気バリアー性を有するため、IZOを製膜したフィルム基板では、本業界で標準的に用いられるMOCON社Permatran-W®の測定限界以下に達し定量的な評価ができないのが実状である。今回、水蒸気バリアー性を担う層構造は、コストダウ

第1章 プラスチックLCD用フィルム基板

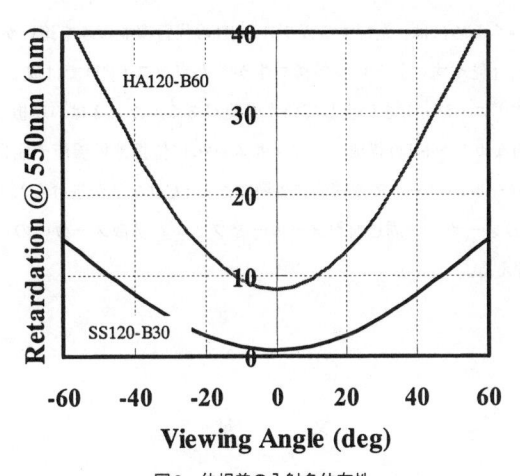

図6 位相差の入射角依存性

ンを意識しできるだけシンプルなものとした。この層構造を積層することにより水蒸気バリアー性が更に大幅に向上することは定性的に確認しているが，例えばOLED用に適応できるレベルに達しているか否か評価中である。

　HA120-B60の場合鉛筆硬度はB程度が限界であるが，SS120-B30では2Hを達成した。ヤングモジュラスに見られるようにベースフィルムの「硬さ」が向上しており，塗工材料の最適化とあいまって大幅に向上した。このことによりパネル作製工程でのスクラッチ発生のリスクが低減されるとともに偏光板レスの表示方式への応用展開が見込まれる。

4 おわりに

　ディスプレイ用フィルム基板開発にあたっては，ベースフィルムに使うポリマーの設計，フィルム製膜技術，各種機能性膜の設計と塗工技術，さらには透明導電膜製膜技術を総合的に駆使しバランス良く進めていくことが肝要であることを述べてきた。既にフィルム基板を使ったプラスチックLCDは携帯電話等のモバイル機器用途を中心にいくつかの商品に応用されてきた。しかしながら，通信技術の発展とともにモバイル機器に搭載されるディスプレイには，文字表示から諧調表示のモノクロ静止画表示さらにはフルカラーの動画表示が求められ，主にガラス基板のTFT-LCDによりそれが達成されてきた。最近ではOLEDの搭載も視野に入っている。それに対してプラスチックLCDは，白黒表示の3インチ以下のSTN-LCDが中心で，カラーSTN-LCDは技術的には可能であるものの実用化には至っていない。このような状況でプラスチック

ディスプレイ用光学フィルム

LCDが生き残っていくためには，先行するガラスLCDの代替機能のみを追いかけるのではなく，「軽い，薄い，丈夫」「見やすい」という特徴を生かしたガラスLCDでは成しえない応用商品，いわゆるキラーアプリケーションを創出していく必要がある．たとえば，基板の薄さを利用した視差の少ない独創的なカラーSTN構成体，フィルム基板に位相差板機能や偏光板機能を付与したLCD，さらにはロールtoロールで連続的に生産できるLCDなどが挙げられよう．このようなことの実現にはLCDメーカー，周辺材料メーカーとフィルム基板メーカーのこれまで以上の協働が必要であると考える．

文　献

1) S. Takahashi, et al., : Proceedings of the SID, Vol. 22, p.86（1981）
2) S. Sobajima, et al., : Jpn. J. Appl. Phys., Suppl.2, Pt.1, p.475（1974）
3) 渡辺敏行：月刊ディスプレイ，Vol. 9, No.3, p.47（2003），他各社HomePageより
4) P. Cirkel, et al., : Proceedings of the International Display Workshop, p.311（2002）
5) S. Angiolini, et al., : Proceedings of the SID, Vol. 34, p.1325（2003）
6) T. Nakao, et al., : Proceedings of the International Display Workshop, p.621（2003）
7) K.Suzuki, : Material Stage, Vol. 2, No.6, p.34（2002）
8) 谷田部俊明：J.Vac.Soc.Jpn., to be published
9) 原寛他：月刊ディスプレイ，Vol. 5, No.9, p.41（1999）
10) 城尚志他：第12回ポリマー材料フォーラム講演要旨集，p.82（2003）
11) I. Shiroishi, et al., : Proceedings of the International Display Workshop, p.625（2003）
12) H. Hara, et al., : J. Vac. Sci. & Technol., to be published

第2章　ディスプレイ用光学フィルムおよびプラスチックTFT作製技術

渡辺敏行＊

1　はじめに

　ポリマー材料は，軽量かつ透明性に優れているために，光を通じて，情報を伝送する，記録する，再生するなどの用途に盛んに使われている。また，近年のインフォーメーションテクノロジー（IT）の著しい進歩に伴い，液晶ディスプレイ（LCD）等による情報の入力あるいは画像表示素子は，継続的に高度化が進められ，その市場が拡大しつつある。

　市場調査会社のディスプレイサーチ社によると，フラットパネル・ディスプレイ市場は，現在の300億ドルから，2006年には570億ドル規模に成長すると報告されている。高輝度・豊かな色彩・高コントラスト・薄型の特長を備えた動画対応ディスプレイは携帯電話，PDA，インターネット接続アプライアンス，産業用電子機器，家電をはじめ，あらゆる機器での採用が見込まれている。

　しかし，韓国，台湾等のLCD製造メーカーの大規模投資により，フラットパネルディスプレイ市場における日本の優位性は揺らいでいる。このような状況化では，汎用品である，コンピューターやTV用の液晶ディスプレイを生産していたのでは，高収益を確保するどころか，採算割れになる恐れがある。そこで，日本では携帯電話や携帯情報端末（PDA）などに使う中・小型の液晶表示装置，すなわちモバイルディスプレイの開発体制を強化している。携帯型電子機器や家庭用ゲーム機向けなどを主力にする中・小型モバイルディスプレイは商品ごとに仕様が異なるため，大量生産ではなく，小量多品種生産に対応する必要がある。従って，パソコン用のような激しい価格競争を逃れられるとみている。

　モバイルディスプレイとして要求される性能は，軽量かつ衝撃に強いことである。全てがプラスチック基板からなる，モバイルディスプレイは，従来のガラス基板と較べて，厚さが1/3，重さで1/4，耐衝撃性は10倍になり，上記の条件をほぼ満足する。実際，2002年度のフラットパネルディスプレイ展には，シャープ（株）がアモルファス薄膜トランジスター（TFT）を用いた4インチの反射型カラーLCDを参考出品している。しかし，現在までの所，プラスチック基板上

　＊　Toshiyuki Watanabe　東京農工大学　工学部　有機材料化学科　助教授

で多結晶シリコンTFTにより駆動するカラーLCDは登場していない。

このような状況を鑑み，本稿ではTFT駆動のプラスチックディスプレイ作製に必要なプラスチックフィルムおよびTFT作製技術について解説する。

2 プラスチック基板上でのTFT作製プロセス

モバイルディスプレイが製造できるかどうかの鍵は，TFT作製プロセスが握っている。TFT用の材料研究に関して，現在大きな2つの潮流がある。1つは現在使用されている多結晶シリコン薄膜であり，もう1つは有機半導体薄膜である。まず，多結晶シリコン薄膜の作製プロセスについて述べる。

2.1 多結晶シリコンTFT
2.1.1 多結晶シリコン薄膜の作製法

LSIチップなどに用いる単結晶シリコン作製は1000℃くらいの高温プロセスによって行われている。ガラスなどの安価な材料の上に，大面積かつ均一性にすぐれた多結晶シリコン薄膜を経済的に作製する方法の登場が待ち望まれている。作製した薄膜には100～200cm^2/V*Sという高い移動度が要求されている。現在，主に研究されている多結晶シリコン薄膜作製法としては，以下の5つがある。

(1) レーザーアニール法

エキシマレーザーなどの高エネルギーパルス光を試料に照射して，材料を瞬間的に溶融させ，結晶化する方法である。瞬間的に溶融・結晶化が起きるために，基板の温度上昇は低く抑えられ，結果的に低温プロセスが実現される[1]。固体レーザーのパルス幅と間隔を制御してシリコン薄膜に照射することにより，シリコンを最適条件で溶融・凝固させ，疑似単結晶シリコンを形成する技術が日立製作所等により開発されている。この手法を用いると，デバイス特性のばらつきが従来の1/4以下であり，移動度が480cm^2/V*S（最大670cm^2/V*S）の多結晶シリコン薄膜が作製できる。また，最近ソニー㈱はスパッタ法によりアモルファスシリコン膜を室温でバッファ層をコートしたプラスチック基板上に作製した。この膜は水素を含んでおらず，容易に結晶化させることができ，エキシマレーザーを用いたパルスアニーリングにより，多結晶シリコンの作製に成功した。TFTの作製プロセスは100℃であり，得られた移動度は250cm^2/V*Sであった[2]。

(2) 熱結晶化（固相成長）

試料を電気炉などを用いて，材料の融点以下の高温で処理することにより，固相のまま結晶化させる方法。シリコンの場合，600℃以上の温度と20時間を超える処理時間が必要となる。プ

第2章　ディスプレイ用光学フィルムおよびプラスチックTFT作製技術

ラスチック基板上でのTFT作製には適用不可能である。

(3) 低温での気相成長

原料ガスを分解することによって，基板上に直接，材料を堆積する薄膜材料の作製技術 (CVD) である。原料ガスの分解方法によって，光CVD，熱CVD，プラズマCVD法などがある。現在，プラズマCVD法が盛んに研究されている。この手法は，原料ガスを含む反応容器に電力を投入して，生成するプラズマ（原子や分子がイオンと電子に解離した状態）によって原料ガスを分解し，基板上に低温で材料を堆積させる。しかし，得られた膜の結晶性が均一でなく，また結晶性の良い膜を得ようとすると，厚さ100nm以上になってしまうため，TFTの作製には適用できない。ただし，超高周波（UHF）プラズマCVD法を利用すると，100℃という低温でも多結晶ポリシリコンが作製できることが確認されている[3]。高移動度の薄膜が得られるかが，今後の課題である。

(4) 触媒CVD法もしくは反応性CVD法

原料ガス自身のもつ化学反応性を利用することにより，加熱された基板上でのみ選択的に原料ガスの化学的な分解反応を促進し，原料ガスの熱分解温度より低い温度で膜堆積を実現しようというものである。この方法では，熱CVDと同様に原料ガスの分解が基板近傍に限定できるため，熱CVDの特徴を保ったまま，膜の堆積温度の低温化が可能となる。半那らはジシラン（Si_2H_6）とフッ化ゲルマニウム（GeF_4）の分解温度より低い350℃でガラス基板上に結晶性に優れたSi_xGe_{1-x}膜の堆積に成功している[4]。また，増田らは2次元固体触媒体表面でのガス分子の接触分解反応により，分解種を生成する方法で，アモルファスシリコン薄膜の作製を行っている。ガス圧がプラズマCVD法よりも1桁高く，分解効率も高いため，アモルファスシリコン膜の数十nm/sでの高速堆積が可能である[5a]。また，触媒CVD法で直接多結晶ポリシリコン薄膜を作製する研究も始まっているが，その移動度はまだ$50cm^2/V*S$である[5a]。最近，ECR-CVD法でポリイミド基板上に200℃でシリコンTFTを形成し$4.5cm^2/V*S$の電界効果移動度を得たとの報告もある[5b]。今後の研究の進展が期待される。

2.1.2 多結晶シリコンTFTの転写

アモルファスシリコン薄膜のレーザーアニールによる，多結晶化とともに注目を集めているのが，ガラス基板上に作製したTFTをプラスチック基板に転写する手法である。その原理を図1に示す。この手法が実用化されれば，多結晶シリコンTFTの低温作製プロセスの確立を待つことなく，プラスチックディスプレイの生産が可能になる。図1の手法では画素電極が裏返しになるので，転写プロセスを2度繰返し，画素を表にする必要がある。ソニー㈱は，このプロセスでガラス基板上に作製したTFTをプラスチック基板上に転写することに成功した[6]。ガラス基板に貼りつけたTFT回路を2回剥がす必要があるので，製造プロセスが複雑になるが，実用化には一番

ディスプレイ用光学フィルム

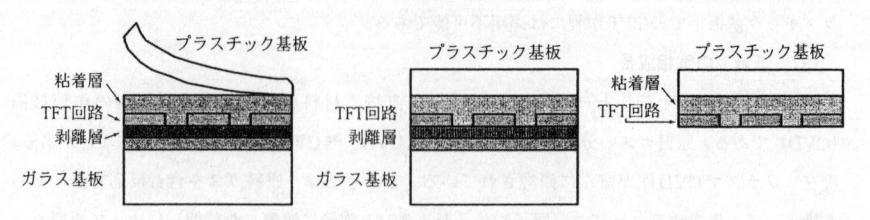

図1 プラスチック基板上へのTFT回路の搭載

近いと目されている。また,高温のプロセスが必要ないので,プラスチック基板の選定の自由度も増す。

2.2 有機TFT

多結晶シリコンに代わるものとして注目を集めているのが,有機材料を用いたTFTである[7]。

ガラス基板製造には莫大な資本投下を必要とするバッチ生産方式が採用されているが,有機TFTは,プラスチック基板に対応したプロセスへと業界を移行させ,コストを大幅に削減し,生産高を増加させる力を秘めている。携帯用デバイスから大型ディスプレイ,さらには超低コストのディスプレイやバーコード読み取り機にいたるまでの用途を想定している。

SiO_2をポリマーゲート絶縁膜に置き換え,アクティブレイヤーとして有機半導体を用いることにより,プラスチック基板上にTFTを作る試みがなされている。例えば,有機ゲート絶縁膜としてポリビニルフェノールを,また有機半導体としてはペンタセン等の低分子を利用し,真空蒸着あるいは気相の状態で回路を作製する方法がある。ソースおよびドレイン電極に金蒸着膜を使い,$0.9cm^2/V*S$[8](現在は$3cm^2/V*S$)の移動度が計測されている。また,これらのペンタセンTFTを用いて,プラスチック基板上で最大クロック周波数が45kHzのデジタル回路の作製に成功している。TFT寸法を現行の5μmより小さくすれば,さらなる高速化が可能である。しかし,有機低分子は柔軟性に劣るので,フレキシブルな基板上でTFT寸法を5μm以下にすることは難しいかもしれない。

このような有機低分子材料の欠点を克服するために,導電性高分子をインクジェットプリンターで印刷し,すべて高分子材料を利用してTFTを作製する方法も試みられている[9a]。Parkらは,マイクロコンタクトプリント法でプラスチック基板上に3-ヘキシルチオフェン薄膜からなるTFTを作製し,$0.02cm^2/V*S$の移動度を得ている[9b]。最近,産総研の和田らは,3μm幅の導電性高分子の回路をインクジェット技術により作製することに成功している。このインクジェット技術の最小ドットは1μm以下であり,その液滴体積はサブフェムトリットルと,従来の1/1000である[10]。この印刷技術と導電性高分子の組み合わせにより,有機TFT回路の高速化も容易に

第2章　ディスプレイ用光学フィルムおよびプラスチックTFT作製技術

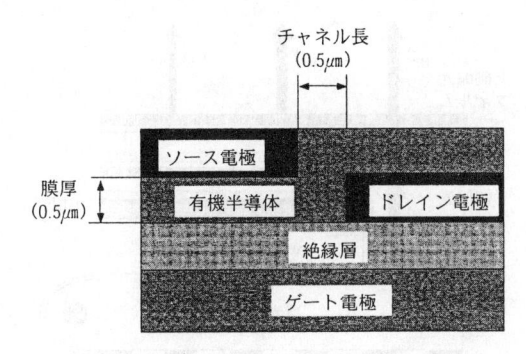

図2　トップアンドボトムコンタクト型TFT素子構造

なるであろう。また，産総研の鎌田らはトップアンドボトムコンタクト型素子構造のTFT回路を作製することにより，1V以下の低電圧で駆動する有機TFTの作製に初めて成功した。導電性高分子に適した作製プロセスを取り入れ，回路を立体化し，図2のようにサブミクロン以下のチャネル長を得ることにより実現したものである[11]。

3　部材の高機能化

偏光板の光利用効率，耐熱性を向上させる目的で，新しい光学フィルムが提案されている。3M社はDual Brightness Enhancement Film（DBEF）と呼ばれる多層型偏光ミラー膜を開発，上市している。

　DBEFの原理は至ってシンプルである。A，Bの異なる高分子フィルムの各誘電主軸の屈折率を一方向は完全に一致させ，他方向の屈折率は異なるように互い違いに数十層積層すると，完全な鏡として機能するようになる[12]。図3にみられるように，P波のみを通し，S波を完全に反射する鏡を下側偏光フィルムの下に置くと，導光板から出たP波はDBEFを透過するが，S波は反射し，導光板表面で散乱される。すると，一部のS波はP波に偏光面が回転するため，DBEFを通過し，偏光フィルムを透過する。この現象を利用すると，光の反射強度が最大で60％向上する。

　Jagtらは，延伸したホストポリマー中に散乱体（ドメイン）を入れ，ホストポリマーの延伸軸に対して垂直方向の屈折率と散乱体の屈折率をマッチングさせることにより，偏光散乱素子を作製している[13a]。図4にみられるように，面内に振動する偏波面を持つ光に対してはドメインAとマトリックスBの屈折率は等しいので，光は透過する。これに対して，面外に振動する（紙面に対して垂直）偏波面を持つ光に対してはドメインAとマトリックスBの屈折率は等しくない

187

ディスプレイ用光学フィルム

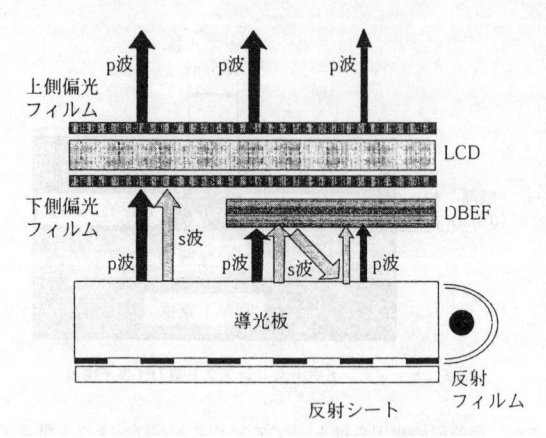

図3 多層型偏光ミラー膜を利用したLCDの輝度向上

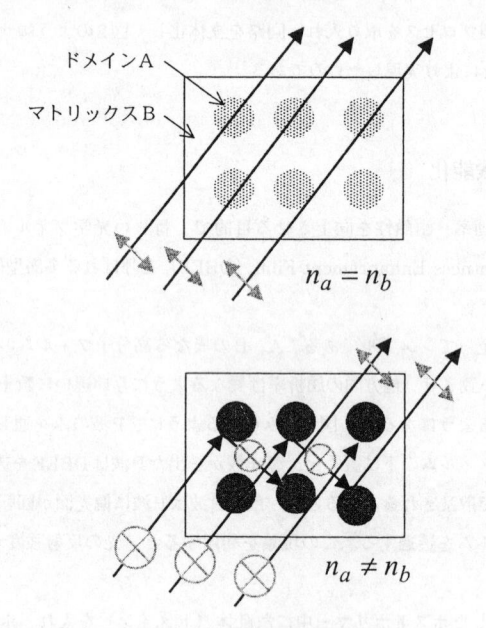

$n_a = n_b$

$n_a \neq n_b$

図4 散乱型偏光素子の原理

ので、光は透過しなくなる。しかし、本来はこの光学素子を透過しないはずであったドメインAにより散乱した光の一部は、偏光面が回転することにより、面内に振動する偏波面を持つ光に変化するため、結果として光学素子を透過する。この異方性散乱を利用することにより、前述の

第2章 ディスプレイ用光学フィルムおよびプラスチックTFT作製技術

DBEFと同様な機能を持たせることができる。

最近,慶応大学の小池らは複屈折を有する炭酸カルシウム等の無機系の棒状粒子を高分子に分散させた偏光素子を開発している[13b]。この素子では,延伸や流動配向により棒状粒子を同一方向に配向させ,粒子の長軸方向の屈折率と,マトリックスポリマーの屈折率をマッチングさせている。このとき,粒子の短軸方向の屈折率と,マトリックスポリマーの屈折率が異なるため,粒子の短軸方向に偏光している光は散乱される。棒状微粒子の配向制御がどの程度までできるかが,この素子の性能を左右する。その偏光度は150μm厚のフィルムで61%であった。

現在の液晶ディスプレイは反射型では12点,透過型では18点ぐらいの部材を張り合わせて作製されている。従って,生産性を上げる一番の早道は従来別々の機能であった部材を一体化することである。例えば,透過型液晶に利用される導光板,拡散フィルム,輝度向上フィルム,偏光板が一体化した部材になれば,生産性は大いに向上する。このような観点から部材を統合し,次世代モバイルディスプレイ基板のプラスチック化,ロールツーロールプロセスでのプラスチック基板への機能創り込み,コスト低減による国際競争力強化を目指して,次世代モバイル用表示材料技術研究組合が2002年6月に設立されている。民間企業11社がコンソーシアムを結成し,産業技術総合研究所が東京農工大学に建設中の次世代モバイル用表示材料共同研究施設において,産官学の力を結集し,試験研究を行うものである[14, 15]。

この試験研究では,プラスチックフィルム基板の高機能化要素技術の開発,フレキシブルカラーフィルター要素技術開発,ロールツーロールパネル化工程のための材料要素技術開発,プラスチック基板上への高性能TFT創り込みのための基盤要素技術開発を行う予定である。

4 プラスチック基板

ここでは,プラスチックディスプレイを構成する上で,最も重要なプラスチック基板の開発動向について紹介する。プラスチックディスプレイに利用するために,材料に要求される特性は以下のようなものである。

(a) 透明性に優れている。3mm厚で少なくとも90%以上
(b) 複屈折が小さい(光弾性係数が小さい)
(c) ガラス転移温度が高い
(d) 吸水率が低い
(e) ガスバリヤ性が高い
(f) 成形性に優れている

等である。

光学特性としては，透明性の良さ，特に複屈折が小さいことが重要である。ただし，位相差板として使用する場合はむしろ逆であり，複屈折が大きくなければならない。また，吸水率が高いと成形後の基板が変形するので，低吸水性であることが必須条件である。

耐熱性に関しては，
(a) TFT作製におけるレーザーアニールの際の温度上昇による変形
(b) 使用環境温度による変形
(c) 温度による複屈折変化
を考慮しなければならない。

現在のTFT作製プロセスではレーザーアニールにより部分的に500℃近い温度に上昇する部分が生じてしまう。しかし，低温多結晶シリコンを利用したTFTの性能の向上および製造温度の減少は顕著になってきており，現在は製造温度150〜200℃を視野に入れた研究がなされている。このような観点から，TFT-LCD用の基板は，少なくとも200℃の耐熱性を有している必要がある。ただし，TFTをガラス板からプラスチックに転写して使う場合，あるいはSTN-LCD用の用途であるならば，その限りではない。最低でも車中で到達する温度である100℃以上の耐熱性を有している必要がある。TFT回路を作製する際にガラス転移温度の次に重要なのは線膨張係数であり，プラスチックのそれが，ガラスに較べて7〜9倍以上であることがネックになっている。

表1 各種プラスチックおよびガラスの物性

物性	PMMA	PC	PET	ARTON	APEL	ZEONEX	PAR	PEEK	PES	ガラス
光線透過率（%）	93*	89*	87	93-95	90-91	92*	87*	78.8**	88**	93
屈折率	1.49	1.59	1.66	1.51	1.54	1.525	1.61	—	1.65	1.45-
屈折率温度依存性（×10⁻⁴℃⁻¹）		1.2								
線膨張係数（×10⁻⁵cm/cm/℃）	5-9	7	7	6.2		6	6.1	4.6	5.5	0.8
光弾性係数（×10⁻¹³cm²/dyne）	-6.0	90		-4.1	2.0	6.5			69	
引張強度（MPa）	68	65	72.5	76.2	50-60	60		124	74	
曲げ弾性率（GPa）	3.2	2.35	3.11	2.94	2.4-3.2	2.1				
アイゾット衝撃強度（kJ/m）	2-3	75-100	4	4-5		2.4				
比重	1.19	1.20	1.40	1.08	1.02-1.04	1.01	1.20	1.27	1.37	2.2-2.6
成形収縮率（%）	0.3-0.7	0.5-0.7				0.5-0.7				
融点（℃）	—	—	265	—	—	—	—	334	—	
ガラス転移点（℃）	100	150	80	171	70-145	138	193-270	143	223	
透湿係数（g/m²/d）40℃,90%RH		4		0.1	0.1			14.4	208	
吸水率 23℃，水中1週間	2.0	0.4		0.4		<0.01				—
飽和吸水率	2.0	0.4-0.5		0.4			0.3-0.6			
絶縁破壊強度（kV/mm）	20	30	43	28.9		40	39	137	177	
比誘電率 at 1MHz	3.0	3.0	3.0	2.74		2.3	3.0	3.14	3.96	
誘電損失 at 1MHz	0.04	0.01	0.02	0.022		0.0002	0.01	0.0063	0.0017	

＊：透過率 3mm厚の試料を使用（ASTMD72）　　＊＊：透過率 100μm厚の試料を使用

第2章 ディスプレイ用光学フィルムおよびプラスチックTFT作製技術

以下に携帯用情報端末用に使用されている，あるいはこれから使われるであろう，プラスチック基板用材料を紹介する。各高分子の物性は表1に示す。

4.1 ポリカーボネート（PC）

PC樹脂とはポリカーボネート樹脂の略称で，ビスフェノールAとホスゲンを重縮合することにより合成，製造されており，結晶化しにくい非晶性のポリマーである。PCの化学構造式を（1）に示す。

$$\left[-O-\underset{CH_3}{\overset{CH_3}{\underset{|}{\overset{|}{C}}}}--O-\overset{O}{\underset{}{C}}- \right]_n \tag{1}$$

融点はおよそ225℃で，ガラス転移温度は150℃である。PC樹脂は靭性，耐衝撃性，電気絶縁性に優れ，また透明で光学特性に優れ，吸水率は小さいが耐薬品性には劣っている。しかし，光弾性係数が比較的大きいため，歪みが不均一に生じやすい。LCDの導光板には高輝度が必要であるため，透過率，成形性，パターン転写性，低ダスト性を改良したPCが用いられている。

4.2 ポリエチレンテレフタレート（PET）

PET樹脂とはポリエチレンテレフタレート樹脂の略称で，テレフタル酸とエチレングリコールを主原料としたポリエステル樹脂である。PETの化学構造式を（2）に示す。PETは結晶性ポリマーであり，機械的性質，電気絶縁性，耐薬品性に優れ，吸水率が小さく，気体遮断性に富んでいる。複屈折が大きく，透明性もあまり高くない。また，ガラス転移温度が80℃と低いので，携帯情報端末用基板としては使用されていない。

$$\left[-OCH_2CH_2O-\overset{O}{\underset{}{C}}--\overset{O}{\underset{}{C}}- \right]_n \tag{2}$$

4.3 ポリエチレンナフタレート（PEN）

PEN樹脂とは，ポリエチレンナフタレート樹脂の略称で，2,6ナフタレンジカルボン酸ジメチルとエチレングリコールを主原料としたポリエステル樹脂である。PENの化学構造式を（3）に示す。

$$\left[-OCH_2CH_2O-\overset{O}{\underset{}{C}}--\overset{O}{\underset{}{C}}- \right]_n \tag{3}$$

PEN樹脂はPET樹脂と同様の透明性を有しながら，PET樹脂よりも耐熱性，耐薬品性，紫外線カット性，ガスバリヤー性等に優れている。PEN樹脂はブロー成形，射出成形に適しており，様々な成形品用途に応用可能である。PEN樹脂のガラス転移温度は118℃であり，PET樹脂よ

り約40℃高く，真夏の車中での使用にも耐えうる特性を有している。波長370nm以下の紫外線を吸収するために内容物を紫外線から保護し，劣化を防げる。ガスバリヤー性に優れており，酸素透過係数はPET樹脂の約1/5である。表面硬度が大きく，PET樹脂に較べ成形品表面に傷が付きにくい。しかし，TFT-LCDを作製する基板としては，ガラス転移温度が低すぎる。

4.4 環状オレフィン系高分子材料

PC樹脂は比較的吸水率が高く，さらには複屈折が大きいという問題があった。これらの欠点を克服するために，C5（炭素数5）の石油留分中に豊富に含まれる，環状化合物ジシクロペンタジエンを基本原料とし，そこから合成されるノルボルネン系誘導体を基にした光学材料の開発が活発である。嵩高い脂環式構造を導入することにより，PC樹脂の欠点解消を図ろうとしたものである。

このような脂環式材料として（4）の化学構造を有するARTONが開発されている。光学特性および光弾性係数はアクリル並みでPCの1/20であり，光学弾性係数も小さく，歪みが生じにくい。また，アッベ数も57であり，光分散性も小さい。ガラス転移温度もアクリル系材料より80℃高い。また，吸水性はアクリルの1/5，PCとほぼ同等である。

$$\left(\begin{array}{c}\\ \end{array}\right) \tag{4}$$

ARTONと同様に環状オレフィン構造を導入したAPELは，モノマーから直接付加重合により得られ，エチレンとの共重合体であることが特徴である。その化学構造を（5）に示す。R_1，R_2，R_3の置換基および環状オレフィンのモル分率により，ガラス転移温度を70℃から145℃まで変えることができる。APELは嵩高い環状オレフィン構造を持つことにより，非晶質でありながら高剛性，高耐熱である。また，従来のポリオレフィンに比較し，高い密度を持つ非晶構造をとることで，高屈折率，高防湿を実現している。また，主鎖と側鎖の両方に嵩高い置換基を有しているので分極異方性が小さく，低複屈折である。炭素および水素からのみなるポリオレフィンであるため，屈折率の波長分散が小さく，かつ低吸湿性である。

APELは射出成形による加工が可能である。成形収縮率も小さく，精密成形に適している。また，ブロー成形，一軸／二軸成形も可能である。ガスバリヤー性，低アウトガス性，耐薬品性が良いために，LCD関係の光学部品としての用途が期待されている。

$$\left(\begin{array}{c}\\ \end{array}\right) \tag{5}$$

第2章 ディスプレイ用光学フィルムおよびプラスチックTFT作製技術

環状構造を導入したゼオネックス（ZEONEX）は，DCPを原料としたノルボルネン誘導体をメタセシス開環重合することによりポリマー化し，さらに主鎖二重結合は水素化触媒を用いて完全水素化し，合成する。その化学構造を（6）に示す。脂環式構造を有するためにアッベ数は54～55と高く，色収差の小さい材料である。ガラス転移温度は140℃付近であるが，二重結合がないために耐酸化劣化性が高く，熱安定性，溶融成形性，透明性に優れ，300℃付近の高温でも成形可能である。解重合による分解や，加水分解も起こさない。また，親水基を持たないために常温での吸水率は0.01％以下であり，吸湿変形は極めて小さい。液晶ディスプレイ用フィルムや導光板等のディスプレイ用途等に使用されている。

(6)

4.5 ポリアリレート（PAR）

最も代表的なポリアリレート（PAR）はビスフェノールAとイソフタル酸からなるPBAIとビスフェノールAとテレフタル酸からなるPBATとの共重合体である。その構造式を（7）に示す。50/50の共重合体のガラス転移温度は193℃であり，密度が$1.21g/cm^3$である。類似の構造を持つポリカーボネートよりも高耐熱性のプラスチックとして位置づけられている。ポリカーボネートと同様に靱性，耐衝撃性，電気絶縁性，寸法安定性，難燃性に優れている。透明ではあるが，若干淡黄色である。溶媒に溶けにくく，乾燥に高温を要するため着色の懸念がある。また，光弾性係数が比較的大きいため，歪みが不均一に生じやすい。

(7)

4.6 芳香族ポリエーテルケトン（PEEK）

代表的な芳香族ポリエーテルケトンの構造式を（8）に示す。このPEEKは融点が334℃，ガラス転移温度が143℃，密度が$1.30g/cm^3$の結晶性ポリマーである。芳香族ポリエーテルの中では最も高い耐熱性を有するポリマーである。非常に強靱で低吸水性であり，耐薬品性，耐熱性に優れ，難燃性である。

$$\left(\!\!-\!\!\mathrm{O}\!-\!\!\bigcirc\!\!-\!\mathrm{O}\!-\!\!\bigcirc\!\!-\!\overset{\mathrm{O}}{\underset{\|}{\mathrm{C}}}\!-\!\!\bigcirc\!\!-\!\right)_{\!n} \qquad (8)$$

4.7 芳香族ポリエーテルスルフォン (PES)

PESは225℃という高いガラス転移温度を持ち,密度が$1.37g/cm^3$の非晶性ポリマーである。耐熱に優れているほか,難燃性や寸法安定性などに特徴がある。その構造式を(9)に示す。PESは溶融粘度が高いためにシリンダー温度を高くする必要があり,着色や焼けによる黒点が生じる懸念もある。光弾性係数が比較的大きいため,歪みが不均一に生じやすい。

$$\left(\!\!-\!\!\mathrm{O}\!-\!\!\bigcirc\!\!-\!\mathrm{SO}_2\!-\!\!\bigcirc\!\!-\!\right)_{\!n} \qquad (9)$$

4.8 全芳香族ポリケトン

近年,リサイクルを促進し,環境に負荷をかけないという観点から,炭素,水素,酸素のみからできた高分子に注目が集まっている。特に主鎖骨格にエーテル結合も持たない芳香族ポリケトンは高透明性,高耐熱性が期待できる。最近,構造式(10),(11)のような芳香族ポリケトンが合成されている。そのガラス転移温度はいずれも200℃を超えている[16, 17]。

(構造式 10) (10)

(構造式 11) (11)

5 おわりに

ディスプレイ用光学フィルムならびにTFT作製技術の最新動向について紹介した。ここに述べたように,プラスチックディスプレイの開発には様々な要素技術の融合が不可欠である。それゆえデバイスや部材を開発する会社間の垣根を取り払い,産官学の力を結集し,ブレークスルーに挑戦する必要がある。

そのような意味で,次世代モバイル用表示材料技術研究組合および次世代モバイル用表示材料共同研究施設のようなシステムが稼働を始めたことは大変意義深いことである。

第2章　ディスプレイ用光学フィルムおよびプラスチックTFT作製技術

文　献

1) 鮫島俊之：応用物理, Vol.65, p.1041 (1996)
2) D.P. Gosain : *Proc. SPIE*, Vol.4426, p.394 (2002)
3) D. Kikukawa, K. Honnma, S. Den, M. Hori, T. Goto : Proc. *ESCAMPIG 16th and 5th joint conference*, Vol.1, p.203 (2002)
4) J. Zhang, K. Shmizu, J. Hanna : J. Non-Cryst. Solids. (2003)
5a) A. Heya, A. Masuda, H. Matsumura : Tech. Dig. 11th Int. Photovoltaic Science and Engineering Conf., p.781 (1999)
5b) L. H. Teng, W. A. Anderson, *IEEE Electron Device Lett.*, Vol.24, p.399 (2003)
6) 浅野明彦：LCD/PDP International 2002, セミナー, H-2 (1), (2002)
7) N. Jackson, Y.-Y. Lin, D.J. Gundlach et al : *IEEE J. Sel. Top Quant*, Vol.4, p.100 (1998)
8) H. Klauk, G. Shmid, W. Radlikm, W. Weber, L. Zhou, C.D. Sheraw, J.A. Nichols, A. Jackson, N. Thomas : *Solid-State Electron.*, Vol.47, p.297 (2002)
9a) T. Kawase, H. Sirringhaus, R. H. Friend, T. Shimoda : *Adv. Mater.*, Vol.13, p.1601 (2001)
9b) S. K. Park, Y. H. Kim, J. I. Han, D. G. Moon, W. K. Kim, *IEEE Trans, Electron Devices*, Vol.49, p.2008 (2002)
10) H. Ago, K. Murata, M. Yumura, J. Yotani, S. Uemura, *Appl. Phys. Lett.*, Vol.82, p.811 (2003)
11) M. Yoshida, S. Uemura, T. Kodzasa, *Synthetic Met.*, Vol.137, p.893, part2 (2003)
12) M.F. Weber, C.A. Stover, L.R. Gilbert, T.J. Nevitt, A.J. Ouderkirk : *Scince*, Vol.287, p.2451 (2000)
13a) H. Jagt, Y. Drix, R. Hikmet, C. Bastiaansen : *Adv. Mater.*, Vol.10, p.12 (1998)
13b) T. Okumura, T. Ishikawa, A. Tagaya, *Appl. Phys. Lett.*, Vol.82, p.496 (2003)
14) http://www.ritsumei.ac.jp/se/re/fujiedalab/03TRADIM.pdf
15) http://www.meti.go.jp/policy/chemistry/mai/main_01.html
16) N. Yonezawa, T. Namie, T. Ikezaki, T. Hino, H. Nakamura, Y. Tokita, R. Katakai : *Reac. Func. Polym.*, Vol.30, p.261 (1996)
17) N. Yonezawa, S. Miyata, T. Nakamura, S. Mori, Y. Ueha, R. Kataki : *Macromolecules*, Vol.26, p.5262 (1993)

第7編　反射防止フィルム・フィルター

第1章 ディスプレイ用反射防止フィルム

野中史子*

1 はじめに

携帯電話から大型TVまで様々なディスプレイを至るところで見ることができる。特に最近は光ファイバーの普及，デジタル地上波放送など情報伝達方式も多様化，汎用化され，それぞれの用途に応じたディスプレイが技術革新を続けている。ディスプレイの技術革新の方向はいうまでもないが

・ 高精細化
・ 高輝度化
・ 薄型化
・ 軽量化
・ 低消費電力化

が挙げられる。

ディスプレイには様々な光学フィルムが使われている。これらフィルムも上記の技術革新に追随できるよう材料開発，光学設計が行われている。

ここで代表的な光学フィルムと機能，それらが使われているディスプレイを紹介する。

表1 代表的な光学フィルムと機能

光学フィルム	機能	使われているディスプレイ
拡散シート	光を拡散，散乱させる	LCD，プロジェクションTV
偏光板	光の振動を一定の方向に抑制する	LCD
位相差フィルム	光の向きを変える	LCD
透明導電フィルム	透明電極，電磁波遮蔽	LCD，PDP，タッチパネル
近赤外線吸収フィルム	近赤外線を吸収する	PDP
反射フィルム	光を反射させる	反射型LCD
反射防止フィルム	光の反射を抑制する	PDP，LCD，CRT,VDTなど全てのディスプレイ

---

* Fumiko Nonaka 旭硝子㈱ 化学品カンパニー 技術本部開発部 主席技師

ディスプレイの特徴,発光原理によって各フィルムが使われることが表1より分かる。
本章はどのディスプレイにも使われる反射防止フィルムに注目し,紹介する。

2 反射防止の原理と応用

反射は屈折率の異なる界面から発生する。入射側の媒体の屈折率n_1,次の媒体の屈折率をn_2とすると界面b_{12}で式1の反射が発生する(図1)。

$$R = \frac{(n_1 - n_2)^2}{(n_1 + n_2)^2} \tag{式1}$$

空気中にガラスが置かれている場合,空気の屈折率$n_1=1$,ガラスの屈折率$n_2=1.51$となるので式1より4.13%の反射が発生する。

トンネルに入った列車の窓ガラスに映る自分の顔は空気とガラスの界面で発生した反射像である。

図2では左側が反射防止フィルム有り,右側が反射防止フィルム無しでの蛍光灯反射像を比較している。写真から分かるように反射防止フィルムが有るものは無いものと比べ像の映り込みが弱くなっていることが分かる。

ディスプレイでも空気面と画面,偏光板面と液晶相面,カラーフィルター面と空気面など屈折率の異なる界面が多数存在し反射が発生する。

特に視聴者の目に最も近い空気面と画面から発生する反射は画面の視認性を下げるため,これを抑制する反射抑制加工が施される。

反射抑制には2つの方法がある。

ひとつは表面に凹凸をつけ,反射光を散乱させるアンチグレア (Anti-Grea AG) と呼ばれる

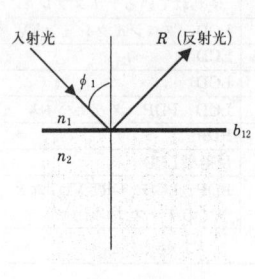

図1 反射

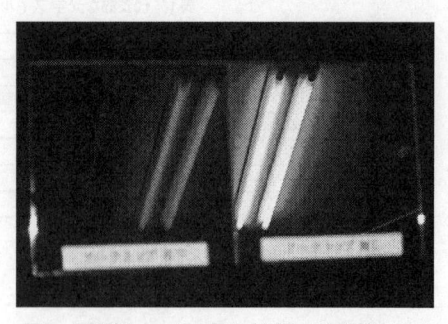

図2 反射防止フィルム有り(左側)と反射防止フィルム無し(右側)での蛍光灯反射像の比較

第1章 ディスプレイ用反射防止フィルム

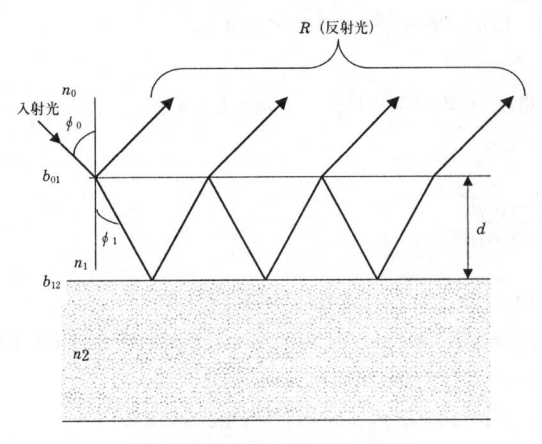

図3 反射防止膜が有る場合の反射

ものである。もうひとつは光の干渉を利用した反射防止（Anti-Refrection AR またはLow-Refreaction LR）である。アンチグレアはARに比べ低コストだが、外光を散乱させると同時に画面から出てきた光も散乱させてしまい、画面をぼかしてしまう欠点がある。近年フォトリソ技術が進歩し、画面の高精細化が進んでくる中でAGはこの効果を打ち消してしまう。よって現在のディスプレイ画面の反射抑制は画面の高精細を損なわない反射防止フィルムの利用が主流となっている。

光は振幅を持った波である。人間の目で視認できる光の波長は380nm～780nmである。

今図3のようにガラスの表面に屈折率の異なる膜がこの波長オーダーで存在すると膜の両界面b_{01}, b_{12}で位相の異なる反射波が発生する。それぞれの界面で発生した反射波が互いに干渉され、反射率が変化する。この薄膜の屈折率が基材より低い場合、b_{12}で発生した反射波はb_{01}の反射波で相殺され反射率は低くなる。これが反射防止である。

ここでは簡単に説明するが詳しい原理については薄膜光学に関する専門書、文献を参考にしていただきたい[1]。

単層の薄膜が基材の表面にある場合の反射率はFresnelの光波動論により以下の計算式で求められる[2]。

$$R = 1 - \frac{1}{(n_0+n_1)^2(n_1+n_2)^2 + 4n_0 n_1^2 n_2 + (n_0-n_1)^2 \cos 2\delta_i} \quad (式2)$$

$$2\delta_i = \frac{4\pi}{\lambda} n_1 d \cos \phi_1 \quad (式3)$$

垂直入射 $\phi_1=0$ 即ち $2\delta_i=\frac{4\pi}{\lambda}n_1d$ の場合で考える。

$n_2>n_1>n_0$ の場合 $n_1d=(2m+1)\frac{\lambda}{4}$ $m=1, 2, 3\cdots$ (式4)

で R は極小値 R_0 をとる。

$$R_0=\left[\frac{(n_1^2-n_0n_2)}{(n_1^2+n_0n_2)}\right]^2 \qquad (式5)$$

今空気 ($n_0=1$) とガラス ($n_2=1.51$) の場合で考える。

人間の目の感度が最も高い550nmの反射率を極小にする場合，仮に $n_1=1.34$ とすると式4より $d=103$nm となる。この場合極小値は0.75％となる。

式5より $n_1=\sqrt{n_0n_2}$ となると R_0 は0となり無反射状態になる。

よって最も理想的な n_1 の屈折率は $\sqrt{n_0n_2}=1.229$ である。しかし，1.3を下回る屈折率の低い材料は世の中に存在しない。よって反射防止を効果的に得るためには屈折率の低い材料を式4で $m=1$ が成り立つ膜厚で積層することが有効である。

さらに低屈折率層と基材の間に基材より屈折率の高い薄膜を入れ，反射界面を増やし，光の干渉を制御することで単層膜より反射を抑えることができる。2層以上の反射率の計算もFresnelの公式から導くことができる。

この反射防止によって得られる効果として次のものが挙げられる。

・視認性の向上
・目の疲労抑制
・輝度比の向上
・コントラストの向上

ディスプレイが平面で大型になるほど反射像が大きくなり，これによる画質への悪影響が際立つため，多くの大型ディスプレイには反射防止フィルムが使われている。平面で大型なディスプレイが特長であるPDPでは販売初代から現在までほとんどの機種に反射防止フィルムが使われている。

3 反射防止フィルムの実用例

ここではディスプレイに使われている反射防止フィルムの構成と特徴を述べる。

図4に示したのは商品化されている典型的な反射防止フィルムの構成例である。市場で手に入れることのできる反射防止フィルムの必要特性と設計のポイントを述べる。

第1章　ディスプレイ用反射防止フィルム

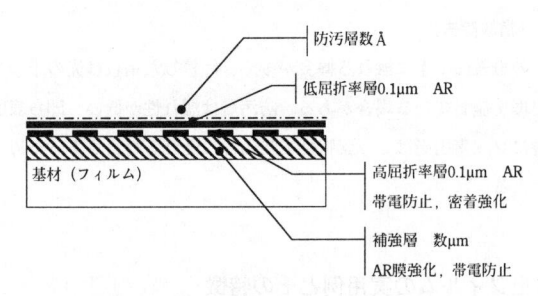

図4　代表的な反射防止フィルムの構成と各材料の機能

(図中ラベル：防汚層 数Å／低屈折率層 0.1μm AR／基材（フィルム）／高屈折率層 0.1μm AR 帯電防止，密着強化／補強層 数μm AR膜強化，帯電防止)

3.1　反射防止

　いうまでもなく反射率は低いほど優れた反射防止効果が得られる。しかし，膜の屈折率が2節で述べたとおり1.3を下回る低い材料は皆無であり，また屈折率が低いほど他の特性が劣ることが多いので，機械的強度が大幅に劣ることのない材料を選定する。実際に低屈折率材料として用いられるものにシリカ（SiO_2　$n=1.39$），フッ素樹脂（$n=約1.34～1.42$）が挙げられる。これらの材料のみ単層膜として用いても反射率が高く映り込み低減効果が不足するので，基材と低屈折率層の間に高屈折率層を入れ反射率をさらに減衰させることが多い。2節で紹介したフレネルの公式を用い，2層の膜厚を調整することで極小値をとる波長と反射のカーブを任意に設計することができる。

3.2　密着性，硬度

　外側に使われることが多い反射防止膜は外的衝撃に耐えられる基材との強い密着性，膜強度が求められる。低屈折率層は低屈折率故に，強度，密着性が劣ることが多くかつ膜厚0.1μmの薄い膜では膜強度は基材に依存する。このような理由により密着強化層（プライマー層）と基材に依存しない数μmの補強層を用いる。

3.3　帯電防止

　ON-OFFを繰り返す画面には静電気が発生し，埃がつきやすい。埃付着を防止し，拭き取り性を上げるため帯電防止性能が付与されている反射防止フィルムが多い。帯電防止機能は導電性材料を高屈折率層や補強層に導入し，付与させている。

3.4 汚れ防止(指紋除去)

ディスプレイの最表面で手に触れる機会が多く、付着した指紋は光の干渉で目立ちやすくなることから防汚処理を施している場合がある。防汚層は濡れ性が低い、即ち表面エネルギーの低い材料がよい。特にフッ素樹脂はフッ素特性で防汚性に優れる材料もあるため、低屈折率層が防汚層になる場合もある。

4 反射防止フィルムの実用例とその特徴

最後にPDPなど大型ディスプレイに使用されている2種類の反射防止フィルムの構成とその特徴を説明する。どちらも低屈折率層にフッ素樹脂を用いているがそのフッ素樹脂の特徴を生かすために様々な工夫が施されている。

4.1 ARCTOP

ARCTOPはCYTOPという非晶質のパーフルオロ樹脂を低屈折率層として用いている。
CYTOPは図5に示すような環状構造になっていると推測され[3]、PTFE、PFAなどの直鎖状のフッ素化合物と比べ粗な網目構造となり特定のパーフルオロ溶剤に可溶である。
表2にCYTOPの物性を示す。CYTOPはC-H結合を有さないため屈折率は1.34と極めて低い一方でT_gは108℃と高いため機械強度も強い。ARCTOPはこのCYTOPを低屈折率層として用い、図6のような材料で形成されている。CYTOPは弾性に優れているのでその弾性強度を補

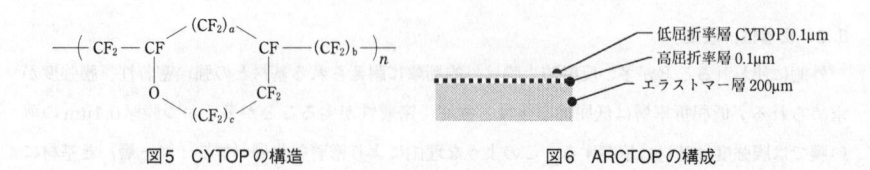

図5 CYTOPの構造

図6 ARCTOPの構成

表2 CYTOPの特性

	CYTOP	PTFE	PFA	PMMA
屈折率	1.34	1.35	1.35	1.49
光線透過率%	95	不透明	不透明	93
アッベ数	90	—	—	55
誘電率	2.1〜2.2	<2.1	2.1	4
ガラス転移温度℃	108	(130)	(75)	105〜120
密度	2.03	2.14〜2.2	2.12〜2.17	1.19〜1.20
破断強度 (kgf/cm^2)	390	140〜350	280〜320	650〜730

第1章 ディスプレイ用反射防止フィルム

ガラス／ARCTOP(UR2199) 裏黒塗り

ガラス
反射率4.16%
最小反射率3.9%

ARCTOP
反射率0.48%
最小反射率0.2%

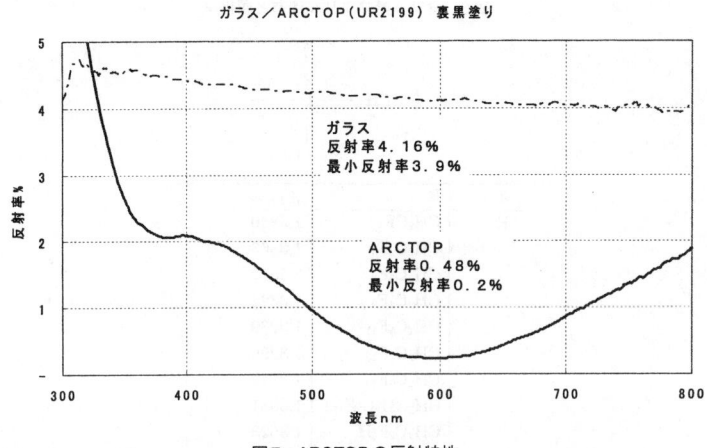

図7 ARCTOPの反射特性

うため補強層に柔軟なエラストマー層が用いられている。その上には高屈折率層を入れ反射防止性能と密着性を高めている。図7にガラスにARCTOPを貼った場合の反射防止性能と反射率を示す[4]。

4.2 ReaLook

ReaLookはアクリル基を有するフッ素化合物を低屈折率材料として用いている[5]。

このような樹脂を用いる場合、電子線、紫外線などの光を照射しアクリル基を重合させ、ポリマー膜を形成する。ここで含フッ素アクリルの構造例とLorentz-Lorentz式[6]で導いた屈折率を表3に示す[7]。フッ素の含有量が多いほど屈折率が低くなっていくのが分かる。図8にReaLookの構成を示す[8]。前述のARCTOPとは対象的に硬度に優れる含フッ素アクリルの強度を補うため補強層にはハードコート層が用いられている。さらにARCTOPと同様にその上に高屈折率層を入れている。図9にガラスにReaLookを貼った場合の反射防止性能と反射率をグラフに示す。

表3 含フッ素アクリル構造と屈折率

$$\left(\text{CH}_2-\underset{\underset{\text{COOR}}{|}}{\overset{\overset{X}{|}}{C}}\right)_n$$

X	R	屈折率
H	CH_2CF_3	1.3840
	$CH_2C_2F_5$	1.3363
	$CH_2C_3F_7$	1.3317
	$CH_2C_4F_9$	1.3324
	$CH_2C_5F_{11}$	1.3289
	$CH_2C_7F_{15}$	1.3296
	$CH_2C_9F_{19}$	1.3279
	$CH_2CH_2C_8F_{17}$	1.3361
	$CH_2C_2F_4H$	1.3623
	$CH_2C_4F_8H$	1.3421
CH_3	CH_2CF_3	1.3587
	$CH_2C_2F_5$	1.3472
	$CH_2CH_2C_8F_{17}$	1.3413
	$CH_2C_2F_4H$	1.3718
	$CH_2C_4F_8H$	1.3553
	$CH_2C_6F_{12}H$	1.3375
	$CH_2C_8F_{16}H$	1.3345
F	CH_3	1.3869
	C_2H_4F	1.3981
	CH_2CF_3	1.3432
	$CH_2C_2F_5$	1.3312
	$CH_2CH_2C_8F_{17}$	1.3344
	$CH_2C_2F_4H$	1.3579
	$CH_2C_4F_8H$	1.3431
Cl	CH_3	1.4400
	$CH_2C_4F_8H$	1.3538

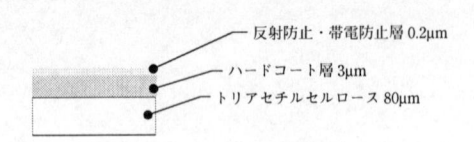

図8 ReaLookの構成

― 反射防止・帯電防止層 0.2μm
― ハードコート層 3μm
― トリアセチルセルロース 80μm

第1章 ディスプレイ用反射防止フィルム

ガラス／ReaLook(8200) 裏黒塗り

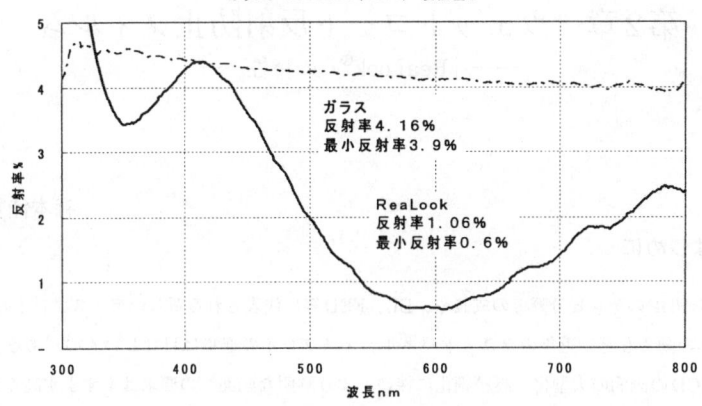

ガラス
反射率4.16%
最小反射率3.9%

ReaLook
反射率1.06%
最小反射率0.6%

図9 ReaLookの反射特性

文　献

1) 小檜山光信著，光学薄膜の基礎理論，第2版，オプトロニクス社（平成15年3月18日）
2) 藤原史朗，光学薄膜，165-174（1985）
3) 中村　秀，小島　弦，プラスチックエージ，**236**，Nov.（1988）；青崎　耕，中村　秀，ポリファイル，**27**（12），29（1990）など
4) 森脇　健，コンバーテック，**4**, 63（1999）
5) 公開特許公報　特開平8-48935
6) 里川孝臣著，機能性含フッ素高分子，p.71-74（昭和61年7月10日）
7) フッ素系ポリマーの開発と用途展開，p.77-83，技術情報協会（1981年8月26日）
8) ReaLook　日本油脂技術資料

第2章　ウェットコート反射防止フィルム
―― 「ReaLook®」の特性 ――

森本佳寛*

1　はじめに

　LCDやPDPのテレビ分野での成長や，EL，FED等に代表される新しいディスプレイの開発，実用化への動きなど，近年のフラットパネルディスプレイの進歩は目覚しいものがある。特にPDP，LCDの画面の大型化，高精細化に伴い，より鮮明な画面への要求はますます高くなってきている。
　その要求に対するひとつの回答として反射防止（Anti Reflection＝AR）機能が挙げられる。これは反射光を散乱させて反射を抑える防眩機能（Anti Glare＝AG）とは異なり，画面の鮮明さを保ったまま表面の反射を低減させる機能である。そのためコントラスト，黒色の再現性などに優れ，近年では一般的にもディスプレイに用いられている。
　日本油脂では化学メーカーとしての長年の知見を基に，新しい材料の開発と加工技術を確立し，反射防止フィルム「ReaLook®（リアルック®）」シリーズを開発し，1998年より市場への本格供給を開始している。本稿ではPDPをはじめとする電子ディスプレイ用途のARフィルムに求められる機能，および「ReaLook®」の特長について述べる。

2　ARとは

　まず，ディスプレイにおけるAR機能について簡単に説明する[1]。
　光が屈折率の異なる物質界面に入射するとき，その界面において光の反射が生じる。例えば空気中を通った光がガラスなどに入射するときに，その表面で反射が生じることになる（図1）。そのときの反射率，すなわち空気中から入射する光に対して表面で反射する光の割合，反射率はその物質の屈折率n_Sによって，式(1)により表される。

---

*　Yoshihiro Morimoto　日本油脂㈱　化成事業部　第2営業部

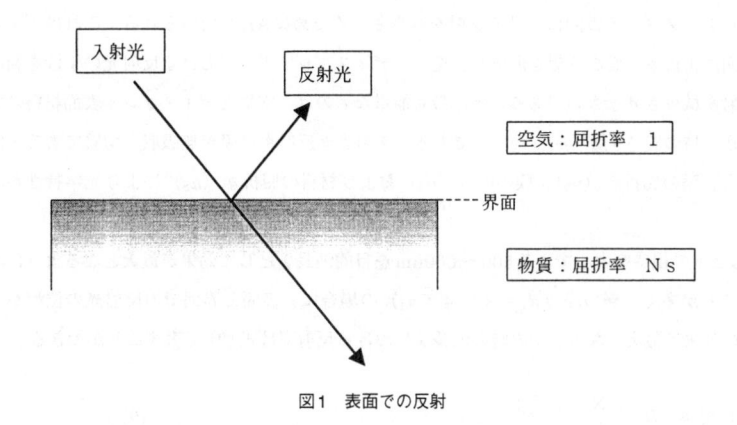

第2章 ウェットコート反射防止フィルム

図1 表面での反射

$$反射率 \quad R_0 = \left(\frac{1-N_s}{1+N_s}\right)^2 \tag{1}$$

ディスプレイを例にとって考えると,例えば屈折率$n_S=1.54$のガラスからなるディスプレイ表面では,

$$R_0 = [(1-1.54)/(1+1.54)]^2 = 0.045$$

となり,入射する光の4.5％が表面で反射することになる。またディスプレイ内部からの光（＝画像）も,ディスプレイ／空気界面で反射するため発光効率の低下につながる。

また保護フィルターを取り付けたディスプレイなど,「フィルター越しの画面を見る」といった状況では,空気／フィルター界面,フィルター／空気界面,空気／ディスプレイ界面の3つの界面があり,それぞれの界面での反射が生じるため,より一層画面が見づらくなる（図2）。

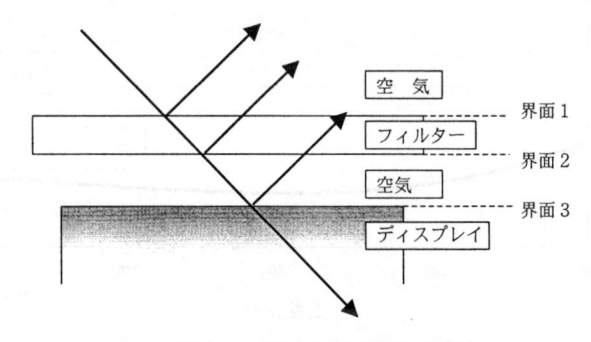

図2 フィルター／ディスプレイ構成での反射

これらディスプレイ表面における反射を減少させるためにARが用いられる。これはディスプレイ表面に屈折率の異なる層を形成し、空気／ディスプレイ界面における反射光の干渉を利用して、反射を減少させるものである。その最も簡単なものは、空気とディスプレイ表面材料の中間の屈折率を持つ膜を1層形成したものである。その表面反射率は膜が無吸収、均質であると仮定した場合、膜の屈折率 (n_1)、膜の厚み (d_1) および材料の屈折率 (n_S) により光学特性が決定する。

ARはヒトの視感度中心である500〜600nmを目的波長λとして効果が最大となるように設計されることが多く、層の厚み$d_1 = \lambda / (4 \times n_1)$の場合に、表面と界面での反射光の位相が逆転し、その効果は最大となる。その時の波長λにおける反射率は式(2)で表すことができる。

$$反射率 \quad R = \left(\frac{N_S - N_1^2}{N_S + N_1^2} \right)^2 \tag{2}$$

例えば屈折率1.54のガラスからなるディスプレイ表面に、屈折率$n_1 = 1.40$の膜を$d_1 = \lambda / (4 \times 1.40)$の厚みで1層形成した場合、その表面反射率は$\lambda$において、$R_0 = 1.5$（％）まで低減する。$\lambda = 600$nmとしたときの表面反射の理論値を図3に示す。また$\lambda = 600$nmのときにはその層の厚みは$600 / (4 \times 1.40) = 107$nmとなる。

実際に反射防止膜を設計する場合には、膜および基材の光の吸収、屈折率分散なども考慮に入れる必要がある。

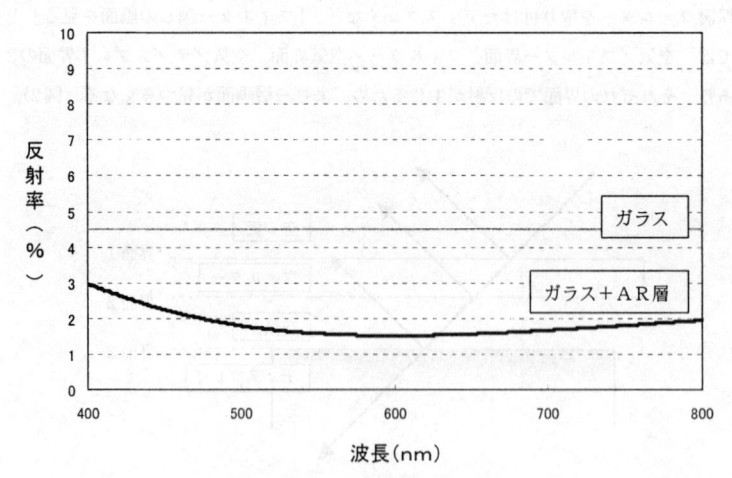

図3 AR層による反射低減（計算値）

第2章　ウェットコート反射防止フィルム

3 ARフィルム

　AR機能の付与にはディスプレイ表面に100nm程度の非常に薄い層を正確な厚さで形成する必要がある。そのため以前は薄膜形成を得意とする蒸着やスパッタリング等のドライコーティングが主流であった。これはITOや酸化チタン，酸化ケイ素といった無機材料を高真空下で対象物上に形成する方法で，正確な厚み制御により多層構造の高性能ARを作ることができる。

　わずか数年前迄は球面CRTがディスプレイのほぼ全数を占めており，AR機能はその表面へ直接処理で付与されていた[2]。その加工にはドライコーティング，もしくはスピンコーティングが用いられており，コーティング装置，硬化装置等，非常に大きな設備が必要であった。また失敗したときにはディスプレイ表面を削り取る以外には廃棄するしか無いといったリスクを抱えていた。

　しかし，平面化CRTを含むフラットパネルディスプレイでは，その表面にフィルムを貼ることができるため，あらかじめフィルムにAR機能を持たせたARフィルムを用いることができるようになった。この方法であればディスプレイ表面に貼り合せるだけで簡単にAR機能を付与できる。

　一方，PDPをはじめとする大画面平面ディスプレイが一般的に普及していくのに伴い，ARフィルムに「大面積化」「低コスト」「供給能力」が強く求められるようになった。しかし従来のドライ法では大面積化には限界があり，また生産速度が非常に遅いといった問題がある。そこで現在ウェットコーティングによるARフィルムが主流となっている。

　ウェットコートARフィルムは，液状のAR材料をフィルムに連続的にコーティングする方法で製造され，大面積化が容易であり，かつドライコーティングの数倍にもなる生産性を達成できる利点を有している。以前のウェットコートARフィルムはドライコートARに比べ，光学性能や表面硬度に劣っており，一部特殊な用途にのみ用いられていたが，近年の性能改善と生産能力の高さにより要求を満たしうる存在として市場を確立している。

4 反射防止フィルム「ReaLook® (リアルック®)」

　日本油脂では反射防止フィルム「ReaLook®」シリーズを上市している。「ReaLook®」はAR層に新開発の硬化性フッ素樹脂を用いたARフィルムであり，ウェット法による高生産性と高機能を両立している。またウェットコートの特長を生かし，偏光板に用いられるトリアセチルセルロース (TAC) フィルム，ポリエチレンテレフタレート (PET) フィルムをはじめとする様々なフィルム基材へのARコーティングが可能である。以下に「ReaLook®」の特長について述べ

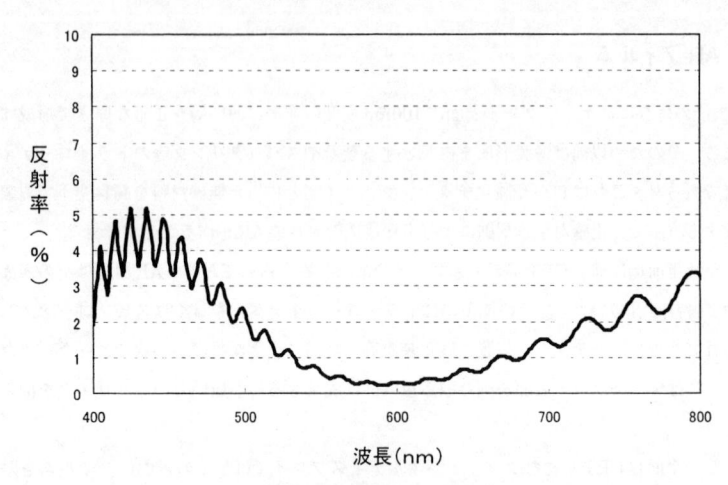

図4 ReaLook®7700の反射スペクトル

る。

4.1 光学性能

「ReaLook®」は，AR層に新開発の低屈折率フッ素樹脂を用いた多層AR構造により，優れた光学性能を達成している。図4に「7700」の反射スペクトルを示す。「7700」を表面に貼り合せることにより，最小反射率0.3％，全光線透過率97％（アクリル板両面に貼り合わせ）まで光学性能を向上させることができる。

4.2 表面強度

ARフィルムはディスプレイの最表面に用いられる場合が多いため，取り扱い時にキズが付かないことが求められる。しかしAR層はその厚さと屈折率を制御して反射率を低減しており，わずかなキズでも光の反射が変わるため，一般的なコーティングに比べてそのキズは目立ちやすい。

「ReaLook®」は，フッ素材料をAR層形成後に架橋反応させるコーティング技術と，薄膜物性に対する知見より，#0000スチールウールによる200g×10往復の摩擦に対してもキズがつかないといった実用的な表面硬度を有している。

また更に表面強度を向上させた製品もラインナップしており，用途に応じた選択が可能である。

第2章 ウェットコート反射防止フィルム

4.3 付加機能

　ARフィルムはディスプレイ前面に配置される場合が多く，帯電防止性，防汚性などの付加機能が求められる。

　帯電防止性（Anti Static＝AS）はAR層の表面に10^{10} Ω程度の導電性を与えることにより，静電気の発生を抑えてホコリなどの付着を防ぐ機能である。「ReaLook®」はAR層に導電性材料を添加し，$10^8 \sim 10^{10}$ Ωの実用的かつ半永久的なAS性を達成している。

　また指紋などに対する防汚性も求められる。これは汚れが付きづらいと同時に，汚れを拭取り易いといった性能が求められる。「ReaLook®」は最表面層がフッ素材料からなり，高い防汚性を有している。

　加えてARフィルムはディスプレイに貼合されて使用されるため，貼り合わせのために粘着剤が必要となる。粘着剤はARフィルムの裏面に加工され，ガラス等に対する接着性，耐環境信頼性等が求められる。「ReaLook®」には液晶偏光板用途に使用される光学的に優れた粘着剤を使用しており，また着色や機能化も可能である。

4.4 信頼性

　ディスプレイは耐久消費財であるため，長期にわたる使用に耐えうる耐環境信頼性が求められる。同用途では耐熱性，耐湿性，耐寒性が求められる。これらは促進試験として，それぞれ80℃，60℃／90％RH，−40℃の環境下で，500時間の連続試験が実施される。「ReaLook®」は全ての製品でこれら信頼性を達成している。

4.5 生産性および品質

　「ReaLook®」は独自のウェットコーティングによる連続生産が可能であり，高い生産性から生まれる供給能力および低コストを特長としている。またARフィルム専用設備によるコーティングに加え，連続検査が可能な欠陥検査装置により，安定した品質の製品を提供している。

　以上のように「ReaLook®」はARフィルムに求められる要求に対し，優れた特性を有している。表1に代表的な製品および物性を示す。

5　PDP用途におけるARフィルム

　ARフィルムはその効果および簡便に機能付与できることより，電子ディスプレイにおいて様々な用途に用いられている。特にPDP等大型平面ディスプレイにおいては外光反射の影響を配置などの工夫で避けることが容易でなく，反射防止が必須機能となっている。PDPは30イン

表1 「ReaLook®」の特性表

製品名		#7700	#8200UV	#5200	#5300
機能 [1]		ARAS	ARAS	ARAS	AGARAS
ベースフィルム		PET	TAC	PET	PET
最小反射率	%	0.3	0.3	1.1	1.2
全光線透過率	%	95.0	92.5	92.5	91.2
表面硬度	—	3H	2H	3H	3H
耐擦傷性 [2]	—	200g×10往復	100g×10往復	250g×30往復	250g×30往復
表面抵抗	Ω	10^9	10^9	10^9	10^9

(1) AR：反射防止，AS：帯電防止，AG：防眩
(2) ＃0000のスチールウールに記載荷重にて記載回数摩擦し，目視にて著しいキズがついていないことを確認

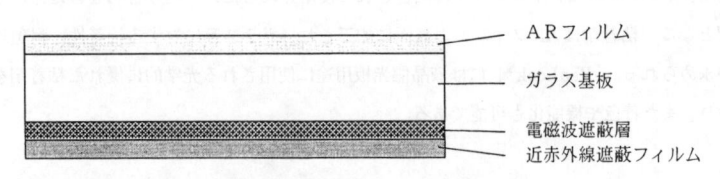

図5 PDP用前面フィルターの構成例

チ以上となるそのサイズより，蒸着等ドライコートでの処理が非常に困難であるため，ウェットコートARフィルムが全製品に採用されている。

PDPはその発光原理上，モジュールより不要な電磁波および近赤外線，595nm付近の強い光を発生させる。その対策として，可視光を透過させ電磁波および不要光を遮蔽する部材が用いられている。現在は強化ガラス板に各機能を付与させたものが用いられており，PDPモジュールの前面に配置されるため前面フィルターとも呼ばれている[3]。しかし光学的には前述の通り，外光が反射する界面が増えることになり視認性の低下が生じる。その問題を軽減するためにARフィルムが用いられている（図5）。

PDPにおいて外光反射の影響を低減するには，前面フィルターの表面，裏面，およびPDPモジュール前面の3面全てにARフィルムを貼付することが最良である。しかし前面フィルターは機能付与により可視光透過率も約60％にまで低下しているため，裏面およびモジュール表面の反射は実用上影響が小さい（図6）。

前面フィルターはその電磁波遮蔽性能および構成部材から（1）透明導電タイプと（2）銅メッシュタイプの2つに大別される。

透明導電タイプはガラスに直接もしくはフィルムに銀等からなる金属薄膜を複数形成することにより，電磁波遮蔽と近赤外線遮蔽機能を同時に発現している。薄膜形成はスパッタリング法に

第2章 ウェットコート反射防止フィルム

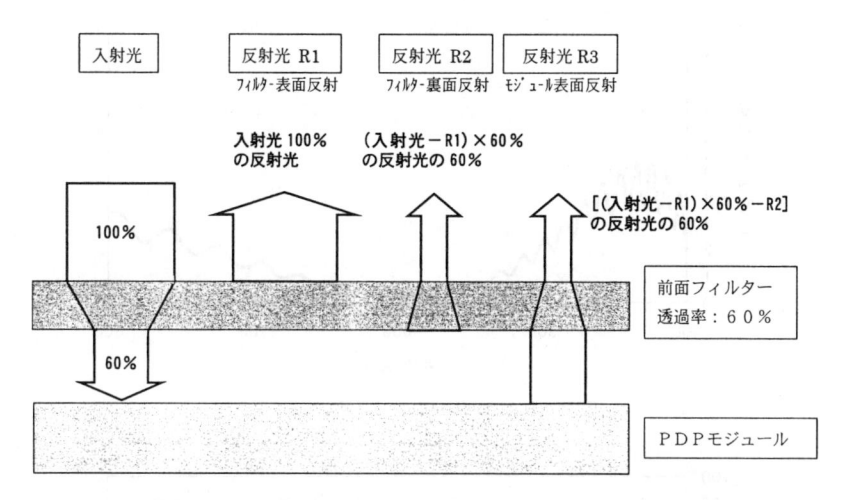

図6 PDPの表面反射の概略(内部反射の再反射は考慮に入れてない)

より行われる。この方式は部品点数が少なくクリアな画像を得られる一方、電磁波遮蔽性能がやや低く現状クラスAと呼ばれる産業用に用いられる場合が多い。また金属薄膜表面は反射率が高く、ARフィルムを貼り合わせる等の反射低減策が必要となる。

　銅メッシュタイプは電磁波遮蔽に格子状に加工した銅薄膜、または銅繊維の網を用いる方式で、高度の電磁波遮蔽機能を有するため欧州規制にも対応し、クラスBと呼ばれる民生用に使用される。しかし近赤外遮蔽機能を個別部材にて付与する必要があるため、部品点数が多くなっている。

　近赤外線吸収機能は主に色素を使用したコーティングフィルムにて付与される。近年のPDPのテレビ用途での発展に伴い、前面フィルターにも生産効率向上が求められており部品点数の削減が急務である。その中で必須機能のARと近赤外線吸収機能を複合化したフィルムが実用化に近づいている。これはARフィルムの裏面に近赤外線吸収層をコーティングしたものであり、銅メッシュ以外に1枚貼合するだけで前面フィルターを構成できる。これは部品点数を減らすことにより、貼合歩留を上げ生産性を向上させるだけでなく、光学的にも内部反射を抑え優れたフィルターを作ることができると考えられる。この複合フィルムの一例として「ReaLook® N 77UV」の特性を図7,図8に示す。

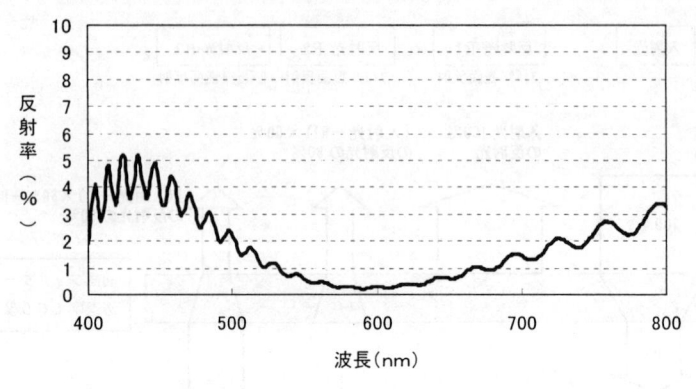

図7 「ReaLook®N77UV」の反射スペクトル

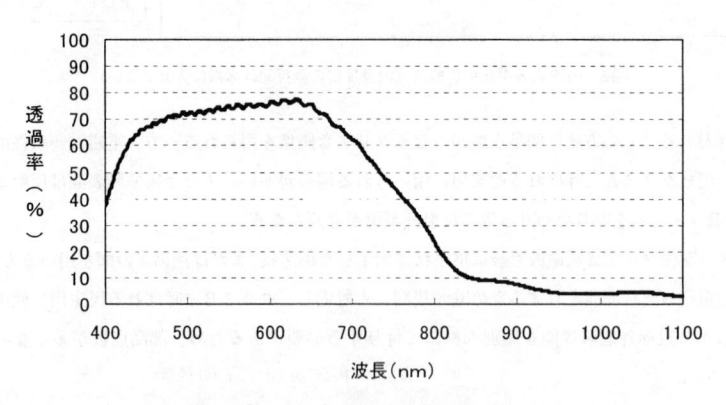

図8 「ReaLook®N77UV」の透過スペクトル

6 おわりに

　PDPをはじめとする平面ディスプレイの発展に伴い，ウェットコートARフィルムも大きく市場を拡大してきた。AR機能は画面の見易さだけでなく，目の健康についても重要な役割を有することが示唆される報告[4]もあり，今後もこの分野で必須の機能として使用されていくであろう。我々もこの分野の先駆けの一員として，発展に寄与していきたい。

第2章　ウェットコート反射防止フィルム

文　　献

1) 「光学薄膜」,藤原史郎編,共立出版（1985）
2) 加藤治夫,「透明導電膜の新展開」,澤田豊監修,シーエムシー出版（1999）
3) 岡田知ほか,「月刊ディスプレイ」,第9巻第11号,テクノタイムズ社（2003）
4) 三宅みのり他,第55回日本臨床眼科学会発表予稿集,P101（2001）

《CMCテクニカルライブラリー》発行にあたって

弊社は、1961年創立以来、多くの技術レポートを発行してまいりました。これらの多くは、その時代の最先端情報を企業や研究機関などの法人に提供することを目的としたもので、価格も一般の理工書に比べて遙かに高価なものでした。

一方、ある時代に最先端であった技術も、実用化され、応用展開されるにあたって普及期、成熟期を迎えていきます。ところが、最先端の時代に一流の研究者によって書かれたレポートの内容は、時代を経ても当該技術を学ぶ技術書、理工書としていささかも遜色のないことを、多くの方々が指摘されています。

弊社では過去に発行した技術レポートを個人向けの廉価な普及版《CMCテクニカルライブラリー》として発行することとしました。このシリーズが、21世紀の科学技術の発展にいささかでも貢献できれば幸いです。

2000年12月

株式会社　シーエムシー出版

ディスプレイ用光学フィルムの開発動向　(B0859)

2004年 2 月29日　初　版　第 1 刷発行
2008年11月23日　普及版　第 1 刷発行

監　修　井　手　文　雄　　　　　　　　　Printed in Japan
発行者　辻　　　賢　司
発行所　株式会社　シーエムシー出版
　　　　東京都千代田区内神田1-13-1　豊島屋ビル
　　　　電話 03(3293) 2061
　　　　http://www.cmcbooks.co.jp

〔印刷　倉敷印刷株式会社〕　　　　　　　　© F. Ide, 2008

定価はカバーに表示してあります。
落丁・乱丁本はお取替えいたします。

ISBN978-4-7813-0032-0 C3054 ¥3200E

本書の内容の一部あるいは全部を無断で複写（コピー）することは，法律で認められた場合を除き，著作者および出版社の権利の侵害になります。

CMCテクニカルライブラリーのご案内

自動車用大容量二次電池の開発
監修／佐藤 登　境 哲男
ISBN978-4-7813-0009-2　　　B852
A5判・275頁　本体3,800円＋税（〒380円）
初版2003年12月　普及版2008年7月

構成および内容：【総論】電動車両システム／市場展望【ニッケル水素電池】材料技術／ライフサイクルデザイン【リチウムイオン電池】電解液と電極の最適化による長寿命化／劣化機構の解析／安全性【鉛電池】42Vシステムの展望【キャパシタ】ハイブリッドトラック・バス【電気自動車とその周辺技術】電動コミュータ／急速充電器 他
執筆者：堀江英夫／竹下秀夫／押谷政彦 他19名

ゾル-ゲル法応用の展開
監修／作花済夫
ISBN978-4-7813-0007-8　　　B850
A5判・208頁　本体3,000円＋税（〒380円）
初版2000年5月　普及版2008年7月

構成および内容：【総論】ゾル-ゲル法の概要【プロセス】ゾルの調製／ゲル化と無機バルク体の形成／有機・無機ナノコンポジット／セラミックス繊維／乾燥、焼結【応用】ゾル-ゲル法バルク材料の応用／薄膜材料／粒子・粉末材料／ゾル-ゲル法の新展開（微細パターニング）／太陽電池／蛍光体／高活性触媒／木材改質／その他の応用 他
執筆者：平野眞一／余語利信／坂本 渉 他28名

白色LED照明システム技術と応用
監修／田口常正
ISBN978-4-7813-0008-5　　　B851
A5判・262頁　本体3,600円＋税（〒380円）
初版2003年6月　普及版2008年6月

構成および内容：白色LED研究開発の状況：歴史的背景／光源の基礎特性／発光メカニズム／青色LED、近紫外LEDの作製（結晶成長／デバイス作製 他）／高効率近紫外LEDと白色LED（ZnSe系白色LED 他）／実装化技術（蛍光体とパッケージング 他）／応用と実用化（一般照明装置の製品化他）／海外の動向、研究開発予測および市場性 他
執筆者：内田裕士／森 哲／山田陽一 他24名

炭素繊維の応用と市場
編著／前田 豊
ISBN978-4-7813-0006-1　　　B849
A5判・226頁　本体3,000円＋税（〒380円）
初版2000年11月　普及版2008年6月

構成および内容：炭素繊維の特性（分類／形態／市販炭素繊維製品／性質／周辺繊維 他）／複合材料の設計・成形・後加工・試験検査／最新応用技術／炭素繊維・複合材料の用途分野別の最新動向（航空宇宙分野／スポーツ・レジャー分野／産業・工業分野 他）／メーカー・加工業者の現状と動向（炭素繊維メーカー／特許からみたCFメーカー／FRP成形加工業者／CFRPを取り扱う大手ユーザー 他）

超小型燃料電池の開発動向
編著／神谷信行　梅田 実
ISBN978-4-88231-994-8　　　B848
A5判・235頁　本体3,400円＋税（〒380円）
初版2003年6月　普及版2008年5月

構成および内容：直接形メタノール燃料電池／マイクロ燃料電池・マイクロ改質器／二次電池との比較／固体高分子電解質膜／電極材料／MEA（膜電極接合体）／平面積層方式／燃料の多様化（アルコール／ジメチルエーテル／水素化ホウ素燃料／アスコルビン酸／グルコース他）／計測評価法（セルインピーダンス／パルス負荷 他）
執筆者：内田 勇／田中秀治／畑中達也 他10名

エレクトロニクス薄膜技術
監修／白木靖ढ़
ISBN978-4-88231-993-1　　　B847
A5判・253頁　本体3,600円＋税（〒380円）
初版2003年5月　普及版2008年5月

構成および内容：計算化学による結晶成長制御手法／常圧プラズマCVD技術／ラダー電極を用いたVHFプラズマ応用薄膜形成技術／触媒化学気相堆積法／コンビナトリアルテクノロジー／パルスパワー技術／半導体薄膜の作製（高誘電体ゲート絶縁膜 他）／ナノ構造磁性薄膜の作製とスピントロニクスへの応用（強磁性トンネル接合（MTJ）他）他
執筆者：久保百司／高見誠一／宮本 明 他23名

高分子添加剤と環境対策
監修／大勝靖一
ISBN978-4-88231-975-7　　　B846
A5判・370頁　本体5,400円＋税（〒380円）
初版2003年5月　普及版2008年4月

構成および内容：総論（劣化の本質と防止／添加剤の相乗・拮抗作用 他）／機能維持剤（紫外線吸収剤／アミン系・イオウ系・リン系／金属捕捉剤 他）／機能付与剤（加工性／光化学性／電気性／表面性／バルク性 他）／添加剤の分析と環境対策（高温ガスクロによる分析／変色トラブルの解析例／内分泌かく乱化学物質／添加剤と法規制 他）
執筆者：飛島悦男／児島史州／石井玉樹 他30名

農薬開発の動向-生物制御科学への展開-
監修／山本 出
ISBN978-4-88231-974-0　　　B845
A5判・337頁　本体5,200円＋税（〒380円）
初版2003年5月　普及版2008年4月

構成および内容：殺菌剤（細胞膜機能の阻害剤 他）／殺虫剤（ネオニコチノイド系剤 他）／殺ダニ剤（神経作用性 他）／除草剤・植物成長調節剤（カロチノイド生合成阻害剤 他）／製剤／生物農薬（ウイルス剤 他）／天然物／遺伝子組換え作物／昆虫ゲノム研究の害虫防除への展開／創薬研究へのコンピュータ利用／世界の農薬市場／米国の農薬規制
執筆者：三浦一郎／上原正浩／織田雅次 他17名

※ 書籍をご購入の際は、最寄りの書店にご注文いただくか、㈱シーエムシー出版のホームページ（http://www.cmcbooks.co.jp/）にてお申し込み下さい。

CMCテクニカルライブラリーのご案内

耐熱性高分子電子材料の展開
監修／柿本雅明・江坂 明
ISBN978-4-88231-973-3　　　B844
A5判・231頁　本体3,200円＋税（〒380円）
初版2003年5月　普及版2008年3月

構成および内容：【基礎】耐熱性高分子の分子設計／耐熱性高分子の物性／低誘電率材料の分子設計／光反応性耐熱性材料の分子設計【応用】耐熱注型材料／ポリイミドフィルム／アラミド繊維紙／アラミドフィルム／耐熱性粘着テープ／半導体封止用成形材料／その他注目材料（ベンゾシクロブテン樹脂／液晶ポリマー／BTレジン 他）
執筆者：今井淑夫／竹市 力／後藤幸平 他16名

二次電池材料の開発
監修／吉野 彰
ISBN978-4-88231-972-6　　　B843
A5判・266頁　本体3,800円＋税（〒380円）
初版2003年5月　普及版2008年3月

構成および内容：【総論】リチウム系二次電池の技術と材料・原理と基本材料構成【リチウム系二次電池材料】コバルト系・ニッケル系・マンガン系・有機系正極材料／炭素系・合金系・その他非炭素系負極材料／イオン電池用電解液／ポリマー・無機固体電解質 他【新しい蓄電素子とその材料編】プロトン・ラジカル電池 他【海外の状況】
執筆者：山崎信幸／荒井 創／櫻井庸司 他27名

水分解光触媒技術 -太陽光と水で水素を造る-
監修／荒川裕則
ISBN978-4-88231-963-4　　　B842
A5判・260頁　本体3,600円＋税（〒380円）
初版2003年4月　普及版2008年2月

構成および内容：酸化チタン電極による水の光分解の発見／紫外光応答性一段光触媒による水分解の達成（炭酸塩添加法／Ta系酸化物へのドーパント効果 他）／紫外光応答性二段光触媒による水分解／可視光応答性光触媒による水分解の達成（レドックス媒体／色素増感光触媒 他）／太陽電池材料を利用した水の光電気化学的分解／海外での取り組み
執筆者：藤嶋 昭／佐藤真理／山下弘巳 他20名

機能性色素の技術
監修／中澄博行
ISBN978-4-88231-962-7　　　B841
A5判・266頁　本体3,800円＋税（〒380円）
初版2003年3月　普及版2008年2月

構成および内容：【総論】計算化学による色素の分子設計 他【エレクトロニクス機能】新規フタロシアニン化合物 他【情報表示機能】有機EL材料 他【情報記録機能】インクジェットプリンタ用色素／フォトクロミズム 他【染色・捺染の最新技術】超臨界二酸化炭素流体を用いる合成繊維の染色 他【機能性】近赤外線吸収色素 他
執筆者：蛭田公広／谷口彬雄／雀部博之 他22名

電波吸収体の技術と応用 II
監修／橋本 修
ISBN978-4-88231-961-0　　　B840
A5判・387頁　本体5,400円＋税（〒380円）
初版2003年3月　普及版2008年1月

構成および内容：【材料・設計編】狭帯域・広帯域・ミリ波電波吸収体【測定法編】材料定数／電波吸収量【材料編】ITS（弾性エポキシ・ITS用吸音電波吸収体 他）／電子部品（ノイズ抑制・高周波シート 他）／ビル・建材・電波暗室（透明電波吸収体 他）【応用編】インテリジェントビル／携帯電話など小型デジタル機器／ETC【市場編】市場動向
執筆者：宗 哲／栗原 弘／戸高嘉彦 他32名

光材料・デバイスの技術開発
編集／八百隆文
ISBN978-4-88231-960-3　　　B839
A5判・240頁　本体3,400円＋税（〒380円）
初版2003年4月　普及版2008年1月

構成および内容：【ディスプレイ】プラズマディスプレイ 他【有機光・電子デバイス】有機EL素子／キャリア輸送材料 他【発光ダイオード(LED)】高効率発光メカニズム／白色LED 他【半導体レーザ】赤外半導体レーザ 他【新機能光デバイス】太陽光発電／光記録技術 他【環境調和型光・電子半導体】シリコン基板上の化合物半導体 他
執筆者：別井圭一／三上明義／金丸正剛 他10名

プロセスケミストリーの展開
監修／日本プロセス化学会
ISBN978-4-88231-945-0　　　B838
A5判・290頁　本体4,000円＋税（〒380円）
初版2003年1月　普及版2007年12月

構成および内容：【有名反応のプロセス化学的評価 他【基礎的反応】触媒的不斉炭素-炭素結合形成反応／進化するBINAP化学 他【合成の自動化】ロボット合成／マイクロリアクター 他【工業的製造プロセス】7-ニトロインドール類の工業的製造法の開発／抗高血圧薬塩酸エホニジピン原薬の製造研究／ノスカール錠用固体分散体の工業化 他
執筆者：塩入孝之／富岡 清／左右田 茂 他28名

UV・EB硬化技術 IV
監修／市村國宏　編集／ラドテック研究会
ISBN978-4-88231-944-3　　　B837
A5判・320頁　本体4,400円＋税（〒380円）
初版2002年12月　普及版2007年12月

構成および内容：【材料開発の動向】アクリル系モノマー・オリゴマー／光開始剤 他【硬化装置及び加工技術の動向】UV硬化装置の動向と加工技術／レーザーと加工技術 他【応用技術の動向】缶コーティング／粘接着剤／印刷関連材料／フラットパネルディスプレイ／ホログラム／半導体用レジスト／光ディスク／光学技術／フィルムの表面加工 他
執筆者：川上直彦／岡崎栄一／岡 英隆 他32名

※書籍をご購入の際は、最寄りの書店にご注文いただくか、㈱シーエムシー出版のホームページ(http://www.cmcbooks.co.jp/)にてお申し込み下さい。

CMCテクニカルライブラリーのご案内

電気化学キャパシタの開発と応用 II
監修／西野 敦／直井勝彦
ISBN978-4-88231-943-6　B836
A5判・345頁　本体4,800円+税（〒380円）
初版2003年1月　普及版2007年11月

構成および内容：【技術編】世界の主な EDLC メーカー 【構成材料編】活性炭／電解液／電気二重層キャパシタ（EDLC）用半製品、各種部材／装置・安全対策ハウジング、ガス透過弁【応用技術編】ハイパワーキャパシタの自動車への応用例／UPS 他【新技術動向編】ハイブリッドキャパシタ／無機有機ナノコンポジット／イオン性液体 他
執筆者：尾崎潤二／齋藤貴之／松井啓真 他40名

RFタグの開発技術
監修／寺浦信之
ISBN978-4-88231-942-9　B835
A5判・295頁　本体4,200円+税（〒380円）
初版2003年2月　普及版2007年11月

構成および内容：【社会的位置付け編】RFID活用の条件 他【技術的位置付け編】バーチャルリアリティーへの応用 他【標準化・法規制編】電波防護 他【チップ・実装・材料編】粘着タグ 他【読み取り書きこみ機編】携帯式リーダーと応用事例 他【社会システムへの適用編】電子機器管理 他【個別システムの構築編】コイル・オン・チップ RFID 他
執筆者：大見孝吉／椎野 潤／吉本隆一 他24名

燃料電池自動車の材料技術
監修／太田健一郎／佐藤 登
ISBN978-4-88231-940-5　B833
A5判・275頁　本体3,800円+税（〒380円）
初版2002年12月　普及版2007年10月

構成および内容：【環境エネルギー問題と燃料電池】自動車を取り巻く環境問題とエネルギー動向／燃料電池の電気化学 他【燃料電池自動車と水素自動車の開発】燃料電池自動車市場の将来展望 他【燃料電池と材料技術】固体高分子型燃料電池用改質触媒／直接メタノール形燃料電池 他【水素製造と貯蔵材料】水素製造技術／高圧ガス容器 他
執筆者：坂本良687／野崎 健／柏木孝夫 他17名

透明導電膜 II
監修／澤田 豊
ISBN978-4-88231-939-9　B832
A5判・242頁　本体3,400円+税（〒380円）
初版2002年10月　普及版2007年10月

構成および内容：【材料編】透明導電膜の導電性と赤外遮蔽特性／コランダム型結晶構造 ITO の合成と物性 他【製造・加工編】スパッタ法によるプラスチック基板への製膜／塗布光分解法による透明導電膜の作製 他【分析・評価編】FE-SEM による透明導電膜の評価 他【応用編】有機 EL 用透明導電膜／色素増感太陽電池用透明導電膜 他
執筆者：水橋 衛／南 内嗣／太田裕道 他24名

接着剤と接着技術
監修／永田宏二
ISBN978-4-88231-938-2　B831
A5判・364頁　本体5,400円+税（〒380円）
初版2002年8月　普及版2007年10月

構成および内容：【接着剤の設計】ホットメルト／エポキシ／ゴム系接着剤 他【接着層の機能－硬化接着物を中心に－】力学的機能／熱的特性／生体適合性／接着層の複合機能 他【表面処理技術】光オゾン法／プラズマ処理／プライマー 他【塗布技術】スクリーン技術／ディスペンサー 他【評価技術】塗布性の評価／放散 VOC／接着試験法
執筆者：駒峯郁夫／越智光一／山口幸一 他20名

再生医療工学の技術
監修／筏 義人
ISBN978-4-88231-937-5　B830
A5判・251頁　本体3,800円+税（〒380円）
初版2002年6月　普及版2007年9月

構成および内容：【再生医療工学序論】／【再生用工学技術】再生用材料（有機系材料／無機材料 他）／再生支援法（細胞分離法／免疫拒絶回避法 他）【再生組織】全身（血球／末梢神経）／頭・頸部（頭蓋骨／網膜 他）／胸・腹部（心臓弁／小腸 他）／四肢部（関節軟骨／半月板 他）【これからの再生用細胞】幹細胞（ES細胞／毛幹細胞 他）
執筆者：森田真一郎／伊藤敦夫／菊地正紀 他58名

難燃性高分子の高性能化
監修／西原 一
ISBN978-4-88231-936-8　B829
A5判・446頁　本体6,000円+税（〒380円）
初版2002年6月　普及版2007年9月

構成および内容：【総論編】難燃性高分子材料の特性向上の理論と実際／リサイクル性【規制・評価編】難燃規制・規格および難燃性評価方法／実用評価【高性能化事例編】各種難燃剤／各種難燃性高分子材料／成形加工技術による高性能化事例／各産業分野での高性能化事例（エラストマー／PBT）【安全性編】難燃剤の安全性と環境問題
執筆者：酒井賢郎／西澤 仁／山崎秀夫 他28名

洗浄技術の展開
監修／角田光雄
ISBN978-4-88231-935-1　B828
A5判・338頁　本体4,600円+税（〒380円）
初版2002年5月　普及版2007年9月

構成および内容：洗浄技術の新展開／洗浄技術に係わる地球環境問題／新しい洗浄剤／高機能化水の利用／物理洗浄技術／ドライ洗浄技術／超臨界流体技術の洗浄分野への応用／光励起反応を用いた漏れ制御材料によるセルフクリーニング／密閉型洗浄プロセス／周辺付帯技術／磁気ディスクへの応用／汚れの剥離の機構／評価技術
執筆者：小田切力／太田至彦／信夫雄二 他20名

※ 書籍をご購入の際は、最寄りの書店にご注文いただくか、㈱シーエムシー出版のホームページ（http://www.cmcbooks.co.jp/）にてお申し込み下さい。

CMCテクニカルライブラリーのご案内

老化防止・美白・保湿化粧品の開発技術
監修／鈴木正人
ISBN978-4-88231-934-4　B827
A5判・196頁　本体3,400円＋税（〒380円）
初版2001年6月　普及版2007年8月

構成および内容：【メカニズム】光老化とサンケアの科学／色素沈着／保湿／老化・シミ保湿の相互関係　他【制御】老化の制御方法／保湿に対する制御方法／総合的な制御方法　他【評価法】老化防止／美白／保湿　他【化粧品への応用】剤形の剤形設計／老化防止（抗シワ）機能性化粧品／美白剤とその応用／総合的な老化防止化粧品の提案　他
執筆者：市橋正光／伊藤欧二／正木仁　他14名

色素増感太陽電池
企画監修／荒川裕則
ISBN978-4-88231-933-7　B826
A5判・340頁　本体4,800円＋税（〒380円）
初版2001年5月　普及版2007年8月

構成および内容：【グレッツェル・セルの基礎と実際】作製の実際／電解質溶液／レドックスの影響　他【グレッツェル・セルの材料開発】有機増感色素／キサンテン系色素／非チタニア型／多色多層パターン化　他【固体化】擬固体色素増感太陽電池　他【光電池の新展開及び特許】ルテニウム錯体　自己組織化分子層修飾電極を用いた光電池　他
執筆者：藤嶋昭／松村道雄／石沢均　他37名

食品機能素材の開発Ⅱ
監修／太田明一
ISBN978-4-88231-932-0　B825
A5判・386頁　本体5,400円＋税（〒380円）
初版2001年4月　普及版2007年8月

構成および内容：【総論】食品の機能因子／フリーラジカルによる各種疾病の発症と抗酸化成分による予防／フリーラジカルスカベンジャー／血液の流動性（ヘモレオロジー）他【素材】ヒト遺伝子と機能性成分　他【素材】ビタミン／ミネラル／脂質／植物由来素材／動物由来素材／微生物由来素材／お茶（健康茶）／乳製品を中心とした発酵食品　他
執筆者：大澤俊彦／大野尚仁／島崎弘幸　他66名

ナノマテリアルの技術
編集／小泉光惠／目義雄／中條澄／新原晧一
ISBN978-4-88231-929-0　B822
A5判・321頁　本体4,600円＋税（〒380円）
初版2001年4月　普及版2007年7月

構成および内容：【ナノ粒子】製造・物性・機能／応用展開【ナノコンポジット】材料の構造・機能／ポリマー系／半導体系／セラミックス系／金属系【ナノマテリアルの応用】カーボンナノチューブ／新しい有機−無機センサー材料／次世代太陽光発電材料／スピンエレクトロニクス／バイオマグネット／デンドリマー／フォトニクス材料　他
執筆者：佐々木正／北條純一／奥山喜久夫　他68名

機能性エマルションの技術と評価
監修／角田光雄
ISBN978-4-88231-927-6　B820
A5判・266頁　本体3,600円＋税（〒380円）
初版2002年4月　普及版2007年7月

構成および内容：【基礎・評価編】乳化技術／マイクロエマルション／マルチプルエマルション／ミクロ構造制御／生体エマルション／乳化剤の最適選定／乳化装置／エマルションの粒径／レオロジー特性　他【応用編】化粧品／食品／医療／農薬／生分解性エマルジョンの繊維・紙への応用／塗料／土木・建築／感光材料／洗浄　他
執筆者：阿部正彦／酒井俊郎／中島英夫　他17名

フォトニック結晶技術の応用
監修／川上彰二郎
ISBN978-4-88231-925-2　B818
A5判・284頁　本体4,000円＋税（〒380円）
初版2002年3月　普及版2007年7月

構成および内容：【フォトニック結晶中の光伝搬、導波、光閉じ込め現象】電磁界解析法／数値解析技術ファイバー　他【バンドギャップ工学】半導体完全3次元フォトニック結晶／テラヘルツ帯フォトニック結晶　他【発光デバイス】Smith-Purcel放射　他【バンド工学】シリコンマイクロフォトニクス／陽極酸化ポーラスアルミナ　多光子吸収　他
執筆者：納富雅也／大寺康夫／小柴正則　他26名

コーティング用添加剤の技術
監修／桐生春雄
ISBN978-4-88231-930-6　B823
A5判・227頁　本体3,400円＋税（〒380円）
初版2001年2月　普及版2007年6月

構成および内容：塗料の流動性と塗膜形成／溶液性状改善用添加剤（皮張り防止剤／揺変剤／消泡剤　他）／塗膜性能改善用添加剤（防錆剤／スリップ剤・スリ傷防止剤／つや消し剤　他）／機能性付与を目的とした添加剤（防汚剤／難燃剤　他）／環境対応型コーティングに求められる機能と課題（水性・粉体・ハイソリッド塗料）他
執筆者：飯塚義雄／坪田実／柳澤秀好　他12名

ウッドケミカルスの技術
監修／飯塚尭介
ISBN978-4-88231-928-3　B821
A5判・309頁　本体4,400円＋税（〒380円）
初版2000年10月　普及版2007年6月

構成および内容：バイオマスの成分分離技術／セルロケミカルスの新展開（セルラーゼ／セルロース　他）／ヘミセルロースの利用技術（オリゴ糖　他）／リグニンの利用技術／抽出成分の利用技術（精油／タンニン　他）／木材のプラスチック化／ウッドセラミックス／エネルギー資源としての木材（燃焼／熱分解／ガス化　他）他
執筆者：佐野嘉拓／渡辺隆司／志水一允　他16名

※ 書籍をご購入の際は、最寄りの書店にご注文いただくか、㈱シーエムシー出版のホームページ（http://www.cmcbooks.co.jp/）にてお申し込み下さい。

CMCテクニカルライブラリーのご案内

機能性化粧品の開発III
監修／鈴木正人
ISBN978-4-88231-926-9　B819
A5判・367頁　本体5,400円＋税（〒380円）
初版2000年1月　普及版2007年6月

構成および内容：機能と生体メカニズム（保湿・美白・老化防止・ニキビ・低刺激・低アレルギー・ボディケア・育毛剤／サンスクリーン 他）／評価技術（スリミング／クレンジング・洗浄／制汗・デオドラント／くすみ／抗菌性 他）／機能を高める新しい製剤技術（リポソーム／マイクロカプセル／シート状パック／シワ・シミ隠蔽 他）
執筆者：佐々木一郎／足立佳津良／河合江理子 他45名

インクジェット技術と材料
監修／髙橋恭介
ISBN978-4-88231-924-5　B817
A5判・197頁　本体3,000円＋税（〒380円）
初版2002年9月　普及版2007年5月

構成および内容：【総論編】デジタルプリンティングテクノロジー【応用編】オフセット印刷／請求書プリントシステム／産業用マーキング／マイクロマシン／オンデマンド捺染 他【インク・用紙・記録材料編】UVインク／コート紙／光沢紙／アルミナ微粒子／合成紙を用いたインクジェット用紙／印刷用紙用シリカ／紙用薬品 他
執筆者：毛利匡孝／村形哲伸／斎藤正夫 他19名

食品加工技術の展開
監修／藤田 哲／小林登史夫／亀和田光男
ISBN978-4-88231-923-8　B816
A5判・264頁　本体3,800円＋税（〒380円）
初版2002年8月　普及版2007年5月

構成および内容：資源エネルギー関連技術（バイオマス利用／ゼロエミッション 他）／貯蔵流通技術（自然冷熱エネルギー／低温殺菌と加熱殺菌 他）／新規食品加工技術（乾燥（造粒）技術／膜分離技術／冷凍技術／鮮度保持 他）／食品計測・分析技術（食品の非破壊計測技術／BSEに関して）／第二世代遺伝子組換え技術 他
執筆者：髙木健次／柳本正勝／神力達夫 他22人

グリーンプラスチック技術
監修／井上義夫
ISBN978-4-88231-922-1　B815
A5判・304頁　本体4,200円＋税（〒380円）
初版2002年6月　普及版2007年5月

構成および内容：【総論編】環境調和型高分子材料開発／生分解性プラスチック 他【基礎編】新規ラクチド共重合体／微生物、天然物、植物資源、活性汚泥を用いた生分解性プラスチック 他【応用編】ポリ乳酸／カプロラクトン系ポリエステル"セルグリーン"／コハク酸系ポリエステル"ビオノーレ"／含芳香環ポリエステル 他
執筆者：大島一史／木村良晴／白浜博幸 他29名

ナノテクノロジーとレジスト材料
監修／山岡亞夫
ISBN978-4-88231-921-4　B814
A5判・253頁　本体3,600円＋税（〒380円）
初版2002年9月　普及版2007年4月

構成および内容：トップダウンテクノロジー（ナノテクノロジー／X線リソグラフィ／超微細加工 他）／広がりゆく微細化技術（プリント配線技術と感光性樹脂／スクリーン印刷／ヘテロ系記録材料 他／新しいレジスト材料／ナノパターニング／走査プローブ顕微鏡の応用／近接場光／自己組織化／光プロセス／ナノインプリント 他） 他
執筆者：玉村敏昭／後河内透／田口孝雄 他17名

光機能性有機・高分子材料
監修／市村國宏
ISBN978-4-88231-920-7　B813
A5判・312頁　本体4,400円＋税（〒380円）
初版2002年7月　普及版2007年4月

構成および内容：ナノ素材（デンドリマー／光機能性SAM 他）／光機能デバイス材料（色素増感太陽電池／有機ELデバイス／分子配向と光機能／ディスコティック液晶膜 他）／多光子励起と光機能（三次元有機フォトニック結晶／三次元超高密度メモリー 他）／新展開をめざして（有機無機ハイブリッド材料 他） 他
執筆者：横山士吉／関 隆広／中川 勝 他26名

コンビナトリアルサイエンスの展開
編集／髙橋孝志／鯉沼秀臣／植田充美
ISBN978-4-88231-914-6　B807
A5判・377頁　本体5,200円＋税（〒380円）
初版2002年3月　普及版2007年4月

構成および内容：コンビナトリアルケミストリー（パラジウム触媒固相合成／糖鎖合成 他）／コンビナトリアル技術による材料開発（マテリアルハイウェイの構築／新ガラス創製／新機能ポリマー／固体触媒／計算化学 他）／バイオエンジニアリング（新機能性分子創製／テーラーメイド生体触媒／新機能細胞の創製 他）
執筆者：吉田潤一／山田昌樹／岡田伸之 他54名

フッ素系材料と技術　21世紀の展望
松尾 仁 著
ISBN978-4-88231-919-1　B812
A5判・189頁　本体2,600円＋税（〒380円）
初版2002年4月　普及版2007年3月

構成および内容：フッ素樹脂（PTFEの溶融成形／新フッ素樹脂／超臨界媒体中での重合法の開発 他）／フッ素コーティング（非粘着コート／耐候性塗料／ポリマーアロイ 他）／フッ素膜（食塩電解法イオン交換膜／燃料電池への応用／分離膜 他）／生理活性物質・中間体（医薬／農薬／合成法の進歩 他）／新材料・新用途展開（半導体関連材料／光ファイバー／電池材料／イオン性液体 他）

※書籍をご購入の際は、最寄りの書店にご注文いただくか、㈱シーエムシー出版のホームページ(http://www.cmcbooks.co.jp/)にてお申し込み下さい。

CMCテクニカルライブラリーのご案内

色材用ポリマー応用技術
監修／星埜由典
ISBN978-4-88231-916-0　　　B809
A5判・372頁　本体5,200円＋税（〒380円）
初版2002年3月　普及版2007年3月

構成および内容：色材用ポリマー（アクリル系／アミノ系／新架橋システム 他）／各種塗料（自動車用／金属容器用／重防食塗料 他）／接着剤・粘着材（光部品用／エレクトロニクス用／医療用 他）／各種インキ（グラビアインキ／フレキソインキ／RCインキ 他）／色材のキャラクタリゼーション（表面形態／レオロジー／熱分析 他）
執筆者：石倉慎一／村上俊夫／山本庸二郎 他25名

プラズマ・イオンビームとナノテクノロジー
監修／上條榮治
ISBN978-4-88231-915-3　　　B808
A5判・316頁　本体4,400円＋税（〒380円）
初版2002年3月　普及版2007年3月

構成および内容：プラズマ装置（プラズマCVD装置／電子サイクロトロン共鳴プラズマ／イオンプレーティング装置 他）／イオンビーム装置（イオン注入装置／イオンビームスパッタ装置 他）／ダイヤモンドおよび関連材料（半導体ダイヤモンドの電子素子応用／DLC／窒化炭素 他）／光機能材料（透明導電性材料／光学薄膜材料 他）他
執筆者：橘 邦英／佐々木光正／鈴木正康 他34名

マイクロマシン技術
監修／北原時雄／石川雄一
ISBN978-4-88231-912-2　　　B805
A5判・328頁　本体4,600円＋税（〒380円）
初版2002年3月　普及版2007年2月

構成および内容：ファブリケーション（シリコンプロセス／LIGA／マイクロ放電加工／機械加工 他）／駆動機構（静電型／電磁型／形状記憶合金型 他）／デバイス（インクジェットプリンタヘッド／DMD／SPM／マイクロジャイロ／光電変換デバイス 他）／トータルマイクロシステム（メンテナンスシステム／ファクトリ／流体システム 他）他
執筆者：太田 亮／平田嘉裕／正木 健 他43名

機能性インキ技術
編集／大島壮一
ISBN978-4-88231-911-5　　　B804
A5判・300頁　本体4,200円＋税（〒380円）
初版2002年1月　普及版2007年2月

構成および内容：【電気・電子機能】ジェットインキ／静電トナー／ポリマー型導電性ペースト 他【光機能】オプトケミカル／蓄光・夜光／フォトクロミック 他【熱機能】熱転写用インキと転写方法／示温／感熱 他【その他の特殊機能】繊維製品用／磁性／プロテイン／パッド印刷用 他【環境対応型】水性UV／ハイブリッド／EB／大豆油 他
執筆者：野口弘道／山崎 弘／田近 弘 他21名

リチウム二次電池の技術展開
編集／金村聖志
ISBN978-4-88231-910-8　　　B803
A5判・215頁　本体3,000円＋税（〒380円）
初版2002年1月　普及版2007年2月

構成および内容：電池材料の最新技術（無機系正極材料／有機硫黄系正極材料／負極材料／電解質／その他の電池用周辺部材／用途開発の到達点と今後の展開 他）／次世代電池の開発動向（リチウムポリマー二次電池／リチウムセラミックス二次電池 他）／用途開発（ネットワーク技術／人間支援技術／ゼロ・エミッション技術 他）他
執筆者：直井勝彦／石川正司／吉野 彰 他10名

特殊機能コーティング技術
監修／桐生春雄／三代澤良明
ISBN978-4-88231-909-2　　　B802
A5判・289頁　本体4,200円＋税（〒380円）
初版2002年3月　普及版2007年1月

構成および内容：電子・電気的機能（導電性コーティング／層間絶縁膜 他）／機械的機能（耐摩耗性／制振・防音 他）／化学的機能（消臭・脱臭／耐酸性／耐熱性 他）／光学的機能（蓄光／UV硬化 他）／表面機能（結露防止塗料／撥水・撥油性／クロムフリー薄膜表面処理 他）／生態機能（非錫系の加水分解型防汚塗料／抗菌・抗カビ 他）他
執筆者：中道敏彦／小浜信行／河野正彦 他24名

ブロードバンド光ファイバ
監修／藤井陽一
ISBN978-4-88231-908-5　　　B801
A5判・180頁　本体2,600円＋税（〒380円）
初版2001年12月　普及版2007年1月

構成および内容：製造技術と特性（石英系／偏波保持 他）／WDM伝送システム用部品（ラマン増幅器／分散補償デバイス／ファイバ型光受動部品 他）／ソリトン光通信システム（光ソリトン"通信"の変遷／制御と光3R／波長多重ソリトン伝送技術 他）光ファイバ応用センサ（干渉方式光ファイバジャイロ／ひずみセンサ 他）他
執筆者：小倉邦男／姫野邦治／松浦祐司 他11名

ポリマー系ナノコンポジットの技術動向
編集／中條 澄
ISBN978-4-88231-906-1　　　B799
A5判・240頁　本体3,200円＋税（〒380円）
初版2001年10月　普及版2007年1月

構成および内容：原料・製造法（層状粘土鉱物の現状／ゾル-ゲル法 他）／各種最新技術（ポリアミド／熱硬化性樹脂／エラストマー／PET 他）／高機能化（ポリマーの難燃化／ハイブリッド／ナノコンポジットコーティング 他）／トピックス（カーボンナノチューブ／貴金属ナノ粒子ペースト／グラファイト層間重合／位置選択的分子ハイブリッド 他）他
執筆者：安倍一也／長谷川直樹／佐藤紀夫 他20名

※ 書籍をご購入の際は、最寄りの書店にご注文いただくか、
㈱シーエムシー出版のホームページ（http://www.cmcbooks.co.jp/）にてお申し込み下さい。

CMCテクニカルライブラリーのご案内

キラルテクノロジーの進展
監修／大橋武久
ISBN4-88231-905-5　　　　　　B798
A5判・292頁　本体4,000円＋税（〒380円）
初版2001年9月　普及版2006年12月

構成および内容：【合成技術】単純ケトン類の実用的水素化触媒の開発／カルバペネム系抗生物質中間体の合成法開発／抗HIV薬中間体の開発／光学活性γ,δ-ラクトンの開発と応用　他【バイオ技術】ATP再生系を用いた有用物質の新規生産法／新酵素法によるD-パントラクトンの工業生産／環境適合性キレート剤とバイオプロセスの応用　他
執筆者：藤尾達郎／村上尚道／今本恒雄　他26名

有機ケイ素材料科学の進歩
監修／櫻井英樹
ISBN4-88231-904-7　　　　　　B797
A5判・269頁　本体3,600円＋税（〒380円）
初版2001年9月　普及版2006年12月

構成および内容：【基礎】ケイ素を含むπ電子系／ポリシランを基盤としたナノ構造体／ポリシランの光学材料への展開／オリゴシラン薄膜の自己組織化構造と電荷輸送特性　他【応用】発光素子の構成要素となる新規化合物の合成／高耐熱性含ケイ素樹脂／有機金属化合物を含有するケイ素系高分子の合成と性質／IPN形成とケイ素系合成樹脂　他
執筆者：吉田　勝／玉尾皓平／横山正明　他25名

DNAチップの開発 II
監修／松永　是
ISBN4-88231-902-0　　　　　　B795
A5判・247頁　本体3,600円＋税（〒380円）
初版2001年7月　普及版2006年12月

構成および内容：【チップ技術】新基板技術／遺伝子増幅系内蔵型DNAチップ／電気化学発光法を用いたDNAチップリーダーの開発【関連技術】改良SSCPによる高速SNPs検出／走査プローブ顕微鏡によるDNA解析／三次元動画像によるタンパク質構造変化の可視化　他【バイオインフォマティクス】パスウェイデータベース／オーダーメイド医療とIn silico biology　他
執筆者：新保　斎／隅蔵康一／一石英一郎　他37名

マイクロビヤ技術とビルドアップ配線板の製造技術
編著／英　一太
ISBN4-88231-907-1 f　　　　　　B800
A5判・178頁　本体2,600円＋税（〒380円）
初版2001年7月　普及版2006年11月

構成および内容：構造と種類／穴あけ技術／フォトビヤプロセス／ビヤホールの埋込み技術／UV硬化型液状ソルダーマスクによる穴埋め加工法／ビヤホール層間接続のためのメタライゼーション技術／日本のマイクロ基板用材料の開発動向／基板の細線回路のパターニングと回路加工／表面実装型エリアアレイ（BGA, CSP）／フリップチップボンディング／導電性ペースト／電気銅めっき　他

新エネルギー自動車の開発
監修／山田興一／佐藤　登
ISBN4-88231-901-2　　　　　　B794
A5判・350頁　本体5,000円＋税（〒380円）
初版2001年7月　普及版2006年11月

構成および内容：【地球環境問題と自動車】大気環境の現状と自動車との関わり／地球環境／環境規制　他【自動車産業における総合技術戦略】重点技術分野と技術課題　他【自動車の開発動向】ハイブリッド電気／燃料電池／天然ガス／LPG　他【要素技術と材料】燃料改質技術／貯蔵技術と材料／フォーム／パワーデバイス　他
執筆者：吉野　彰／太田健一郎／山崎陽太郎　他24名

ポリウレタンの基礎と応用
監修／松永勝治
ISBN4-88231-899-7　　　　　　B792
A5判・313頁　本体4,400円＋税（〒380円）
初版2000年10月　普及版2006年11月

構成および内容：原材料と副資材（イソシアネート／ポリオール　他）／分析とキャラクタリゼーション（フーリエ赤外分光法／動的粘弾性／網目構造のキャラクタリゼーション　他）／加工技術（熱硬化性・熱可塑性エラストマー／フォーム／スパンデックス／水系ウレタン樹脂　他）／応用（電子・電気／自動車・鉄道車両／塗装・接着剤・バインダー／医用／衣料　他）　他
執筆者：高柳　弘／岡部憲昭／吉村浩幸　他26名

薬用植物・生薬の開発
監修／佐竹元吉
ISBN4-88231-903-9　　　　　　B796
A5判・337頁　本体4,800円＋税（〒380円）
初版2001年9月　普及版2006年10月

構成および内容：【素材】栽培と供給／バイオテクノロジーと物質生産　他【品質評価】グローバリゼーション／微生物限度試験法／品質と成分の変動　他【薬用植物・機能性食品・甘味】機能性成分／甘味成分　他【創薬シード分子の探索】タイ／南米／解析・発見　他【生薬, 民族伝統薬の薬効評価と創薬研究】漢方薬の科学的評価／抗HIV活性を有する伝統薬物　他
執筆者：岡田　稔／田中俊弘／酒井英二　他22名

バイオマスエネルギー利用技術
監修／湯川英明
ISBN4-88231-900-4　　　　　　B793
A5判・333頁　本体4,600円＋税（〒380円）
初版2001年8月　普及版2006年10月

構成および内容：【エネルギー利用】化学的変換技術体系／生物的変換技術　他【糖化分解技術】物理・化学的糖化分解／生物学的分解／超臨界液体分解　他【バイオプロダクト】高分子製造／バイオマスリファイナリー／バイオ新素材／木質系バイオマスからキシロオリゴ糖の製造　他【バイオマス利用】ガス化メタノール製造／エタノール燃料自動車／バイオマス発電　他
執筆者：児玉　徹／桑原正章／美濃輪智朗　他17名

※ 書籍をご購入の際は、最寄りの書店にご注文いただくか、
㈱シーエムシー出版のホームページ（http://www.cmcbooks.co.jp/）にてお申し込み下さい。